Die Berechnung statisch unbestimmter Tragwerke nach der Methode des Viermomentensatzes

Von

Dr.-Ing. Friedrich Bleich

Zweite, verbesserte und vermehrte Auflage

Mit 117 Abbildungen im Text

Berlin

Verlag von Julius Springer

ISBN-13:978-3-642-89548-7   e-ISBN-13:978-3-642-91404-1
DOI: 10.1007/978-3-642-91404-1

Vorwort zur ersten Auflage.

Das in diesem Buche dargestellte Verfahren zur Berechnung statisch unbestimmter Tragwerke soll als ein Versuch betrachtet werden, eine genügend allgemeine Methode für jene Fälle zur Verfügung zu stellen, wo die üblichen schulmäßigen Berechnungsweisen bei der Anwendung versagen oder zumindest einen Umweg bedeuten. Die Schwierigkeiten, die die Untersuchung von vielfach statisch unbestimmten Systemen nach den Methoden von Mohr und Castigliano, die auf den Begriff der Formänderungsarbeit aufgebaut sind, bieten, sind bekannt. Zahlreich und mannigfaltig sind daher die Bemühungen, derartige Tragwerke durch Betrachtung des geometrischen und elastischen Zusammenhanges der einzelnen Glieder — im Gegensatze zu den sich auf den Arbeitsbegriff stützenden gebräuchlichen Methoden — zu berechnen. Doch beschränken sich diese Arbeiten meist auf ein engbegrenztes Gebiet; die zurechtgelegten Verfahren sind in erster Linie auf den Sonderfall zugeschnitten und lassen sich nicht leicht auf andere Fälle übertragen. Aus diesem Bedürfnisse nach einer in jedem Falle verwendbaren Methode zur Ermittlung der statisch unbestimmbaren Größen, die die Mängel und die Weitläufigkeit der üblichen Berechnungsweisen vermeidet, ist diese Arbeit entstanden.

Viele Leser werden in diesem Buche Zusammenhänge und Berührungspunkte mit eigenen Arbeiten und den Veröffentlichungen anderer Forscher finden. Dies ist bei den vielfachen Bestrebungen der letzten Jahre, die Methoden der Baustatik auszubauen und für besonders schwierige Systeme handliche Formeln und Berechnungsverfahren aufzustellen, begreiflich. Hier sei nur Axel Bendixsens „Methode der α-Gleichungen zur Berechnung von Rahmenkonstruktionen", Berlin 1914, erwähnt, da diese Abhandlung ähnliche Ziele verfolgt wie die vorliegende Veröffentlichung. Leider scheint diese bemerkenswerte Arbeit noch wenig bekannt geworden zu sein.

dieser Bedingungsgleichungen für Tragwerke aus geraden oder schwach gekrümmten Stäben unveränderlichen Querschnittes anschließt. In § 7 dieses Abschnittes wird gezeigt, wie u. U. noch eine weitere Vereinfachung des Rechnungsganges durch Einführung der Hilfsgrößen Γ erzielt werden kann. Die Ausführungen dieses Absatzes weisen aber auch auf jene Grenzen hin, die der zweckmäßigen Anwendung dieser Hilfsgrößen gezogen sind. Wer das oben erwähnte Buch von Bendixsen kennt, wird hier leicht den Berührungspunkt zwischen der Methode des Viermomentensatzes und dem Verfahren des genannten Verfassers herausfinden, aber auch die Grenzen erkennen, die seinem Verfahren bei der Anwendung gesteckt sind.

Bei der Auswahl der Beispiele, die den dritten umfangreichsten Abschnitt füllen, war ich bemüht, die vielfachen Anwendungsmöglich-keiten der vorgeführten Methode zunächst an einfacheren, dann an schwierigeren Beispielen zu zeigen. Ich habe es bewußt vermieden, gewisse Kunstgriffe, wie z. B. den der Zerlegung der Lastgruppen in symmetrische und spiegelsymmetrische Laststellungen, zu benützen, um nicht eine etwaige Einfachheit des Rechnungsganges vorzutäuschen, die nicht der Methode des Viermomentensatzes gut geschrieben werden kann. Bei der praktischen Anwendung wird man natürlich in geeigneten Fällen eine weitere Kürzung der Untersuchung durch Benutzung derartiger Lastanordnungen gerne anstreben. Eine Reihe von Beispielen wurde auch zahlenmäßig durchgerechnet, da erst bei einer derartigen Behandlung die Zweckmäßigkeit des Verfahrens erprobt werden kann. Es war auch notwendig darzutun, daß die zur Bestimmung der Über-zähligen dienenden Gleichungen, selbst bei großer Zahl und Beschränkung auf wenige Dezimalstellen in den Beiwerten, genügend genaue Ergebnisse liefern. Gerade in dieser Richtung liegt ja einer der hauptsächlichsten Mängel der gebräuchlichen Methoden.

Der folgende Abschnitt ist der Anwendung des neuen Verfahrens zur Darstellung von Biegelinien gewidmet. Die beiden letzten Abschnitte enthalten die Darstellung der Elastizitätsbedingungen für Tragwerke mit Stäben von stetig veränderlichem Querschnitt und endlich für Tragwerke von beliebiger Form und Querschnittsgestaltung. Auch hier wurden die allgemeinen Ergebnisse an Beispielen erläutert. Im Anhange wurden die wichtigsten Formeln und Tafelwerte für den Gebrauch nochmals übersichtlich zusammengestellt.

Ich lege dieses Buch, das aus dem Bedürfnisse der Praxis heraus in erster Linie für den ausübenden Statiker geschrieben ist, den Fachgenossen mit dem Wunsche vor, es nicht nur zu lesen und als wissenschaftliche Studie zu betrachten, sondern gegebenen Falles auch einen Versuch zu wagen, das dargelegte Verfahren anzuwenden. Die verhältnismäßig geringe Mühe, die es kostet, sich mit dem Wesen der Methode vertraut zu machen, wird sicherlich ihren Lohn finden.

An der Ostfront, im Februar 1918.

Vorwort zur zweiten Auflage.

Bei der Abfassung der Neuauflage habe ich den ursprünglichen Plan des Buches vollständig unverändert belassen. Das Bestreben, das Buch einem möglichst weiten Kreis von ausübenden Statikern zugänglich zu machen, hat mich davon abgehalten, durch Vertiefung des allgemeinen Teiles, insbesonders durch Erörterung der Stellung, die die Methode des Viermomentensatzes innerhalb der allgemeinen Theorie der statisch unbestimmten ebenen Tragwerke einnimmt, den Umfang des Buches über Gebühr zu vergrößern. So wurde, von einer etwas knapperen Fassung des § 2 und von Ergänzungen in den §§ 4 und 5 abgesehen, fast nichts geändert und nur einige Beispiele hinzugefügt. Neu hinzugekommen sind: Ein Beispiel in § 8, weiter die Darstellung der Einflußlinien des Parallelträgers in Vierendeelbauart mittels Differenzengleichungen, die Berechnung des symmetrischen Stockwerkrahmens und schließlich ein Zahlenbeispiel im V. Abschnitt.

Die Zusammenstellung der Formeln in einem eigenen Anhang hat sich bei dem geringen Umfang des Werkes als überflüssig erwiesen, weshalb ich mich nur auf die Wiedergabe der wenigen Zahlentafeln, die die Berechnung der Einflußlinien erleichtern sollen, beschränkt habe.

Ich hoffe, daß die Neuauflage des Buches mit beitragen wird, der Methode des Viermomentensatzes neue Freunde zu erwerben.

Wien, im Januar 1925.

Friedrich Bleich.

Inhaltsverzeichnis.

Einleitung.

Jede Art der Berechnung statisch unbestimmter Systeme fußt auf dem Grundgedanken, Beziehungen zwischen den elastischen Verschiebungen ausgezeichneter Punkte des Tragwerkes aufzustellen, um derart Bedingungsgleichungen — die sogenannten Elastizitätsbedingungen — zur Ermittlung der statisch nicht bestimmbaren Größen im Systeme zu erlangen. Diese Elastizitätsbedingungen werden in der Regel durch Anwendung des Prinzips der virtuellen Geschwindigkeiten auf passend gewählte Belastungszustände des betrachteten Tragwerkes (Mohr) oder aus der Gleichung der Formänderungsarbeit mittels der Sätze von Castigliano und Fränkel erhalten. So schön diese Verfahren und so allgemein ihre Anwendungsmöglichkeiten auch sind, so ist doch nicht zu verkennen, daß insbesondere bei vielfach statisch unbestimmten Systemen meist die Übung und Geschicklichkeit des erfahrenen Statikers bei der Auswahl der statisch nicht bestimmbaren Größen notwendig sind, um die Lösung der gestellten Aufgabe ohne ein Übermaß an Rechenarbeit zu ermöglichen, falls diese Methoden, was häufig genug vorkommt, bei der Anwendung nicht ganz versagen, denn sie geben, und das muß als ihr Hauptnachteil bezeichnet werden, keine Anhaltspunkte für die zweckmäßige Auswahl der überzähligen Größen[1]).

Bei Systemen mit biegungssteifen Elementen treten in den nach dem üblichen Verfahren gewonnenen Elastizitätsgleichungen Integralausdrücke auf, die in jedem Einzelfalle neu ausgewertet werden müssen. Es steht daher die Methode in dieser Hinsicht sicher gegen jedes andere rechnerische Verfahren an Brauchbarkeit zurück, das diese Integrationen in den Elastizitätsgleichungen ein für allemal erledigt, so

---

[1]) Man erinnere sich nur der zahlreichen Veröffentlichungen über die Berechnung vielfach statisch unbestimmter Systeme, wie Vierendeelträger, mehrstielige Rahmen u. ä. Tragwerke, die alle, unter Vermeidung der Methode der Formänderungsarbeit, mittels Betrachtungen über den geometrischen Zusammenhang der einzelnen Teile des Systems, die gestellten Aufgaben zu lösen suchten. Die wenigen Ausnahmen hiervon lassen nur den Verdacht aufkommen, daß die Anwendung der Methode der Formänderungsarbeit erst möglich wurde, nachdem die Eigenschaften der behandelten Tragwerke durch vorangehende Arbeiten auf geometrischer Grundlage geklärt und erst hierdurch Anhaltspunkte für die zweckmäßige Wahl der statisch nicht bestimmbaren Größen gewonnen wurden.

daß die Elastizitätsbedingungen in jedem Sonderfalle unmittelbar in Form gewöhnlicher Gleichungen angeschrieben werden können.

Das Wesentliche des in diesem Buche dargestellten Berechnungs-verfahrens besteht in folgendem: Für eine Reihe besonderer Punkte des Systems, der sogenannten ausgezeichneten Punkte, wird die Stetigkeitsbedingung, das ist die Bedingung der Unveränderlichkeit des Winkels, den zwei im ausgezeichneten Punkte zusammenstoßende und dort steif verbundene Stäbe oder Stabteile miteinander einschließen, aufgestellt. Diese Stetigkeitsbedingung erscheint in Form einer Glei-chung zwischen Differentialquotienten, deren Beträge in allgemeiner Form berechnet werden können. Das Ergebnis dieser Berechnung wird durch den Viermomentensatz dargestellt, so genannt, weil diese Gleichung eine Verknüpfung zwischen den vier Endmomenten der beiden im be-trachteten Punkte steif angeschlossenen Stäbe oder Stabteile darstellt. Da die Zahl der Stetigkeitsbedingungen im allgemeinen nicht ausreicht, um sämtliche Unbekannten zu bestimmen, zu denen außer den statisch nicht bestimmbaren Größen auch die Verschiebungen der ausgezeich-neten Punkte, die ebenfalls in die Viermomentengleichung eintreten, ge-hören, so werden auf Grund einfacher geometrischer Betrachtungen noch weitere Zusammenhänge zwischen diesen Verschiebungen aufgestellt. Diese Zusammenhänge werden durch die Winkelgleichungen aus-gedrückt. Viermomenten- und Winkelgleichungen bilden die Gesamtheit der Elastizitätsbedingungen unseres Verfahrens. Nach Aussonderung der Verschiebungsgrößen und Ersatz der in den Viermomentengleichungen vorkommenden Kraftgrößen und Stablängenänderungen durch Ausdrücke, die nur die äußeren Kräfte und die überzähligen Größen enthalten, werden so viele lineare Gleichungen gewonnen, als statisch nicht be-stimmbare Größen vorhanden sind. Diese Gleichungen bilden die Gesamtheit der Bestimmungsgleichungen. Wie man erkennt, ist das Verfahren im wesentlichen ein geometrisches, im Gegensatze zu den von Maxwell und Mohr gegebenen Methoden, die als mechanische Methoden angesprochen werden können[1]).

Die Vorzüge des hier dargestellten Verfahrens, das wir die Me-thode des Viermomentensatzes nennen wollen, sind z. T. schon aus den vorangeführten knappen Darlegungen zu erkennen. Der Zu-sammenhang zwischen den Formänderungen einerseits und den an-greifenden und widerstehenden Kräften andererseits, kurz, das sogenannte Kräftespiel, tritt in jedem Punkte der Rechnung deutlich zutage. Sind die statisch nicht bestimmbaren Größen einmal bekannt, so können,

---

[1]) Maxwell faßt z. B. das Fachwerk als eine Maschine auf, mittels welcher eine treibende Kraft P (Last) einen Widerstand S (Stabkraft) überwindet. „On the calculation of the equilibrium and stiffness of frames." Phil. Mag. 1864, Bd. 27, S. 294.

meist unter Zuhilfenahme der Zwischenergebnisse der Rechnung, Fragen nach den Formänderungen, deren Beantwortung unerläßlich ist, wenn das Kräftespiel im untersuchten Systeme klar erkannt werden soll, ohne viel Mühe erledigt werden. In dieser Hinsicht wird sich das Verfahren der üblichen Methode an Anschaulichkeit überlegen erweisen.

Als Hauptvorzug aber muß der Umstand bezeichnet werden, daß die Auswahl der statisch nicht bestimmbaren Größen erst nach Aufstellung der Elastizitätsbedingungen erfolgt; sie kann daher so getroffen werden, daß die Rechenarbeit auf ein Kleinstmaß beschränkt wird, denn z. T. rein arithmetische Überlegungen zeigen, nachdem die Gleichungen bereits festgelegt sind, in jedem Einzelfalle den Weg, wie unter Wahrung weitgehender Arbeitsökonomie die Überzähligen auszuwählen sind. Die einfache und übersichtliche Form der Viermomenten- und Winkelgleichungen erleichtert in hohem Maße die Entscheidung über den weiteren Rechnungsgang. Die in den Gleichungen deutlich ausgeprägten Symmetrieverhältnisse des der Untersuchung unterworfenen Rahmensystems ermöglichen in der Regel die zweckmäßige Zerfällung des Gleichungssystems in voneinander unabhängige Gleichungsgruppen. Vielfach weisen die Gleichungen selbst auf bestimmte Kraftgrößen hin, so daß im gewissen Sinne von einem selbsttätigen Auswählen der statisch nicht bestimmbaren Größen gesprochen werden kann. Im allgemeinen erweist sich der ganze Rechnungsgang, wie aus den Beispielen ersichtlich werden wird, bedeutend kürzer als bei den üblichen Verfahren. Dies tritt vornehmlich bei vielfach statisch unbestimmten Tragwerken deutlich hervor, da in vielen Fällen bereits die angesetzten Viermomentengleichungen die Bestimmungsgleichungen für die Überzähligen vorstellen, oder diese durch einfache Umformungen daraus gewonnen werden können, was bei der gebräuchlichen Berechnungsweise erst nach Durchführung von kürzeren oder längeren Integrationen, die bei unserem Verfahren ganz entfallen, möglich ist. Das hier erörterte Verfahren führt auch zu der bemerkenswerten Erkenntnis, daß die Einflußlinien der Überzähligen, unabhängig von der Art des Tragwerkes und dem Grade seiner Unbestimmtheit, aus wenigen unveränderlichen Stammlinien (Stammfunktionen) in einfacher Weise dargestellt werden können, wodurch die Ermittlung dieser Linien, insbesondere bei hochgradig statisch unbestimmten Systemen, bedeutend erleichtert wird.

I. Die Elastizitätsbedingungen der Methode des Viermomentensatzes.

§ 1. Das Bildungsgesetz ebener Systeme.

Jedes aus steifen Stäben bestehende Tragwerk kann als Steifrahmen aufgefaßt werden. In diesem Sinne sind die Erörterungen dieses Abschnittes als vollkommen allgemein gültig aufzufassen.

Unter einem ebenen Steifrahmen verstehen wir ein Traggebilde, das aus geraden oder gekrümmten Stäben, die miteinander steif oder gelenkig verbunden sind, besteht. Die Zahl der Stäbe, deren Verbindungen untereinander, sowie die Lagerung des ganzen Systems müssen so beschaffen sein, daß ein in der Systemebene unverschiebliches Tragwerk entsteht, wenn von den elastischen Formänderungen abgesehen wird. Sind sämtliche Knotenpunkte als Gelenke ausgebildet, dann geht das eigentliche Rahmentragwerk in ein Fachwerk über.

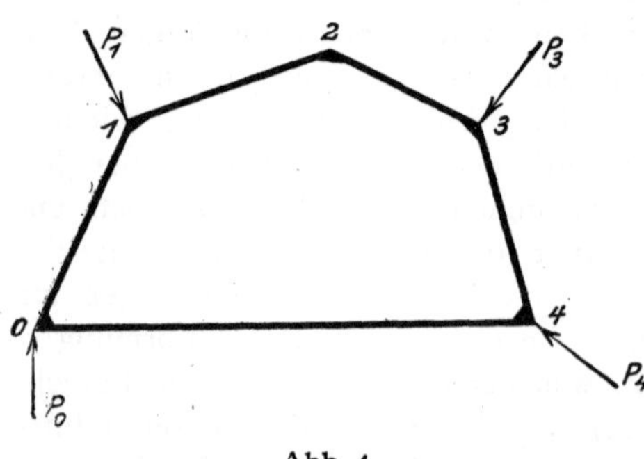

Abb. 1.

Das Grundsystem. Wir bezeichnen als einfaches Grundsystem einen aus beliebig vielen Elementen gebildeten ebenen, geschlossenen Rahmen mit überall steifen Ecken, dessen äußere Kräfte bekannt und untereinander im Gleichgewichte sind (Abb. 1).

Unter Element verstehen wir dabei einen geraden oder gekrümmten Stab oder Stabteil, der zwischen zwei ausgezeichneten Punkten liegt.

Ausgezeichnete Punkte. Wir nennen ausgezeichnete Punkte eines Systems alle jene Punkte, in denen unter Wahrung des elastischen Zusammenhanges der dort zusammentreffenden Stäbe oder Stabteile Unstetigkeiten auftreten. Hierher gehören: steife Ecken, Punkte, in denen mehr als zwei Stäbe zusammenstoßen, wobei wenigstens zwei derselben miteinander steif verbunden sein müssen, endlich jene Punkte, in denen das Trägheitsmoment eines sonst in seiner Achsenführung stetig verlaufenden Stabes eine plötzliche Änderung erfährt.

Gelenkpunkte gehören nicht zu den ausgezeichneten Punkten, da dort der elastische Zusammenhang gestört ist. In Abb. 2 sind: Punkt 0 und 1 ausgezeichnete Punkte der ersten Art, Punkt 2 und 5 ausgezeichnete Punkte der zweiten Art

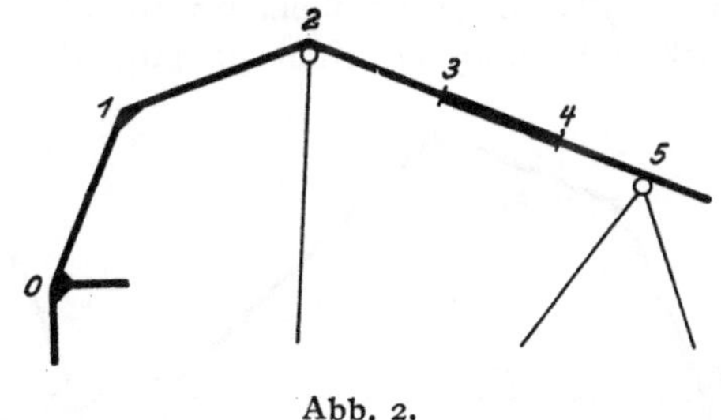

Abb. 2.

und die Punkte 3 und 4, in denen die Querschnitte plötzliche Änderungen erleiden, ausgezeichnete Punkte der dritten Art.

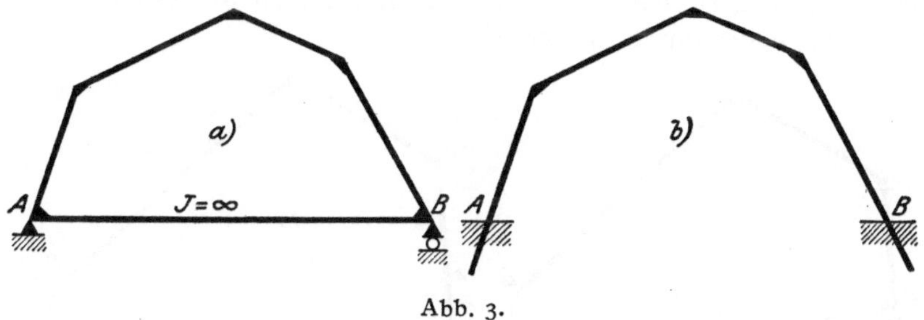

Abb. 3.

Zurückführung der Tragwerke auf einfache Grundsysteme. Es läßt sich nun zeigen, daß jedes Tragwerk aus dem dreifach statisch unbestimmten einfachen Grundsystem abgeleitet werden kann:

1. Durch Einschalten von Gelenken entsteht der zweifach, der einfach statisch unbestimmte und der statisch bestimmte Ring.

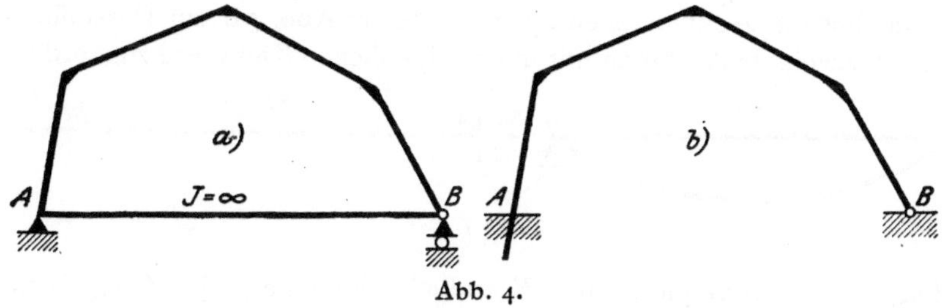

Abb. 4.

2. Jeder offene einfache Rahmen kann in einen geschlossenen Rahmen verwandelt werden, wenn man die Auflager durch Stäbe verbindet, die gewisse Auflagerwiderstände in ihrer Wirkung ersetzen.

a) Der in Abb. 3a dargestellte geschlossene Rahmen mit dem in A und B steif angeschlossenen Stab AB, dem wir das Trägheitsmoment $J = \infty$ zuschreiben, ersetzt, als Balken gelagert, den dreifach statisch unbestimmten eingespannten Rahmen der Abb. 3b.

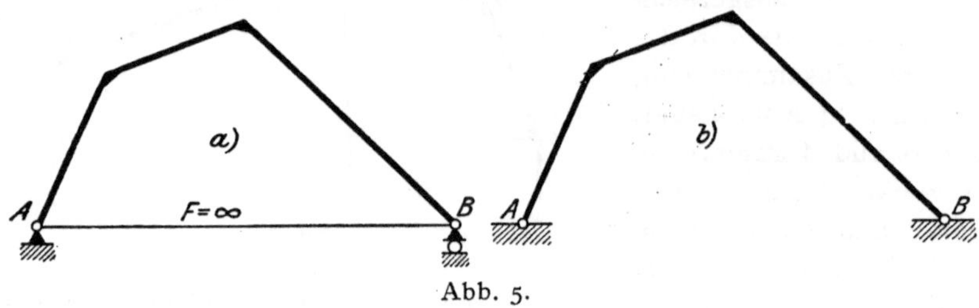

Abb. 5.

b) Ist der Stab AB einerseits fest, anderseits gelenkig angeschlossen (Abb. 4a), dann entsteht das in Abb. 4b dargestellte zweifach statisch unbestimmte Tragwerk.

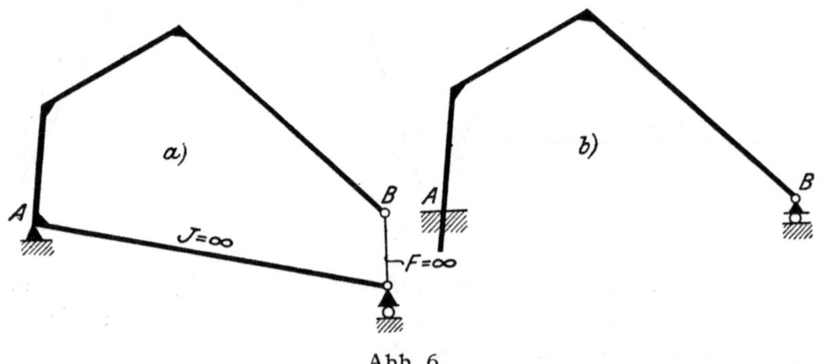

Abb. 6.

c) Wenn sowohl in A als auch in B Gelenke vorgesehen sind Abb. 5a), im übrigen aber der Querschnitt des Stabes AB, $F = \infty$, so kann diesem geschlossenen Systeme der in Abb. 5b zur Darstellung gebrachte Zweigelenkrahmen mit unverschieblichen Kämpfern zugeordnet

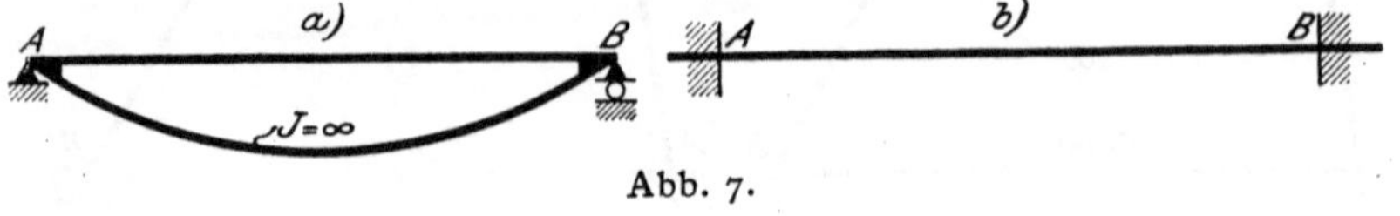

Abb. 7.

werden. Ist der Stabquerschnitt F endlich, dann liegt der Zweigelenkrahmen mit Zugband vor.

d) Sind zwei Schlußstäbe vorgesehen, von denen der eine steif angeschlossen, der zweite als Pendel wirkt (Abb. 6a), so entspricht diese Anordnung dem in Abb. 6b dargestellten Tragwerk. Ist bei A

statt der steifen Ecke ein Gelenk vorhanden, dann geht der Rahmen in den frei aufliegenden Balken über.

Die in den Abb. 3 bis 6 verzeichneten Tragsysteme können weiter durch Einschalten von Gelenken in Systeme von niedrigerem Grade statischer Unbestimmtheit verwandelt werden. Im System der Abb. 3

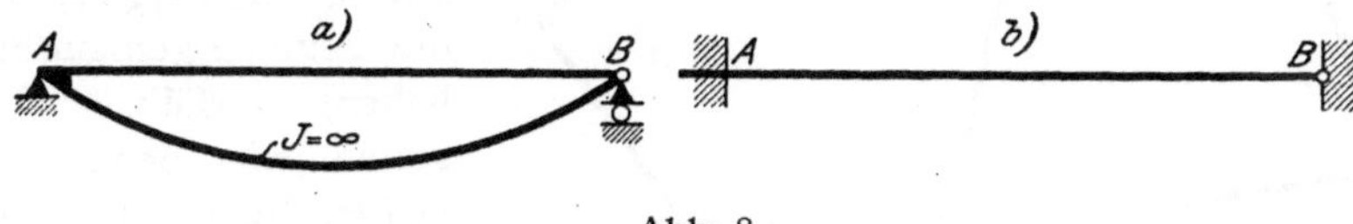

Abb. 8.

dürfen ein, zwei oder drei Gelenke eingeschaltet werden. Das System der Abb. 4 gestattet die Anordnung von einem oder zwei Gelenken. Wird in Abb. 5 ein Knoten gelenkig gemacht, so entsteht der Dreigelenkbogen. Das System der Abb. 6 erlaubt noch die Anbringung eines Gelenkes.

3. Denkt man sich den Stab AB in den Abb. 3 bis 6 nach unten gekrümmt, dafür aber die Rahmenstäbe in der Verbindungslinie AB gerade gestreckt, so ersetzen derartige Anordnungen der Reihe nach: den

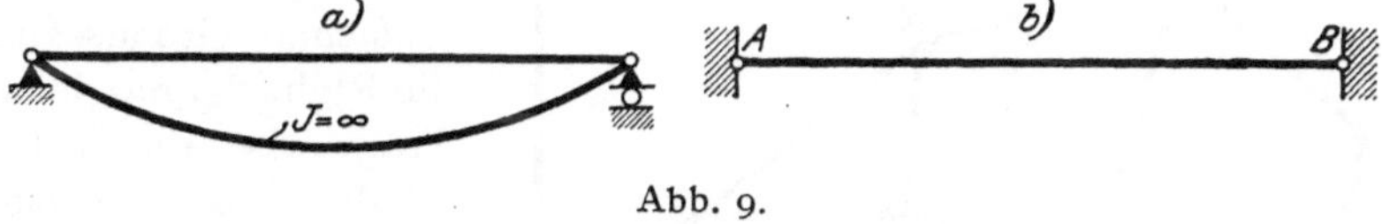

Abb. 9.

beiderseits eingespannten Balken (Abb. 7), den einerseits eingespannten, anderseits mit festem Gelenk versehenen Tragbalken (Abb. 8), den beiderseits mit festem Gelenk versehenen geraden Stab (Abb. 9) und endlich den gewöhnlichen Balken (Abb. 10).

Wir sehen somit, wie durch Einschaltung von Gelenken sowie durch passende Annahmen über die Steifigkeit und die Querschnitts

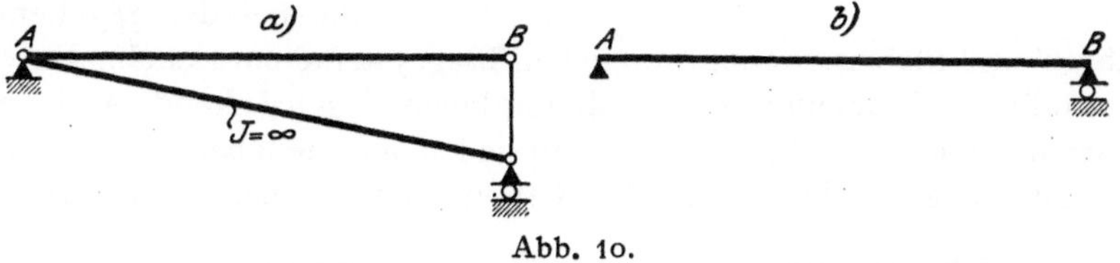

Abb. 10.

beschaffenheit einzelner Stäbe des Grundsystems sich sämtliche möglichen Tragsysteme, die aus einem einfachen Stabzug bestehen und in zwei Punkten gestützt sind, ableiten lassen.

4. Alle übrigen möglichen Tragwerke lassen sich aus Verbindungen von mehreren einfachen Grundsystemen entwickeln.

Schließt man an das Grundsystem $abcda$ (Abb. 11) einen zweiten Rahmen $cefgd$ an, so entsteht ein zweifaches Grundsystem, das sechsfach statisch unbestimmt ist, und in die beiden einfachen Grundsysteme $abcda$ und $cefgdc$, die die Seite cd gemeinsam haben, zerfällt. Wir setzen wie beim einfachen Grundsystem voraus, daß sämtliche äußeren Kräfte bekannt und untereinander im Gleichgewichte sind.

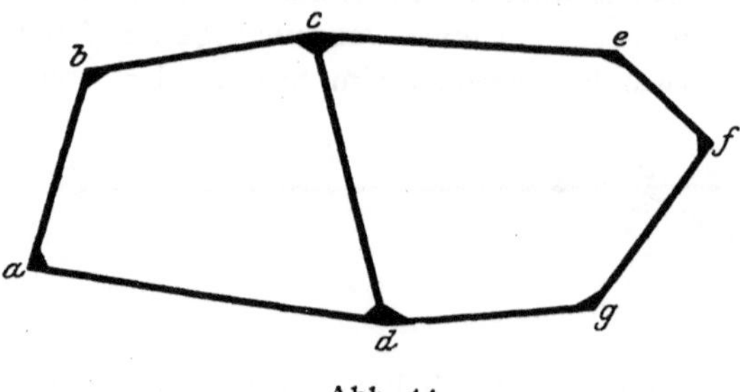

Abb. 11.

In derselben Weise, wie das zweifache System, können auch drei- und mehrfache Grundsysteme geschaffen werden. Sind n einfache Grundsysteme zu einem Tragsysteme vereinigt, so sprechen wir von einem n-fachen Grundsystem, das $3n$-fach statisch unbestimmt ist, wenn die äußeren Kräfte gegeben sind. Sowie sich aus dem einfachen Grundsystem die Reihe der möglichen Tragwerke durch Einschalten von Gelenken und durch Wahl passender Querschnitte bestimmter Stäbe ableiten läßt, so lassen sich in der gleichen Weise auch aus dem allgemeinen n-fachen Grundsystem alle bei der gegebenen

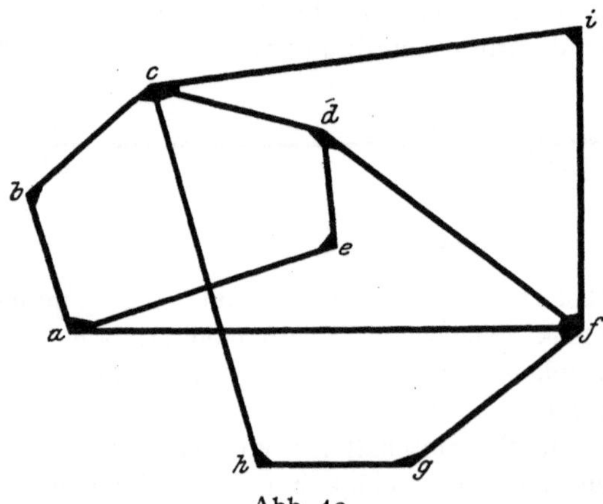

Abb. 12.

Stabzahl und Stabanordnung möglichen Tragsysteme entwickeln. Da wir hinsichtlich Stabzahl und Stabanordnung keine einschränkende Annahme gemacht haben, so folgt daraus, daß jedes nur denkbare Tragsystem sich auf ein ein- oder mehrfaches Grundsystem zurückführen läßt.

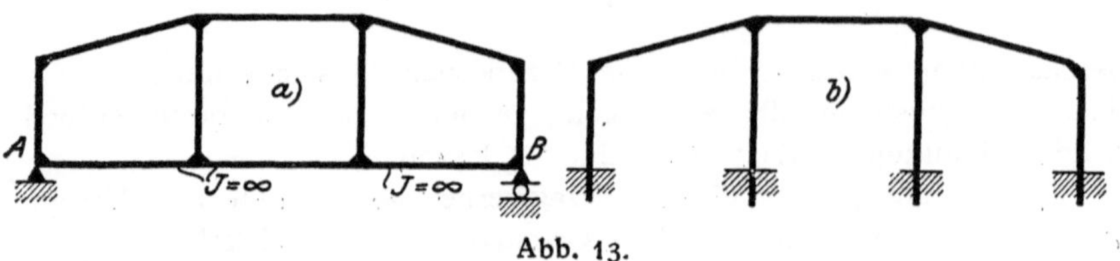

Abb. 13.

Abb. 12 stellt ein Beispiel eines vierfachen Grundsystems vor. Es zerfällt in die vier einfachen Grundsysteme *abcdea, aedfa, cdfghc* und *cdfic* und ist $4 \times 3 = 12$ fach statisch unbestimmt. Es ist hier-

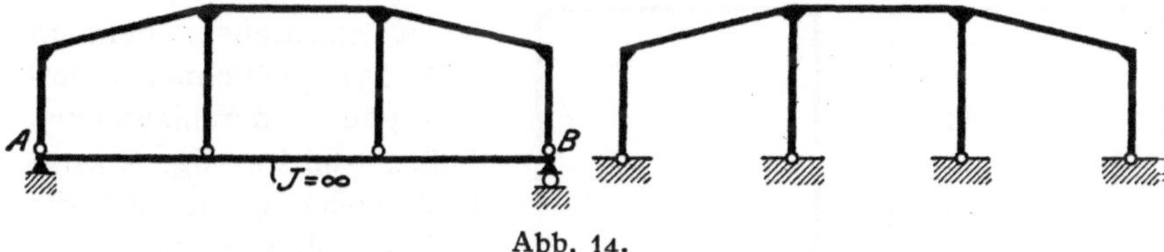

Abb. 14.

bei zu beachten, daß die Art der Zerlegung der Grundsysteme eine gewisse Willkür zuläßt; so können an Stelle der ersten zwei eben genannten Grundsysteme auch die Systeme *abcdfa* und *abcdea*

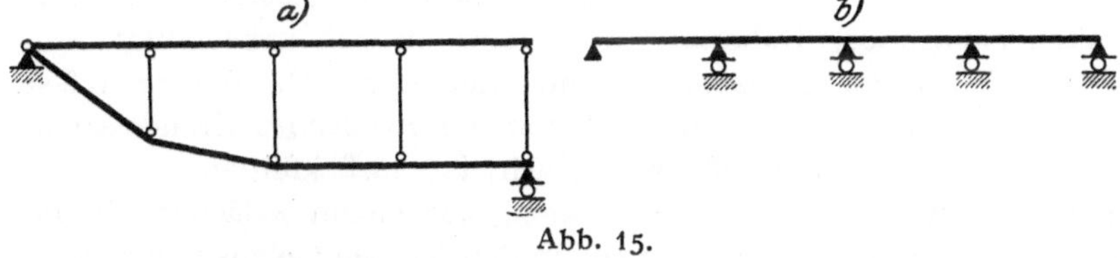

Abb. 15.

treten, da man sowohl *f* an das System *abcdea* als auch *e* an das System *abcdfa* anschließen kann. Einige Beispiele mögen das voranstehend Erörterte veranschaulichen.

Abb. 13a zeigt ein dreifaches Grundsystem, das in seiner Wirkungsweise dem in Abb. 13b dargestellten dreifeldrigen Rahmen mit vier eingespannten Ständern entspricht.

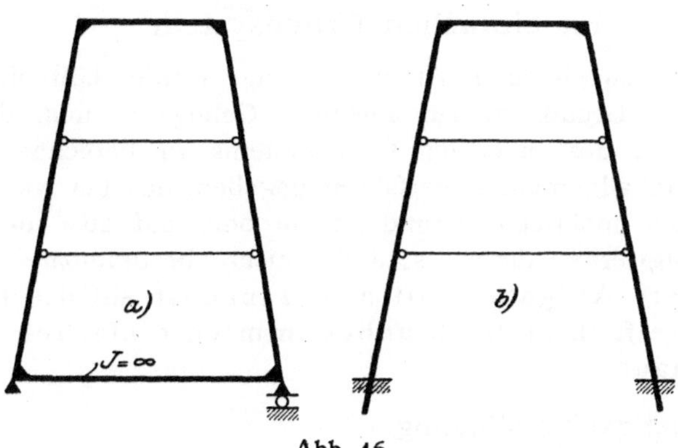

Abb. 16.

Aus diesem Grundsystem kann durch Einschalten von vier Gelenken (Abb. 14a) ein Abb. 14b gleichwertiges System geschaffen werden. Es ist zu beachten, daß der Stab AB ohne Unterbrechung durch die Gelenke steif durchläuft.

Ein aus einem vierfachen Grundsystem entwickeltes Tragwerk zeigt Abb. 15a. Es ist, wie leicht einzusehen, dem in Abb. 15b gezeichneten vierfeldrigen durchlaufenden Balken gleichwertig. Ebenso leicht ersichtlich ist, daß die in den Abb. 16a und b dargestellten Systeme einander ersetzen können.

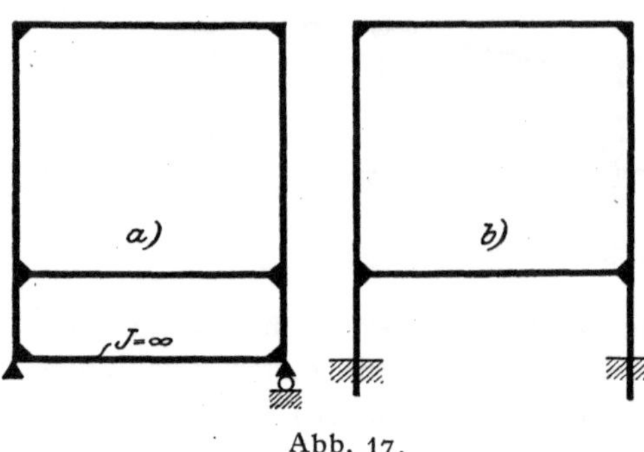

Abb. 17.

Abb. 16a ist aus einem dreifachen Grundsystem durch Einschalten von vier Gelenken entstanden. Daher $9 - 4 = 5$ fach statisch unbestimmt.

Der einfache geschlossene Rahmen der Abb. 17b, der zwei fest eingespannte Stäbe besitzt, läßt sich auf ein zweifaches Grundsystem, das in Abb. 17a zur Darstellung gebracht ist, zurückführen.

Jedes Fachwerk mit n Feldern kann aus einem n-fachen Grundsystem abgeleitet werden, wenn man in den Knoten Gelenke anordnet.

Es sei noch bemerkt, daß die in den Abb. 3 bis 17 gezeichneten geraden Stäbe auch fallweise durch gekrümmte Stäbe ersetzt werden können, da wir die Grundsysteme aus geraden oder gekrümmten Stäben zusammengesetzt erklärt haben.

§ 2. Die Ermittlung der statisch unbestimmbaren Größen im einfachen Grundsystem.

Wie im vorangehenden Absatze gezeigt wurde, läßt sich jedes Tragsystem aus Grundsystemen ableiten. Gelingt es nun, die überzähligen Größen des einfachen Grundsystems zu berechnen, so ist damit auch ein allgemeines Verfahren gegeben, das bei wiederholter Anwendung auf mehrfache Grundsysteme oder auf aus solchen abgeleitete Tragwerke deren statisch nicht bestimmbare Größen liefert. Unsere Aufgabe läuft also zunächst auf die Berechnung des dreifach statisch unbestimmten einfachen Grundsystems hinaus.

a) Die Stetigkeitsbedingung.

Für jeden ausgezeichneten Punkt kann eine Stetigkeitsbedingung aufgestellt werden. Diese Bedingung besagt, daß die Endtangenten zweier in einem ausgezeichneten Punkte zusammentreffenden und dort steif verbundenen Stäbe oder Stabteile (Elemente) vor und nach der Formänderung den gleichen Winkel miteinander einschließen.

Das in Abb. 18 dargestellte Grund-system sei durch den Angriff einer im Gleichgewichte stehenden Last-gruppe verzerrt, wobei die Sehne des Stabes ab in ihrer Richtung fest-gehalten gedacht ist. Die Verzerrungs-figur ist in der Abbildung strichliert angedeutet. Wir betrachten nun zwei benachbarte Elemente des Grund-systems, und zwar die Stäbe $k-1$, k und k, $k+1$ in ihrem elastischen Zusammenhange vor und nach der Verzerrung. In Abb. 19 sind die beiden ins Auge gefaßten Stäbe in beiden Lagen herausgezeichnet.

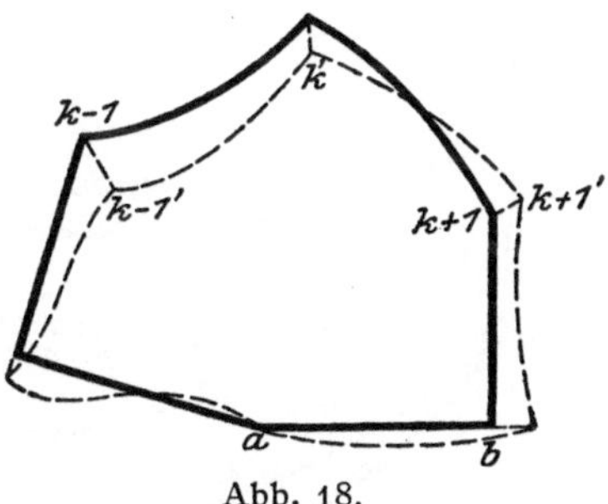

Abb. 18.

Bezeichnet φ den Winkel, den die Tangenten der in k zusammen-stoßenden Stabenden vor der Verformung miteinander einschließen, φ' den Winkel nach derselben, so besagt die Stetigkeitsbedingung,

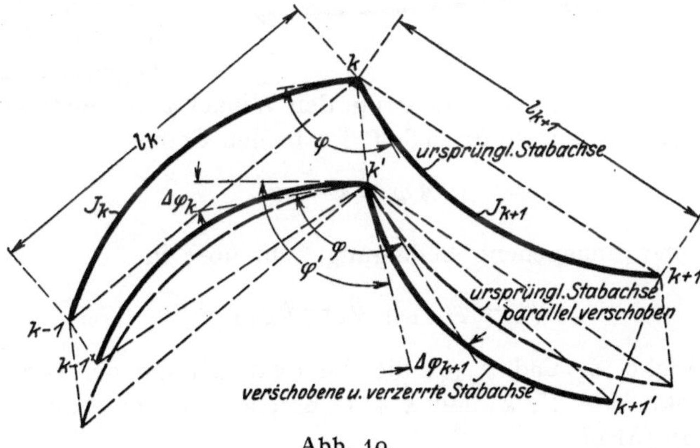

Abb. 19.

daß $\varphi = \varphi'$ sein muß. Aus Abb. 19 ist ohne weiteres ersichtlich, daß dann der Winkel $\varDelta\varphi_k$, um den sich die Tangente im Punkte k des Stabes l_k bei der Verschiebung und Verzerrung dreht, gleich sein muß dem Tangentendrehwinkel $\varDelta\varphi_{k+1}$ des Stabes l_{k+1}. Somit ist, wenn man Verdrehungen im Sinne der Uhrzeigerbewegung als positiv annimmt,

$$\varDelta\varphi_k = \varDelta\varphi_{k+1}.$$

Nun setzt sich jeder der beiden Winkel aus zwei Teilen zusam-men. In Abb. 20 sind die einzelnen aufeinanderfolgend gedachten Verschiebungs- und Verzerrungszustände des Stabes k, $k+1$ zur Darstellung gebracht. Denken wir uns nun den Stab unverzerrt parallel zu sich verschoben, bis k nach k' gelangt (strichlierte Stabachse in Abb. 20), dann um den Winkel ϑ gedreht, bis die Stabsehne ihre endgültige Richtung erreicht (strichpunktierte Stabachse) und endlich verzerrt, so hat sich bei diesen schrittweisen Verschiebungen die Stabtangente in k' bei der Drehung um den Winkel ϑ zunächst ebenfalls um ϑ gedreht, um schließlich bei der darauffolgenden Verzerrung

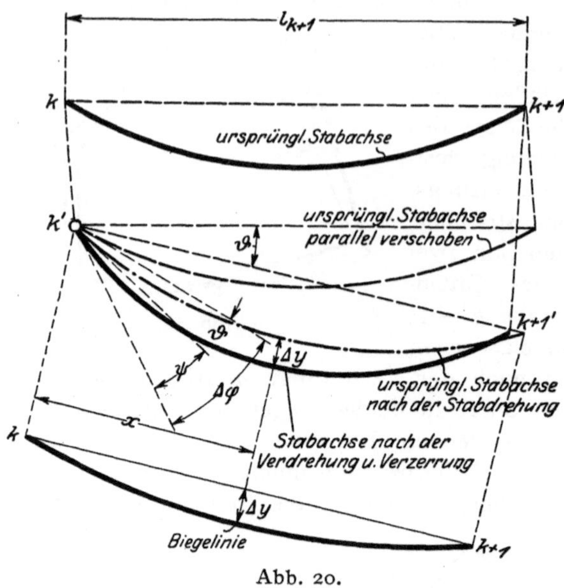

Abb. 20.

nach einer weiteren Verdrehung um den Winkel ψ ihre endgültige Lage zu erreichen. Somit ist für jeden der beiden Stäbe

$$\Delta \varphi = \psi + \vartheta$$

und die oben angegebene Bedingung geht über in

$$\psi_k - \psi_{k+1} + \vartheta_k - \vartheta_{k+1} = 0.$$

Die Winkel ϑ_k und ϑ_{k+1}, die die relative Lage der verschobenen Knotenpunkte $k-1'$, k' und $k+1'$ beschreiben, bezeichnen wir als Stabdrehwinkel.

Wir beschränken die weiteren Entwicklungen, ohne ihre Allgemeinheit zu gefährden, auf gerade oder schwach gekrümmte Rahmenstäbe, da stark gekrümmte Stäbe selbst wieder als Steifrahmen betrachtet werden können.

Bezeichnet man mit Δy die in Richtung senkrecht zur Stabsehne gemessenen Verschiebungskomponenten der Achsenpunkte des Stabes k, $k+1$, d. s. die Ordinaten der in Abb. 20 eingetragenen Biegelinie, so gilt für die Verdrehung des linken Endes dieses Stabes, genau genug,

$$\psi_{k+1} \sim \operatorname{tg} \psi_{k+1} = \left(\frac{d\,\Delta y}{d x}\right)_{x=0}^{k+1}$$

und ebenso für die Verdrehung des rechten Endes des Stabes $k-1$, k

$$\psi_k \sim \operatorname{tg}\psi_k = \left(\frac{d\,\Delta y}{d\,x}\right)^k_{x=l}.$$

Man erhält sonach die Stetigkeitsbedingung in der Form:

$$\left[\frac{d\,\Delta y}{d\,x}\right]^k_{x=l} - \left[\frac{d\,\Delta y}{d\,x}\right]^{k+1}_{x=0} + \vartheta_k - \vartheta_{k+1} = o \quad \ldots \ldots 1)$$

Die Zeiger k und $k+1$ zeigen das Stabfeld an, auf welches sich das Gleichungsglied bezieht.

Die Gleichung 1) gilt selbstverständlich auch dann, wenn die beiden steif vereinigten Stäbe in eine Gerade fallen (Abb. 21), oder wenn beide Stäbe in k mit stetiger Krümmung in einander übergehen.

Da die Stetigkeitsbedingung 1) eine Beziehung zwischen den Formänderungen

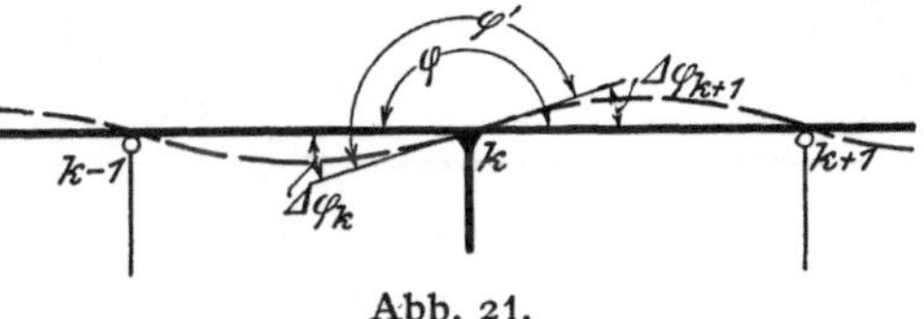

Abb. 21.

zweier benachbarter Elemente darstellt, so ist sie eine Art Elastizitätsbedingung, die zur Bestimmung der statisch unbestimmbaren Größen im Systeme dienen kann. Es fragt sich nun: Wie groß ist die Zahl derartiger im einfachen Grundsystem aus n Stäben aufstellbaren Stetigkeitsbedingungen und reicht diese Zahl aus, um sämtliche überzähligen Größen und sonstigen Unbekannten im Grundsysteme zu berechnen?

Wir betrachten ein einfaches Grundsystem aus n Elementen, dessen eine Seite in ihrer Richtung festgehalten ist. Die Stetigkeitsbedingungen enthalten die Differentialquotienten der Verschiebungen Δy und die Stabdrehwinkel. Diese Verschiebungen und somit auch ihre Differentialquotienten lassen sich als Funktionen der äußeren Kräfte und der drei Überzähligen des Grundsystems darstellen. Die Gesamtheit der Stetigkeitsbedingungen für das ins Auge gefaßte Grundsystem enthält demnach die äußeren Kräfte, die statisch nicht bestimmbaren Größen und $n-1$ Drehwinkel, da ein Stab voraussetzungsgemäß als festgehalten den Drehwinkel Null hat. Da die äußeren Kräfte des Grundsystems als bekannt angenommen werden, so verbleiben in den Stetigkeitsbedingungen an Unbekannten:

3 statisch unbestimmbare Größen

$n-1$ Stabdrehwinkel,

zusammen $n+2$ Unbekannte. Ihnen stehen bei n ausgezeichneten Punkten n Stetigkeitsbedingungen der Form 1) gegenüber, so daß es notwendig erscheint, zwei weitere Beziehungen zwischen den Unbekannten aufzusuchen, um die gestellte Aufgabe lösen zu können.

b) Die Winkelgleichungen.

Die Stetigkeitsbedingungen beschreiben den elastischen Zusammenhang je zweier aufeinanderfolgenden Elemente des Grundsystems. Nun ist es noch notwendig, die geometrische Unveränderlichkeit des ganzen Rahmengebildes, d. h. die Bedingung, daß der geschlossene Rahmen auch nach der Verzerrung ein geschlossener Rahmen bleibe, in Form von Elastizitätsgleichungen festzulegen.

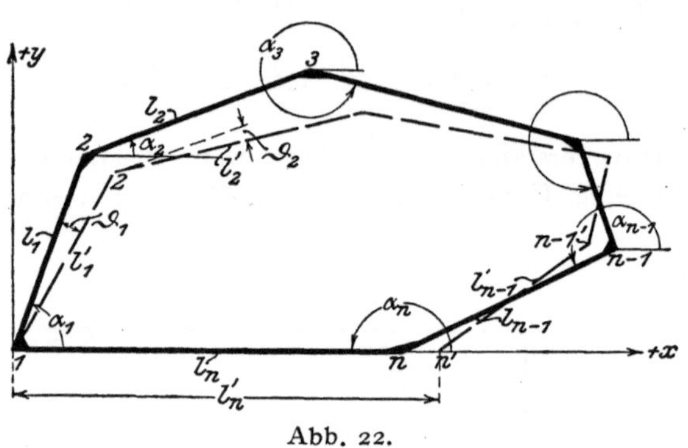

Abb. 22.

Der geschlossene Stabzug 1, 2 ... n der Abb. 22 gehe nach der Verzerrung in den strichliert gezeichneten Stabzug $1'$, $2'$ ... n' über, wobei sich die Stabsehnen, und nur diese sind in der Abbildung dargestellt, um die Stabdrehwinkel ϑ_1, ϑ_2, ... ϑ_{n-1} drehen. Stab $1 - n$ sei hierbei in seiner Richtung festgehalten gedacht, da es nur auf die Verdrehung der Stäbe gegeneinander und nicht auf eine Verdrehung des ganzen Gebildes ankommt. Wir projizieren nun die beiden Stabpolygone auf zwei aufeinander senkrecht stehende Achsen x und y. Die x-Achse falle mit der Stabsehne $1 - n$ zusammen, der Achsenursprung liege in 1. Soll jeder der beiden Stabzüge eine geschlossene Figur bilden, so muß die Summe der Projektionen aller Vieleckseiten auf die beiden Achsen x und y Null sein. Demnach ist

für das unverzerrte Stabvieleck

$$\sum l \cos \alpha = 0 \qquad \text{und} \qquad \sum l \sin \alpha = 0,$$

und für das verzerrte Stabvieleck

$$\sum l' \cos \alpha' = 0 \qquad \text{und} \qquad \sum l' \sin \alpha' = 0.$$

Die Winkel α bzw. α' sind am niedriger bezifferten Stabende, von der Richtung der positiven x-Achse ausgehend, entgegengesetzt dem Sinn der Uhrzeigerbewegung zu zählen, wies dies in Abb. 22 durch Pfeile angedeutet ist.

Wir führen nun $l' = l + \varDelta l$ und $\alpha' = \alpha - \vartheta$ ein. Einem positiven $\varDelta l$ entspricht somit eine Stabverlängerung, einem positiven ϑ eine Verkleinerung des Winkels α; der Stab dreht sich demnach bei positivem ϑ um sein niedriger beziffertes Ende im Sinne der Uhrzeigerbewegung. Diese Festsetzungen wollen wir festhalten[1]).

Für einen beliebigen Stab gilt demnach

$$l' \cos \alpha' = (l + \varDelta l) \cos (\alpha - \vartheta) = (l + \varDelta l)(\cos \alpha + \vartheta \sin \alpha),$$

wobei, wegen der Kleinheit des Winkels ϑ, $\cos \vartheta = 1$ und $\sin \vartheta = \vartheta$ gesetzt wurde. Nach Ausführung der angedeuteten Multiplikation folgt

$$l' \cos \alpha' = l \cos \alpha + \varDelta l \cos \alpha + \vartheta \cdot l \sin \alpha;$$

hierbei wurde das Glied $\varDelta l \cdot \vartheta \cdot \sin \alpha$ als klein von der zweiten Größenordnung vernachlässigt.

In derselben Weise findet man

$$l' \sin \alpha' = (l + \varDelta l) \sin (\alpha - \vartheta) = (l + \varDelta l)(\sin \alpha - \vartheta \cos \alpha)$$

oder

$$l' \sin \alpha' = l \sin \alpha + \varDelta l \sin \alpha - \vartheta \cdot l \cos \alpha.$$

Nach Einsetzen in die eingangs aufgestellten Summengleichungen gewinnt man

$$\Sigma\, l \cos \alpha + \Sigma\, \varDelta l \cos \alpha + \Sigma\, \vartheta \cdot l \sin \alpha = 0,$$
$$\Sigma\, l \sin \alpha + \Sigma\, \varDelta l \sin \alpha - \Sigma\, \vartheta \cdot l \cos \alpha = 0.$$

Die ersten Glieder dieser beiden Gleichungen sind Null, und die Formeln nehmen daher die einfache Gestalt an

$$\left. \begin{array}{l} \Sigma\, \varDelta l \cos \alpha + \Sigma\, \vartheta \cdot l \sin \alpha = 0 \\ \Sigma\, \varDelta l \sin \alpha - \Sigma\, \vartheta \cdot l \cos \alpha = 0 \end{array} \right\} \quad \cdots \cdots \cdots \quad 2)$$

Diese beiden Gleichungen werden als **Winkelgleichungen** bezeichnet. Die Summenzeichen erstrecken sich auf alle Stäbe des Systems, ob diese gelenkig oder steif angeschlossen sind. Das Vorzeichen der einzelnen Summenglieder hängt vom Vorzeichen der Winkelfunktion des Winkels α ab. Die $\varDelta l$ bedeuten die Längenänderungen der Stabsehnen und sind Funktionen der Längskräfte, Temperaturänderungen und der verbiegenden Momente bei gekrümmten Stäben. Die $\varDelta l$ und ϑ werden als Unbekannte zunächst positiv angenommen.

In den vorstehenden Entwicklungen wurde die x-Achse mit einer Rahmenseite zusammenfallend angenommen, und dieser Rahmenseite, als festgehalten, der Drehwinkel Null beigelegt. Dies muß keineswegs immer der Fall sein; man kann jede beliebige Richtung als Projektionslinie wählen, d. h. der Winkel α kann auf eine beliebig

---

[1]) Wegen des Zusammenhanges der Winkelgleichungen mit den Stetigkeitsbedingungen, in denen die Drehwinkel ϑ positiv bei Stabdrehung im Sinne der Uhrzeigerbewegung gezählt wurden, wurde einer Verkleinerung des Winkels α ein positives ϑ zugeordnet.

gewählte Gerade mit Richtungssinn bezogen werden, nur muß diese Gerade im Grundsysteme selbst, also gegen irgendeinen Stab desselben, festgelegt sein.

Die beiden Winkelgleichungen bilden die für die Berechnung des Grundsystems noch notwendigen Elastizitätsbedingungen. Damit ist auch die Aufgabe, die überzähligen Größen im einfachen Grundsystem zu bestimmen, im Wesentlichen gelöst. Stetigkeitsbedingungen und Winkelgleichungen stellen beim n-stäbigen einfachen Grundsystem die $n + 2$ Elastizitätsbedingungen vor, aus denen die $n + 2$ Unbekannten (Stabdrehwinkel und Überzählige) ermittelt werden können. Die Winkelgleichungen sind unabhängig von der Stabform und der Querschnittsgestaltung, haben daher allgemeine Geltung.

§ 3. Anwendung auf beliebige statisch unbestimmte Tragsysteme.

Wir betrachten zunächst die aus einem einfachen Grundsystem abgeleiteten Träger. Durch Einschalten eines Gelenkes in einem ausgezeichneten Punkte fällt eine überzählige Größe, also eine Unbekannte, fort, ebenso entfällt aber auch eine Stetigkeitsbedingung, da im Gelenkpunkte keine Stetigkeit besteht. Bei zwei Gelenken fallen zwei Unbekannte und zwei Stetigkeitsbedingungen fort usw. Man erkennt somit, daß das Gleichgewicht zwischen der Zahl der Unbekannten und der Zahl der zu ihrer Berechnung dienenden Elastizitätsbedingungen in jedem Falle für alle nach den Regeln des § 1 aus dem einfachen Grundsysteme abgeleiteten Tragwerke ungestört bleibt, womit die Möglichkeit der Berechnung beliebiger Tragwerke dieser Gruppe mit Hilfe der Stetigkeitsbedingungen 1) und der Winkelgleichungen 2) dargetan ist.

Liegt der Gelenkpunkt nicht in einem ausgezeichneten Punkte des Grundsystems, wie in Abb. 23, so bleibt die Zahl der Stetigkeitsbedingungen unverändert, aber die Zahl der Stabdrehwinkel ϑ wird um Eins vermehrt, da den Stabteilen ag und gb verschiedene Drehwinkel zukommen. Dafür entfällt aber eine Überzählige, wodurch das Gleichgewicht zwischen der Zahl der Unbekannten und der Zahl der Elastizitätsbedingungen wieder hergestellt ist.

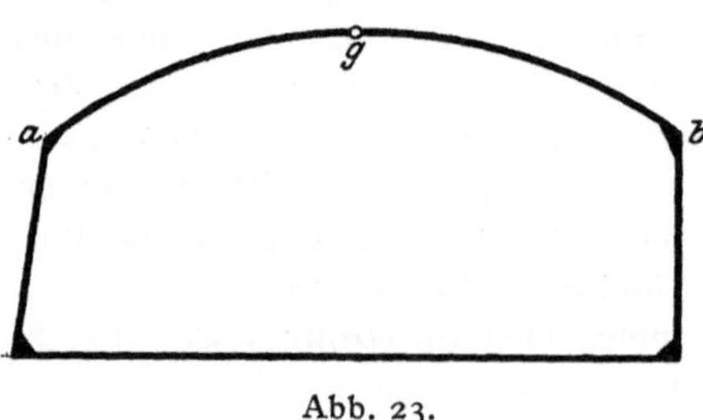

Abb. 23.

Liegt ein mehrfaches Grundsystem vor, so sind zunächst zwei Fälle zu unterscheiden:

1. **Fall.** Zwei aneinandergeschlossene Grundsysteme haben nur einen Stab gemeinsam. Für jedes einfache Grundsystem können so viele Stetigkeitsbedingungen angesetzt werden als es ausgezeichnete Punkte besitzt, außerdem je zwei Winkelgleichungen. Haben die aneinandergeschlossenen Grundsysteme $p, q, r \ldots$ ausgezeichnete Punkte und sind insgesamt β einfache Grundsysteme zu einem Tragwerk vereinigt, so beträgt die Gesamtzahl der Elastizitätsbedingungen

$$p + q + r + \cdots + 2\beta.$$

Denken wir uns nun vom ersten einfachen Grundsystem eine Seite festgehalten, ihren Stabdrehwinkel ϑ also Null gesetzt, so beträgt die Zahl der unbekannten Stabdrehwinkel um 1 weniger als die Zahl der ausgezeichneten Punkte dieses Feldes. Auch die Zahl der Stabdrehwinkel der anschließenden Grundsysteme ist je um 1 kleiner als die Zahl der ausgezeichneten Punkte, da der Stabdrehwinkel der gemeinsamen Seite schon im vorangehenden Felde als Unbekannte gezählt wurde.

Es liegen demnach

$$(p - 1) + (q - 1) + (r - 1) + \cdots + 3\beta$$

Unbekannte vor, wenn wir beachten, daß ein β-faches Grundsystem 3β-fach statisch unbestimmt ist. Die Gesamtzahl der Unbekannten ist demnach gleich der Zahl der Elastizitätsbedingungen, d. i.

$$p + q + r + \cdots + 2\beta.$$

2. **Fall.** Sind zwei oder mehr Stäbe den beiden aneinandergereihten einfachen Grundsystemen gemeinsam, wie z. B. in Abb. 24, so zeigt eine einfache Überlegung, daß in solchen Fällen so viel Drehwinkel aus der Zahl der Unbekannten herausfallen als gemeinsame Stäbe vorhanden sind. Gleichzeitig vermindert sich aber auch die Zahl der Stetigkeitsbedingungen, da für die zwischen den Anschlußpunkten a und b liegenden ausgezeichneten Punkte nur einmal Stetigkeitsbedingungen angesetzt werden [dürfen, und zwar entweder bei Betrachtung des Systems I oder II. Die betreffenden Stetigkeitsbedingungen sind in beiden Systemen identisch, zählen also nur einmal. Entfallen ν gemeinsame Stabdrehwinkel als Unbekannte, so können $\nu - 1$ Stetigkeitsbedingungen weniger aufgestellt werden, so daß der Unterschied zwi

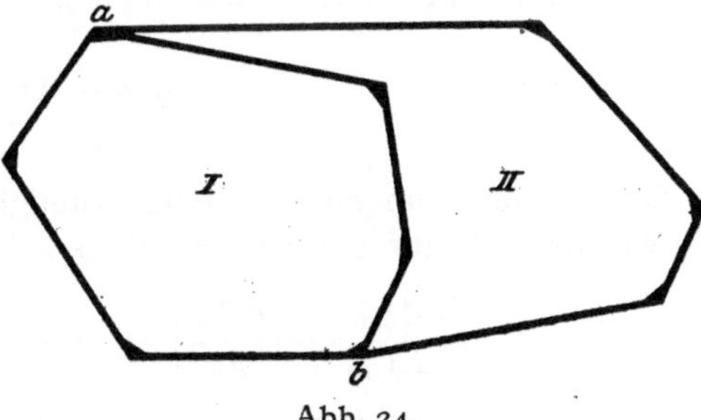

Abb. 24.

schen der Zahl der Stetigkeitsbedingungen und der Zahl der unbekannten Stabdrehwinkel, genau wie bei Fall 1, für jedes einfache Grundsystem Eins beträgt. Es ist demnach auch hier die Zahl der Unbekannten gleich der Zahl der Elastizitätsbedingungen.

Beachtet man noch zum Schlusse, daß hinsichtlich des Einflusses der Gelenke auf die Zahl der Unbekannten und die Zahl der Elastizitätsbedingungen das gleiche gilt wie beim einfachen Grundsystem, so ist der Beweis erbracht, daß jedes beliebige statisch unbestimmte System mit Hilfe der Stetigkeitsbedingungen und der Winkelgleichungen berechnet werden kann.

Wir wollen noch einen Satz über mehrfache Grundsysteme beweisen, dessen Kenntnis für die Anwendung des Verfahrens wichtig ist. Dieser Satz lautet:

Stoßen in einem Tragwerksknoten ϱ Stäbe zusammen, die sämtlich steif angeschlossen sind, so lassen sich für diesen Knoten nur $\varrho - 1$ voneinander unabhängige Stetigkeitsbedingungen aufstellen.

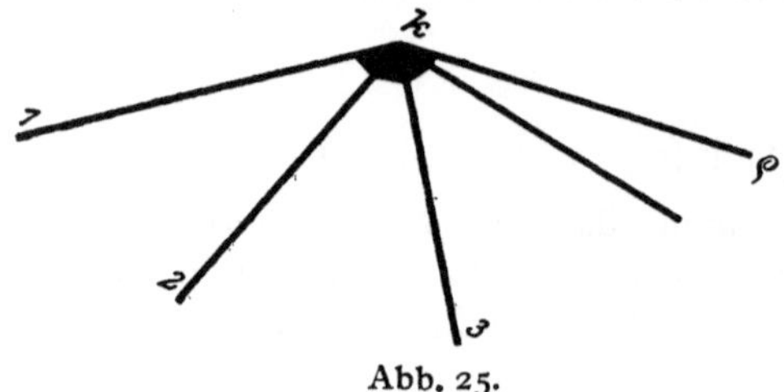

Abb. 25.

Da ϱ Stäbe angeschlossen sind (Abb. 25), so kann jeder dieser ϱ Stäbe, mit einem der übrigen vereinigt gedacht, eine Stetigkeitsbedingung liefern. Die Zahl der so möglichen Bedingungen ist gleich der Zahl der Kombinationen zu zwei Elementen ohne Wiederholung, d. i.

$$z = \frac{\varrho(\varrho - 1)}{2}.$$

Wir greifen nun eine beliebige Stetigkeitsbedingung heraus, z. B. die, welche sich auf Stab 1 und Stab ν bezieht. Diese lautet:

$$\left[\frac{d\Delta y}{dx}\right]_1 - \left[\frac{d\Delta y}{dx}\right]_\nu + \vartheta_1 - \vartheta_\nu = 0.$$

Weiter jene, die die Stäbe 1 und $\nu + 1$ umfaßt:

$$\left[\frac{d\Delta y}{dx}\right]_1 - \left[\frac{d\Delta y}{dx}\right]_{\nu+1} + \vartheta_1 - \vartheta_{\nu+1} = 0.$$

Subtrahiert man beide Gleichungen, so entsteht

$$\left[\frac{d\Delta y}{dx}\right]_\nu - \left[\frac{d\Delta y}{dx}\right]_{\nu+1} + \vartheta_\nu - \vartheta_{\nu+1} = 0,$$

d. i. eine Stetigkeitsbedingung zwischen Stab ν und $\nu + 1$, die aber schon in der Gesamtzahl der möglichen Bedingungen enthalten ist. Verbindet man einen beliebigen Stab der Reihe nach mit den übrigen $\varrho - 1$ Stäben zu Stetigkeitsbedingungen, so erhält man $\varrho - 1$ Gleichungen, die voneinander unabhängig sind. Durch Subtrahieren von je zweien können Stetigkeitsbedingungen abgeleitet werden, deren Gesamtzahl der Zahl der Kombinationen aus $(\varrho - 1)$ Elementen zu zwei Elementen ohne Wiederholung gleich ist. Diese Zahl z' beträgt

$$z' = \frac{(\varrho - 1)(\varrho - 2)}{2}.$$

Da die Gesamtzahl aller Stetigkeitsbedingungen z ist, so ist die Zahl der überhaupt möglichen, voneinander unabhängigen Stetigkeitsbedingungen $z - z'$, demnach

$$z - z' = \frac{\varrho(\varrho - 1) - (\varrho - 1)(\varrho - 2)}{2} = \varrho - 1,$$

was zu beweisen war.

Es sei noch bemerkt, daß es im Grunde genommen gleichgültig ist, welche von den möglichen Stetigkeitsbedingungen eines Knotens angesetzt werden. Bedingung ist nur, daß sie voneinander unabhängig sind, wobei man sich bei der Auswahl der Kombinationen nur von Zweckmäßigkeitsgründen hinsichtlich der Vereinfachung der Berechnung leiten lassen wird.

Bei der Anwendung der Winkelgleichungen auf mehrfache Grundsysteme oder auf aus solchen abgeleitete Tragwerke wird man in Anwendung des am Schlusse der Darstellung der Winkelgleichungen

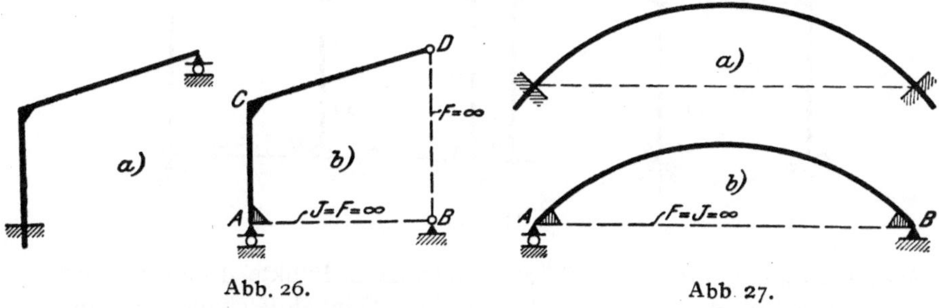

Abb. 26.
Abb. 27.

auf S. 15 Gesagten alle Einzelrahmen, in die das betrachtete System zerfällt, auf eine und dieselbe Projektionsgerade, die am zweckmäßigsten eine Auflagerverbindungslinie ist, beziehen. Doch steht es auch frei, für jeden einfachen Rahmen oder für eine Gruppe derselben je eine andere Bezugsgerade für den Winkel α zu wählen.

Einige Beispiele sollen die Zurückführung der Tragsysteme auf Grundsysteme und das Gleichgewicht zwischen der Zahl der Elastizitätsbedingungen und der Zahl der Unbekannten zeigen.

1. Der in Abb. 26 dargestellte Halbrahmen ist einfach statisch unbestimmt. Mit gerissenen Linien sind die Ergänzungsstäbe zum geschlossenen Rahmen dargestellt. An Unbekannten zählen wir: eine statisch unbestimmbare Größe und drei Stabdrehwinkel, da vier Stäbe vorliegen, von denen der Stab AB in seiner Richtung festgehalten ist und daher keine Verdrehung erleiden kann. Insgesamt vier Unbekannte. Zu ihrer Ermittlung dienen zwei Stetigkeitsbedingungen für die ausgezeichneten Punkte A und C, sowie die beiden Winkelgleichungen. Somit vier Gleichungen.

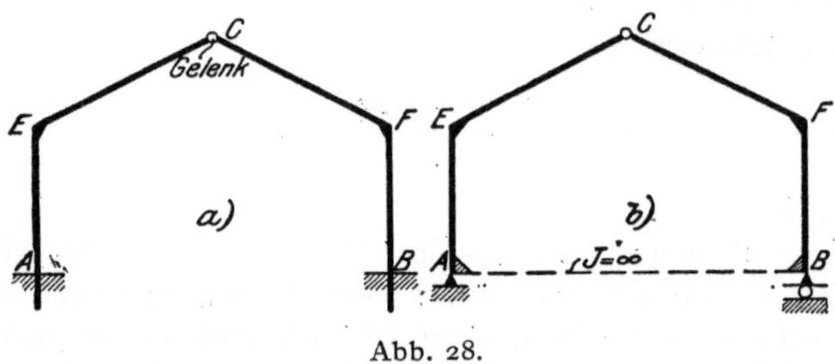

Abb. 28.

2. Eingespannter Bogen nach Abb. 27. Dieses Tragwerk ist dreifach statisch unbestimmt. Als Unbekannte kommen nur drei Überzählige in Betracht, weil A und B fest sind und daher sämtliche Stabdrehwinkel verschwinden. An Elastizitätsbedingungen liegen vor: zwei

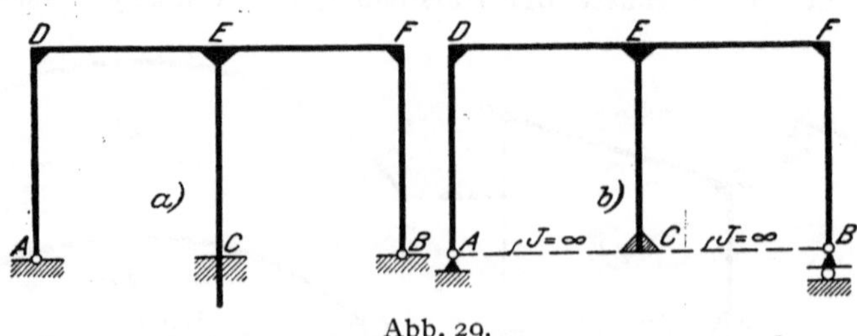

Abb. 29.

Stetigkeitsbedingungen für die ausgezeichneten Punkte A und B, sowie eine Winkelgleichung, da in der zweiten Winkelgleichung, wie man sich leicht überzeugt, sämtliche Glieder Null sind. Zusammen also drei Gleichungen.

3. Der Eingelenkrahmen der Abb. 28 ist zweifach statisch unbestimmt. Unbekannt sind: zwei Überzählige und vier Stabdrehwinkel, somit liegen sechs Unbekannte vor. Zu ihrer Berechnung dienen

vier Stetigkeitsbedingungen für die Punkte A, B, E und F sowie zwei Winkelgleichungen, somit **sechs** Gleichungen.

4. Der Doppelrahmen nach Abb. 29 ist vierfach statisch unbestimmt. Den fünf wirklichen Systemstäben entsprechen fünf Stabdrehwinkel; Stab ACB hat den Drehwinkel $\vartheta = 0$. Zusammen mit den vier Überzähligen sind **neun** Unbekannte zu ermitteln. An Bedingungs-

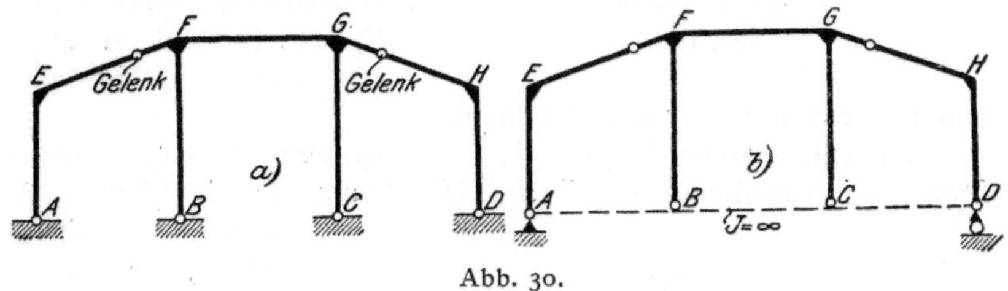

Abb. 30.

gleichungen liegen vor: fünf Stetigkeitsbedingungen, und zwar je eine für die Punkte D und F und je zwei für die Punkte E und C, wo je drei Stäbe zusammenstoßen. Die beiden Gleichungen für Punkt C stimmen aber miteinander überein, da beiden Stab CE gemeinsam ist und die von den Zusatzstäben AC und CB herrührenden Glieder, wegen $J = \infty$, verschwinden. Die sechs möglichen Stetigkeitsbedingungen verringern sich somit auf fünf. Hierzu kommen für jedes Rahmenfeld zwei Winkelgleichungen. Insgesamt stehen daher zur Berechnung der neun Unbekannten $5 + 4 = 9$ Gleichungen zur Verfügung.

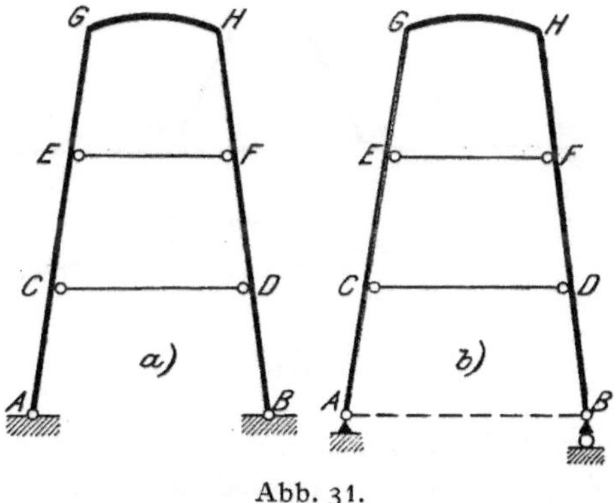

Abb. 31.

5. Das in Abb. 30 dargestellte dreifeldrige Tragwerk ist dreifach statisch unbestimmt, da in den Außenfeldern je ein Gelenk angeordnet ist. Neben den drei Überzähligen zählen wir neun Stabdrehwinkel, also insgesamt zwölf Unbekannte. An Gleichungen liegen vor: für die Eckpunkte E und H je eine, für die Punkte F und G, wo drei Stäbe zusammenstoßen, je zwei Stetigkeitsbedingungen, zusammen also sechs Stetigkeitsgleichungen. Dazu treten noch $3 \times 2 = 6$ Winkelgleichungen, daher insgesamt zwölf Gleichungen.

6. In Abb. 31 ist ein Zweigelenkrahmen mit zwei gelenkig angeschlossenen Zwischenriegeln dargestellt. Dieses Traggebilde ist drei-

fach statisch unbestimmt. Berücksichtigt man, daß neun Stabdrehwinkel in Betracht kommen, so sind insgesamt zwölf Unbekannte zu be-

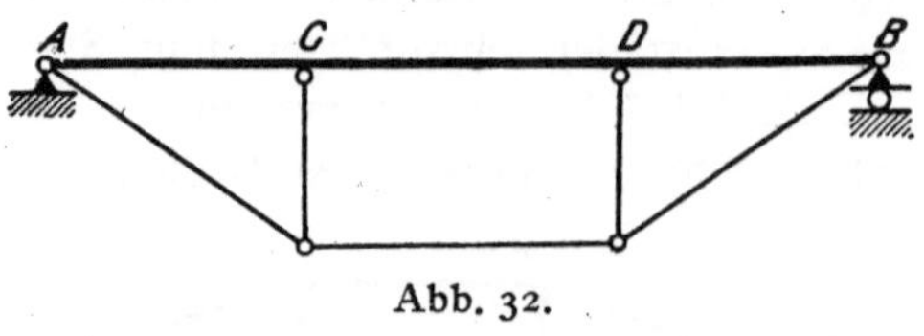

Abb. 32.

stimmen. Dieser Zahl von Unbekannten stehen gegenüber: sechs Stetigkeitsbedingungen für die ausgezeichneten Punkte C, D, E, F, G und H, und $3 \times 2 = 6$ Winkelgleichungen; zusammen zwölf Gleichungen.

7. Der unterspannte Balken (Abb. 32) ist einfach statisch unbestimmt. Die Auszählung ergibt: an Unbekannten: eine Überzählige und sieben Stabdrehwinkel, zusammen acht; an Gleichungen: zwei Stetigkeitsbedingungen und sechs Winkelgleichungen, zusammen ebenfalls acht. Hierbei wurde der Stabdrehwinkel eines der acht Stäbe als gegeben angenommen, da ja ein Stab in seiner Richtung festzuhalten ist.

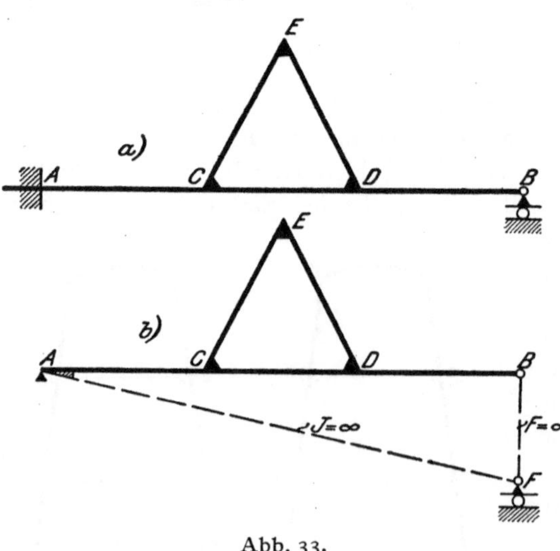

Abb. 33.

8. Der einerseits eingespannte, anderseits beweglich gelagerte Balken AB sei mit dem Stabpaar CE und ED steif verbunden (Abb. 33). Das so entstandene Tragsystem ist vierfach statisch unbestimmt. Fügt man die Zahl der unbekannten Stabdrehwinkel für die ünf Stäbe des gegebenen Systems und für den Zusatzstab BF hinzu, so sind insgesamt zehn Unbekannte zu bestimmen. Zu ihrer

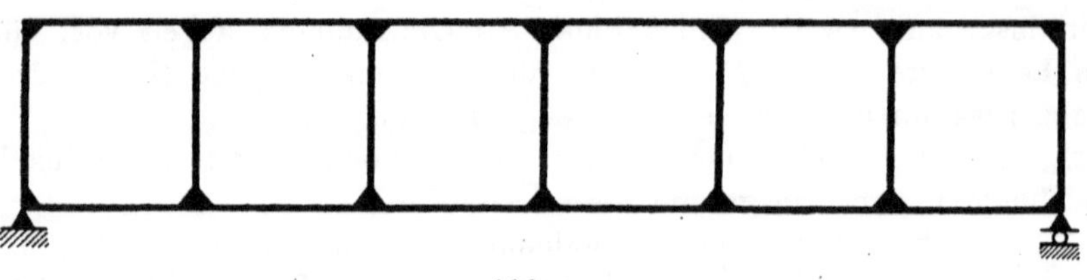

Abb. 34.

Ermittlung dienen: sechs Stetigkeitsbedingungen, und zwar je eine für die Punkte A und E und je zwei für die Punkte C und D; dann $2 \times 2 = 4$ Winkelgleichungen für die beiden geschlossenen Rahmen ABF und CDE; insgesamt zehn Gleichungen.

9. Der Vierendeelbalken (Abb. 34) ist bei n Feldern $3n$-fach statisch unbestimmt. Die Zahl der Unbekannten beträgt demnach $3n$ Überzählige, zu denen bei $3n + 1$ Stäben, $3n$ Stabdrehwinkel hinzukommen, also $6n$. An Bestimmungsgleichungen stehen zur Verfügung: für jedes Rahmenfeld vier Stetigkeitsbedingungen und zwei Winkelgleichungen, insgesamt $6n$ Bedingungsgleichungen.

II. Tragwerke aus geraden oder schwach gekrümmten Stäben mit unveränderlichem Querschnitt.

§ 4. Der Viermomentensatz.

Für die nachstehenden Entwicklungen gelten die folgenden einschränkenden Voraussetzungen:

1. Die Querschnittsabmessungen der einzelnen Stäbe des Tragwerks sind klein gegenüber den Stablängen, so daß es erlaubt ist, vom Einfluß der Querkräfte abzusehen und die inneren Kräfte und Formänderungen gekrümmter Stäbe in der gleichen Weise zu ermitteln wie bei geraden Stäben.

2. Der Krümmungshalbmesser gekrümmter Stäbe ist an allen Stellen groß genug und der Wölbungspfeil zwischen zwei ausgezeichneten Punkten genügend klein, um die Neigung der Stabachse gegen die Stabsehne bei Ermittlung der Formänderung vernachlässigen oder durch einen Mittelwert ersetzen zu dürfen.

3. Trägheitsmoment und Querschnittsfläche sind innerhalb eines Stabes unveränderlich.

Wir betrachten einen aus irgend einem Rahmentragwerk herausgeschnittenen Stab $r - l$ (Abb. 35). Die Mittelkraft aller links vom Punkte r liegenden äußeren Kräfte dieses Stabes werde mit R bezeichnet. Ihre Teilkräfte parallel und senkrecht zur Stabsehne $r - l$ seien V und H. Mit P kennzeichnen wir die im herausgehobenen Stabfelde selbst angreifenden Lasten. Auch diese Kräfte werden in ihren Angriffspunkten in die Teilkräfte P_v und P_h zerlegt. Für das Biegungsmoment M_x im Punkte m mit den Ordinaten x und y finden wir, wenn wir die Bezeichnungen der Abb. 35 beachten und die Momente positiv zählen, falls sie an dem im Rahmeninnern gelegenen Stabrand Zugspannungen erzeugen:

$$M_x = V(x_0 + x) + Hy - \sum_0^x P_v(x-a) - \sum_0^x P_h(y-b).$$

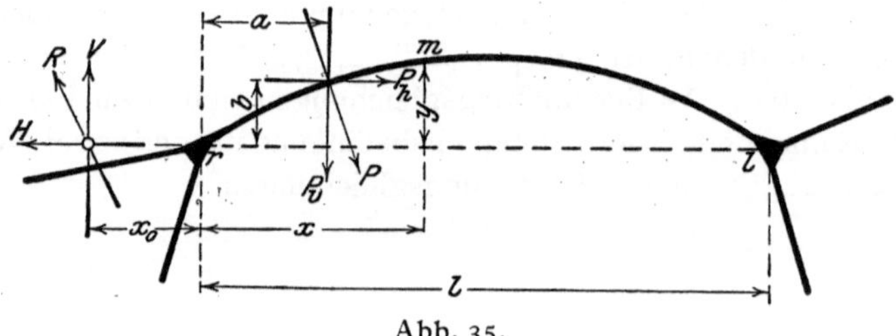

Abb. 35.

Da $Vx_0 = M^r$ ist, wobei M^r das Moment von R, bezogen auf einen unendlich nahe rechts von r gelegenen Punkt bedeutet, so wird

$$M_x = M^r + Vx + Hy - \sum_0^x P_v(x-a) - \sum_0^x P_h(y-b).$$

Setzt man $x = l$, so geht M_x in M^l über, wobei der links von l gelegene unendlich nahe Punkt den Bezugspunkt für das Moment M^l darstellt. Es ist demnach

$$M^l = M^r + Vl - \sum_0^l P_v(l-a) + \sum_0^l P_h b$$

und daraus

$$V = \frac{M^l - M^r}{l} + \frac{1}{l}\sum_0^l P_v(l-a) - \frac{1}{l}\sum_0^l P_h b.$$

Führt man diesen Wert von V in die Gleichung für M_x ein, so entsteht

$$M_x = M^r + \frac{M^l - M^r}{l}x + Hy + \frac{x}{l}\sum_0^l P_v(l-a) - \sum_0^x P_v(x-a)$$
$$- \frac{x}{l}\sum_0^l P_h b - \sum_0^x P_h(y-b).$$

Die vier Summenausdrücke stellen das Moment des frei aufliegenden mit den Lasten P belasteten Balkens $r-l$ vor, wenn man sich das feste Lager in l angeordnet denkt. Wir bezeichnen dieses Moment mit $\mathfrak{M}_x$. Die Gleichung für M_x nimmt daher nach Umordnung die einfache Form an

$$M_x = M^r\left(1 - \frac{x}{l}\right) + M^l\frac{x}{l} + Hy + \mathfrak{M}_x, \quad \ldots \ldots 3)$$

wobei H die in die Stabsehnenrichtung fallende Teilkraft von R ist. H wird positiv gezählt, wenn es den Stab auf Zug beansprucht. y ist positiv, wenn der Stab nach außen, negativ, wenn der Stab nach dem Rahmeninnern gekrümmt ist. Gleichung 3) gilt natürlich auch, wenn an Stelle der bisher vorausgesetzten Einzellasten zwischen r und l irgendeine andere Art der Belastung in Betracht kommt, da sich jede Belastung letzten Endes mit genügender Annäherung auf ein System von Einzellasten zurückführen läßt. Die Momente M^r und M^l nennen wir die Anschlußmomente.

Unter den eingangs gemachten Voraussetzungen lautet die Differentialgleichung der Biegelinie eines Stabes (Rahmenelement), wenn außer der Belastung noch ungleichmäßige Erwärmung ins Auge gefaßt wird,

$$E J \cos \varphi \, \frac{d^2 \varDelta y}{d x^2} = - M_x - E J \frac{\alpha_t \varDelta t}{d} \, . \quad {}^1)$$

$\varDelta y$ ist wie in § 2 die Verschiebung senkrecht zur Stabsehne, M_x das Biegungsmoment im Punkte m (Abb. 35), E und J Elastizitätsmaß und Trägheitsmoment des Stabes. α_t ist der Ausdehnungskoeffizient für 1^0 C Temperaturerhöhung, $\varDelta t$ die lineare Temperaturzunahme vom Außenrand gegen den Innenrand des Stabes, d die Höhe des Stabquerschnittes. φ ist von x unabhängig und bedeutet eine mittlere Neigung der Stabelemente gegen die Stabsehne${}^2)$.

Die zweimalige Integration der Differentialgleichung ergibt

$$E J' \varDelta y = - \int\limits_0^x \mu_x \, d x - E J' \frac{\alpha_t \varDelta t}{d} \frac{x^2}{2} \sec \varphi + C_1 x + C_2,$$

${}^1)$ Das von der ungleichmäßigen Erwärmung herrührende Glied der rechten Seite wurde folgendermaßen ermittelt:

Die Verdrehung $d \vartheta$ zweier im Abstande $d s$ befindlichen Querschnitte beträgt, ohne Rücksicht auf das Vorzeichen,

$$d \vartheta = \frac{\alpha_t \varDelta t}{d} \, d s = \frac{\alpha_t \varDelta t}{d} \, d x \sec \varphi.$$

Daher ist

$$\frac{d \vartheta}{d x} = \frac{d^2 \varDelta y}{d x^2} = \frac{\alpha_t \varDelta t}{d} \sec \varphi$$

und

$$E J \cos \varphi \, \frac{d^2 \varDelta y}{d x^2} = E J \frac{\alpha_t \varDelta t}{d} \, .$$

${}^2)$ Es ist zweckmäßig $\cos \varphi = \frac{l}{b}$ zu setzen, wenn l die Sehnenlänge, b die Bogenlänge des krummen Stabes bedeuten.

wenn zunächst

$$\int_0^x M_x \, dx = \mu_x$$

eingeführt und $J \cos \varphi = J'$ gesetzt wird.

Um die Festwerte C_1 und C_2 zu bestimmen, setzen wir

$$\text{für} \quad x = 0 \qquad \varDelta y = 0$$
$$\text{für} \quad x = l \qquad \varDelta y = 0$$

und finden

$$C_1 = \frac{1}{l} \int_0^l \mu_x \, dx + EJ' \frac{\alpha_t \varDelta t}{d} \frac{l}{2} \sec \varphi,$$

$$C_2 = 0.$$

Die Gleichung der Biegelinie nimmt damit die Form an

$$EJ' \varDelta y = \frac{x}{l} \int_0^l \mu_x \, dx - \int_0^x \mu_x \, dx + EJ' \frac{\alpha_t \varDelta t}{2 d} x (l - x) \sec \varphi.$$

Um die Beträge der für die Stetigkeitsbedingungen notwendigen Differentialquotienten zu erhalten, differentiieren wir die voranstehende Lösung und finden

$$EJ' \frac{d \varDelta y}{dx} = \frac{1}{l} \int_0^l \mu_x \, dx - \mu_x + EJ' \frac{\alpha_t \varDelta t}{2 d} (l - 2 x) \sec \varphi.$$

Durch partielle Integration gelangen wir zu der allgemein gültigen Verknüpfung

$$\int \mu_x \, dx = x \mu_x - \int x \frac{d \mu_x}{dx} \, dx = x \mu_x - \int M_x x \, dx;$$

mithin ist

$$\int_0^l \mu_x \, dx = l \mu_l - \int_0^l M_x x \, dx,$$

wenn μ_l den Wert von μ_x für $x = l$ bedeutet.

Mit diesem Ausdrucke für das bestimmte Integral geht die Gleichung des gesuchten Differentialquotienten über in

$$EJ' \frac{d \varDelta y}{dx} = \mu_l - \mu_x - \frac{1}{l} \int_0^l M_x x \, dx + EJ' \frac{\alpha_t \varDelta t}{2 d} (l - 2 x) \sec \varphi.$$

Beachtet man, daß $\mu_l - \mu_x$ die durch M_x definierte Momentenfläche von x bis l ist, weiter, daß das durch l geteilte Integral in der letzten Gleichung den rechten Auflagerdruck der ganzen Momentenfläche vorstellt, so läßt sich der von M_x abhängige Teil der rechten Seite dieser Gleichung, als die zur Momentenfläche M_x als Belastung gehörende Querkraft $\mathfrak{R}_x$ an der Stelle x deuten (Satz von Mohr). Sonach können wir auch schreiben

$$E\,J'\frac{d\,\Delta y}{dx} = \mathfrak{R}_x + E\,J'\frac{\alpha_t\,\Delta t}{2\,d}(l-2x)\sec\varphi. \qquad \ldots 4)$$

Zwecks Verwendung dieses wichtigen Ergebnisses für die Stetigkeitsbedingung bestimmen wir die Sonderwerte des Differentialquotienten für $x=l$ und $x=0$. Es ist offenbar

$$\left.\begin{array}{l} \left[\dfrac{d\,\Delta y}{dx}\right]_{x=l} = -\dfrac{\mathfrak{B}}{E\,J'} - \dfrac{\alpha_t\,\Delta t}{2\,d}\,l\sec\varphi, \\[3ex] \left[\dfrac{d\,\Delta y}{dx}\right]_{x=0} = \dfrac{\mathfrak{A}}{E\,J'} + \dfrac{\alpha_t\,\Delta t}{2\,d}\,l\sec\varphi, \end{array}\right\} \qquad \ldots\ldots 5)$$

wenn mit $\mathfrak{A}$ und $\mathfrak{B}$ die von der Momentenfläche M_x herrührenden Auflagerkräfte im linken bzw. rechten Endpunkt bezeichnet werden.

Die Verknüpfung der Gleichungen 5) mit der Stetigkeitsbedingung 1) liefert die Beziehung

$$\frac{\mathfrak{B}_k}{E\,J'_k} + \frac{\mathfrak{A}_{k+1}}{E\,J'_{k+1}} + \frac{\alpha_t\,\Delta t}{2}\left[\frac{l_k}{d_k}\sec\varphi_k + \frac{l_{k+1}}{d_{k+1}}\sec\varphi_{k+1}\right] - \vartheta_k + \vartheta_{k+1} = 0,\ \ 6)$$

wobei sämtliche Glieder mit -1 multipliziert wurden. Durch die Zeiger k und $k+1$ wird die Zugehörigkeit der einzelnen Glieder zu den durch die Gleichung 6) in Verbindung gebrachten Stäben l_k und

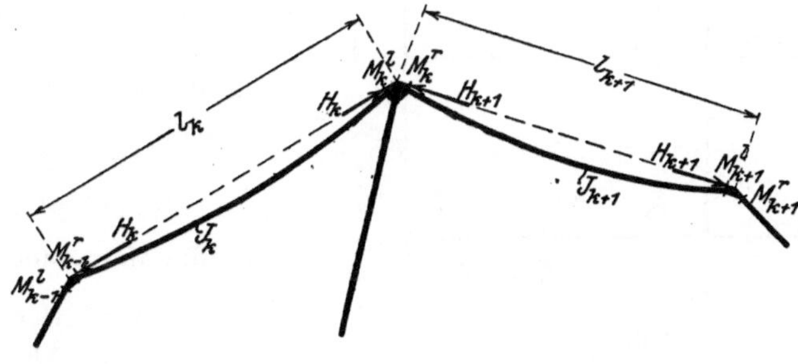

Abb. 36.

$k+1$ festgelegt. E wurde zeigerlos belassen, da wir das Elastizitätsmaß in allen Stäben gleich groß annehmen wollen. Faßt man die Momentenflächen der durch 6) verknüpften Stäbe als Belastungen auf, so stellen $\mathfrak{B}_k$ und $\mathfrak{A}_{k+1}$ die von dieser Belastung herrührenden Balkenwiderstände im Zusammenhangspunkte k vor.

Wir haben in Gleichung 3) einen Ausdruck für das Biegungsmoment M_x für den allgemeinen Belastungsfall eines Elementes gefunden. An Stelle der Momente M^r und M^l führen wir für den Stab l_k die Anschlußmomente M^r_{k-1} und M^l_k entsprechend den beiden Endpunkten $k-1$ und k ein, ebenso M^r_k und M^l_{k+1} für den Stab l_{k+1}, dessen Endpunkte k und $k+1$ sind (Abb. 36). Alle übrigen Kraftgrößen und Abmessungen, die sich auf die durch die Stetigkeitsbedingung 6) in Zusammenhang gebrachten Stäbe l_k und l_{k+1} beziehen, werden durch die Zeiger k und $k+1$ unterschieden. Wir können daher schreiben

für Stab l_k:

$$M_x = M^r_{k-1}\left(1 - \frac{x}{l}\right) + M^l_k \frac{x}{l} + H_k y_k + \mathfrak{M}^k_x,$$

für Stab l_{k+1}:

$$M_x = M^r_k\left(1 - \frac{x}{l}\right) + M^l_{k+1}\frac{x}{l} + H_{k+1} y_{k+1} + \mathfrak{M}^{k+1}_x.$$

Die durch M_x definierten Momentflächen zerfallen sonach für

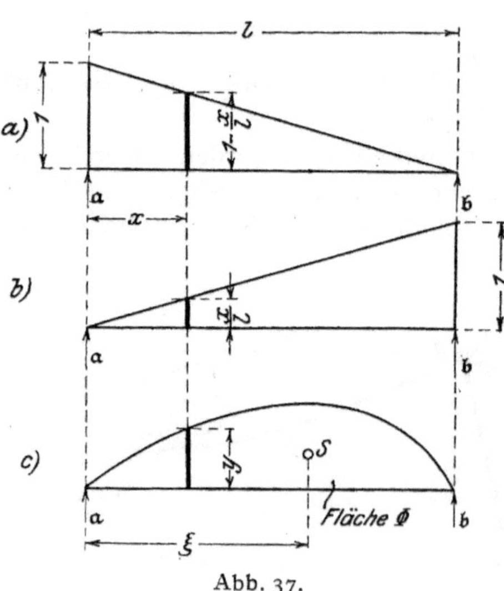

Abb. 37.

jeden Stab in vier Teile; wir bestimmen deshalb die Auflagerkräfte $\mathfrak{B}_k$ und $\mathfrak{A}_{k+1}$ zweckmäßigerweise für jeden Teil getrennt. Aus Abb. 37, in der die einzelnen Momentenflächen unter der Annahme, daß M^r, M^l und H Eins sind, dargestellt erscheinen, findet man leicht

für die Momentenfläche a)

$$\mathfrak{b}_k = \tfrac{1}{6} l_k,$$

$$\mathfrak{a}_{k+1} = \tfrac{1}{3} l_{k+1},$$

für die Momentenfläche b)

$$\mathfrak{b}_k = \tfrac{1}{3} l_k,$$

$$\mathfrak{a}_{k+1} = \tfrac{1}{6} l_{k+1},$$

für die Momentenfläche c)

$$\mathfrak{b}_k = \Phi_k \frac{\xi_k}{l_k} = \frac{\mathfrak{S}^{k-1}_k}{l_k}, \qquad \mathfrak{a}_{k+1} = \Phi_{k+1}\frac{\xi_{k+1}}{l_{k+1}} = \frac{\mathfrak{S}^{k+1}_{k+1}}{l_{k+1}}.$$

$\mathfrak{S}^{k-1}_k$ und $\mathfrak{S}^{k+1}_{k+1}$ sind die statischen Momente der zwischen Stabachse und Stabsehne gelegenen Flächen Φ_k bzw. Φ_{k+1}. Der untere

Zeiger stimmt mit dem Stabzeiger überein, der obere Zeiger gibt den Bezugspunkt an, durch den die Momentenachse geht.

Die Werte von $\mathfrak{B}_k$ und $\mathfrak{A}_{k+1}$ infolge der zunächst nicht näher bestimmten Feldbelastung (Moment $\mathfrak{M}_x$) bezeichnen wir mit $\mathfrak{B}_k^P$ und $\mathfrak{A}_{k+1}^P$.

Für das Gesamtmoment M_x gilt somit

$$\mathfrak{B}_k = M_{k-1}^r \frac{l_k}{6} + M_k^l \frac{l_k}{3} + H_k \frac{\mathfrak{S}_k^{k-1}}{l_k} + \mathfrak{B}_k^P,$$

$$\mathfrak{A}_{k+1} = M_k^r \frac{l_{k+1}}{3} + M_{k+1}^l \frac{l_{k+1}}{6} + H_{k+1} \frac{\mathfrak{S}_{k+1}^{k+1}}{l_{k+1}} + \mathfrak{A}_{k+1}^P.$$

Damit geht Gleichung 6) über in

$$\frac{1}{E J_k'}\left[M_{k-1}^r \frac{l_k}{6} + M_k^l \frac{l_k}{3} + H_k \frac{\mathfrak{S}_k^{k-1}}{l_k} + \mathfrak{B}_k^P \right] +$$

$$+ \frac{1}{E J_{k+1}'}\left[M_k^r \frac{l_{k+1}}{3} + M_{k+1}^l \frac{l_{k+1}}{6} + H_{k+1} \frac{\mathfrak{S}_{k+1}^{k+1}}{l_{k+1}} + \mathfrak{A}_{k+1}^P \right]$$

$$+ \frac{\alpha_t \varDelta t}{2}\left[\frac{l_k}{d_k} \sec \varphi_k + \frac{l_{k+1}}{d_{k+1}} \sec \varphi_{k+1} \right] - \vartheta_k + \vartheta_{k+1} = 0.$$

Wir multiplizieren nun mit $6\,E\,J_c$, wobei J_c ein beliebig gewähltes Trägheitsmoment bedeutet, lösen die Klammern auf, ordnen die Gleichung und führen
bei gekrümmten Stäben:

$$l \frac{J_c}{J'} = l \frac{J_c}{J \cos \varphi} = l'$$

bei geraden Stäben:

$$l \frac{J_c}{J} = l'$$

ein. l' heißt die reduzierte Länge des Stabes. Wir erhalten danach

$$M_{k-1}^r l_k' + 2\,M_k^l\,l_k' + 2\,M_k^r l_{k+1}' + M_{k+1}^l l_{k+1}' + 6\,H_k \mathfrak{S}_k^{k-1} \frac{l_k'}{l_k^2}$$

$$+ 6\,H_{k+1} \mathfrak{S}_{k+1}^{k+1} \frac{l_{k+1}'}{l_{k+1}^2} - 6\,E J_c\,(\vartheta_k - \vartheta_{k+1}) = N + N_t \quad \cdots \quad 7)$$

Mit N haben wir das von der Belastung, mit N_t das von der ungleichmäßigen Temperaturänderung abhängige Glied bezeichnet. Es ist

$$N = -6\,\mathfrak{B}_k^P \frac{l_k'}{l_k} - 6\,\mathfrak{A}_{k+1}^P \frac{l_{k+1}'}{l_{k+1}} \qquad \cdots \qquad 8)$$

und

$$N_t = -3\,E J_c\,\alpha_t \varDelta t \left[\frac{l_k}{d_k} \sec \varphi_k + \frac{l_{k+1}}{d_{k+1}} \sec \varphi_{k+1} \right] \cdots \quad 8')$$

Gleichung 7) tritt an Stelle der Stetigkeitsbedingung in die Gesamtheit der Elastizitätsbedingungen ein. Sie enthält keine Differentialquotienten mehr. Da sie eine Funktion der vier Anschlußmomente der beiden zusammenhängenden Stäbe darstellt, so wollen wir Gleichung 7) in ihrer allgemeinsten Form als **Viermomentensatz** bezeichnen. Die nach diesem Satz im Sonderfalle aufgestellten Elastizitätsbedingungen heißen dann Viermomentengleichungen. Viermomenten- und Winkelgleichungen bilden somit das System der Elastizitätsbedingungen, aus denen, wie wir sehen werden, die Bestimmungsgleichungen für die Ermittlung der überzähligen Größen herausgelöst werden. Die Stetigkeitsbedingung 1) selbst hat für die hier betrachtete Tragwerkgruppe keine praktische Bedeutung mehr, an ihre Stelle ist der Viermomentensatz getreten. Das Belastungsglied N hängt nur von der Belastung der beiden durch die Viermomentengleichung verknüpften Stäbe ab und ist unabhängig von der Belastung der übrigen Elemente.

Kommen nur gerade Stäbe in Betracht, so fallen die Glieder mit H fort, da die Flächenmomente $\mathfrak{S}$ Null sind. Der Satz nimmt dann die einfachere Form an:

$$M^r_{k-1}l'_k + 2M^l_k l'_k + 2M^r_k l'_{k+1} + M^l_{k+1}l'_{k+1} - 6EJ_c(\vartheta_k - \vartheta_{k+1})$$
$$= N + N_t, \quad\ldots\ldots\ldots\ldots 7')$$

wobei

$$N_t = -3EJ_c\alpha_t\varDelta t\left[\frac{l_k}{d_k} + \frac{l_{k+1}}{d_{k+1}}\right].$$

Für den besonderen Fall, daß im Punkte k nur zwei gerade Stäbe zusammenstoßen, wie beim einfachen Grundsystem, geht die letzte Gleichung mit $\varDelta t = 0$ in den bekannten Dreimomentensatz über.

$$M_{k-1}l'_k + 2M_k(l'_k + l'_{k+1}) + M_{k+1}l'_{k+1} - 6EJ_c(\vartheta_k - \vartheta_{k+1}) = N. \quad . \quad 7'')$$

Man erkennt hier ohne weiteres die Clapeyronschen Gleichungen wieder, wenn man die Drehwinkel ϑ durch die Differenzen der Knotenverschiebungen ausdrückt.

Man denke sich die ausgezeichneten Punkte jedes geschlossenen Einzelrahmens des vorgelegten Systems, im Sinne der Uhrzeigerbewegung, von einem beliebigen Punkte beginnend, beziffert. Die Viermomentengleichungen werden nun für jeden einzelnen Rahmen

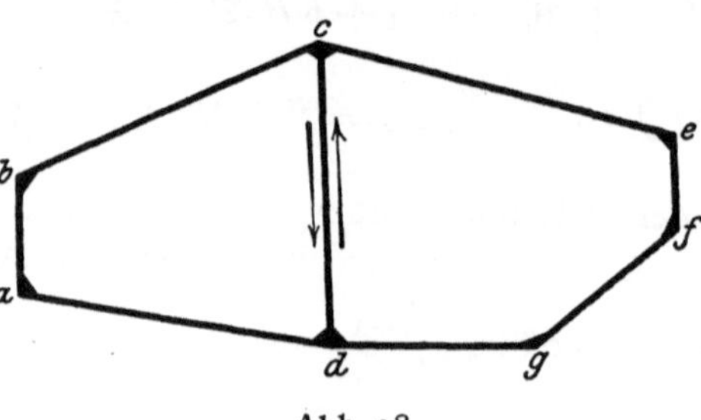

Abb. 38.

gemäß Satz 7 in der Reihenfolge, die durch die eben angegebene

Bezifferung festgelegt ist, angeschrieben. Sämtliche Anschlußmomente dieser Gleichungen werden mit einer Ausnahme positiv angenommen. Diese Ausnahme bezieht sich auf die Endmomente jener Stäbe, die zwei benachbarten Einzelrahmen gemeinsam sind, wie z. B. Stab cd in Abb. 38. Dieser Stab wird als Glied des Rahmens $abcd$ bei Aufstellung der Viermomentengleichung im Sinne $c \rightarrow d$ durchlaufen. Seine Endmomente werden hierbei positiv angenommen. Als Stab des Rahmens $cefgd$ wird aber cd beim Ansatz der Momentengleichungen dieses Rahmens im umgekehrten Sinne von d nach c durchfahren. Nun ist der Sinn der positiv drehenden Momente durch die angesetzten Gleichungen des Rahmens $abcd$, soweit Stab cd in Betracht kommt, bereits festgelegt. Vom Rahmen $cefgd$ gesehen sind diese Momente jetzt negativ drehend. Sie sind daher das zweitemal mit negativem Vorzeichen einzuführen. Wir erhalten daher folgende Vorzeichenregel: Sämtliche Anschlußmomente sind positiv in die Viermomentengleichungen einzuführen, mit Ausnahme der Anschlußmomente jener Stäbe, die zwei benachbarten Einzelrahmen gemeinsam sind. Diese sind einmal positiv, einmal negativ in die Viermomentengleichungen einzusetzen.

Die Sehnenkräfte H sind positiv, wenn sie den Stab zu verlängern trachten. Die Fläche Φ oder deren statische Momente $\mathfrak{S}$ sind positiv zu zählen, wenn der gekrümmte Stab nach außen, negativ, wenn der Stab gegen das Rahmeninnere gewölbt ist. Bei krummen Stäben, die zwei benachbarten Feldern gemeinsam sind, wird deshalb Φ und $\mathfrak{S}$ einmal positiv, einmal negativ in den Viermomentengleichungen erscheinen. Die Lasten P sind positiv zu zählen, wenn sie von außen nach innen gerichtet sind. Bei

Berechnung des Belastungsgliedes N.

Es bleibt noch übrig, den mit N bezeichneten Teil der rechten Seite der Viermomentengleichung 7) — das Belastungsglied — auf Grund der Formel 8) für einzelne praktisch wichtige Lastsysteme zu berechnen.

a) Belastung der Stäbe l_k und l_{k+1} durch Einzellasten P_k und P_{k+1}, die senkrecht zur Stabsehne gerichtet sind. Abb. 39a.

Die Momentenfläche $\mathfrak{M}_x$ für eine Einzellast P im Abstande a vom linken Auflager ist in Abb. 39b dargestellt. Die Auflagerkräfte $\mathfrak{A}^P$ und $\mathfrak{B}^P$ sind leicht zu berechnen. Bezeichnet man das Moment in der Entfernung a mit $\mathfrak{M}_a$, so folgt zunächst

$$\mathfrak{B}^P = \frac{1}{l}\left[\frac{\mathfrak{M}_a \, a}{2} \cdot \frac{2}{3} a + \frac{\mathfrak{M}_a (l-a)}{2}\left(a + \frac{1}{3}(l-a)\right)\right] = \frac{\mathfrak{M}_a}{6}(l+a);$$

nun ist

$$\mathfrak{M}_a = P\frac{l-a}{l}\,a,$$

m welchem Betrage sich

$$\mathfrak{B}^P = \frac{P}{6}\frac{a}{l}\left[1-\left(\frac{a}{l}\right)^2\right]l^2$$

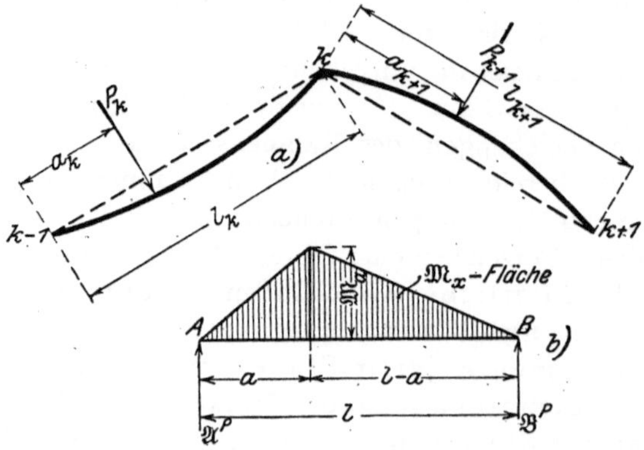

Abb. 39.

ergibt. Vertauscht man a mit $(l-a)$, so erhält man auf kurzem Wege $\mathfrak{A}^P$, und zwar

$$\mathfrak{A}^P = \frac{P}{6}\frac{l-a}{l}\left[1-\left(\frac{l-a}{l}\right)^2\right]l^2.$$

Gleichung 8) geht mit diesen Werten, wenn man eine Gruppe paralleler Lasten ins Auge faßt, über in

$$N = -\,\Sigma P_k\,a_k\,l'_k\left(1-\frac{a_k^2}{l_k^2}\right)$$

$$-\,\Sigma P_{k+1}\,(l-a)_{k+1}\,l'_{k+1}\left(1-\frac{(l-a)_{k+1}^2}{l_{k+1}^2}\right)\,.\;.\;.\;.\;.\;9)$$

Bezeichnet man die von den besonderen Systemabmessungen unabhängigen Teile in N mit f_1 und f_2, nämlich

$$f_1 = \frac{l-a}{l}\left[1-\left(\frac{l-a}{l}\right)^2\right],\qquad f_2 = \frac{a}{l}\left[1-\left(\frac{a}{l}\right)^2\right],\;.\;\;.\;\;10)$$

so läßt sich Gleichung 9) in der Form schreiben

$$N = -\,l_k\,l'_k\,\Sigma P_k\,f_2 - l_{k+1}\,l'_{k+1}\,\Sigma P_{k+1}\,f_1.\;.\;.\;.\;.\;9')$$

f_1 und f_2 sind Funktionen der Verhältniszahlen $\dfrac{a}{l}$ bzw. $\dfrac{l-a}{l}$

und können ein für allemal in Tafeln vorberechnet werden. Derartige Tafeln der Funktionen f_1 und f_2, die wir als Stammfunktionen bezeichnen, und die bei der Darstellung der Einflußlinien eine wichtige Rolle spielen werden, sind im Anhange für $\dfrac{a}{l}$ von 0,01 zu 0,01 steigend enthalten.

b) Die geraden Stäbe sind durch ein System paralleler Einzellasten belastet, deren Richtung im allgemeinen gegen die Stabrichtungen geneigt ist. Abb. 40.

Wir bezeichnen die Winkel, die die Stäbe l_k und l_{k+1} mit einer Geraden $x-x$, die senkrecht zur Lastrichtung steht, einschließen, mit α_k und α_{k+1}. Jede Last wird in zwei Teilkräfte senkrecht und

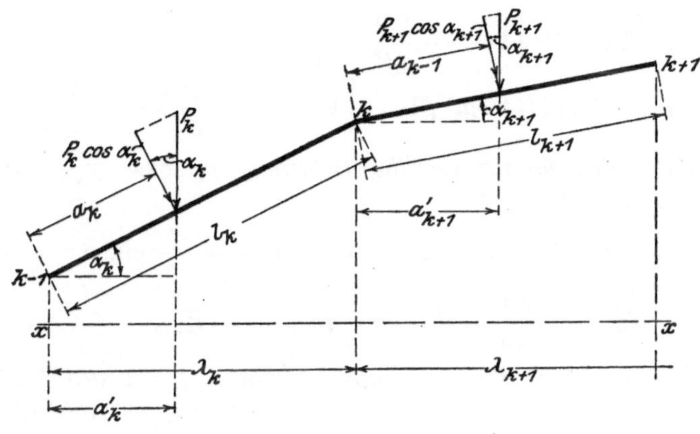

Abb. 40.

parallel zur Stabrichtung zerlegt, wie dies Abb. 40 zeigt. Da bei geraden Stäben der Einfluß der Längskräfte auf die Momente Null ist, so bleibt für jeden Stab ein System von senkrecht zur Stabrichtung wirkenden Kräften zurück, für welche die Beziehung 9) oder 9′) gilt.

Wir finden somit, wenn wir Gleichung 9′) benutzen,

$$N = -\,l_k\,l'_k \cos\alpha_k \sum P_k f_2 - l_{k+1}\,l'_{k+1} \cos\alpha_{k+1} \sum P_{k+1} f_1$$

oder

$$N = -\,\lambda_k\,l'_k \sum P_k f_2 - \lambda_{k+1}\,l'_{k+1} \sum P_{k+1} f_1 \quad \cdots \cdots \; 11)$$

λ_k und λ_{k+1} sind die Projektionen der Stablängen l_k und l_{k+1} auf die Richtung $x-x$. f_1 und f_2 werden für die Verhältnisse $\dfrac{a}{l}$ oder $\dfrac{a'}{\lambda}$ den vorerwähnten Tafeln entnommen.

c) Belastung durch gleichförmig verteilte Streckenlasten p_k bzw. p_{k+1} in den Stabfeldern l_k und l_{k+1}. Abb. 41.

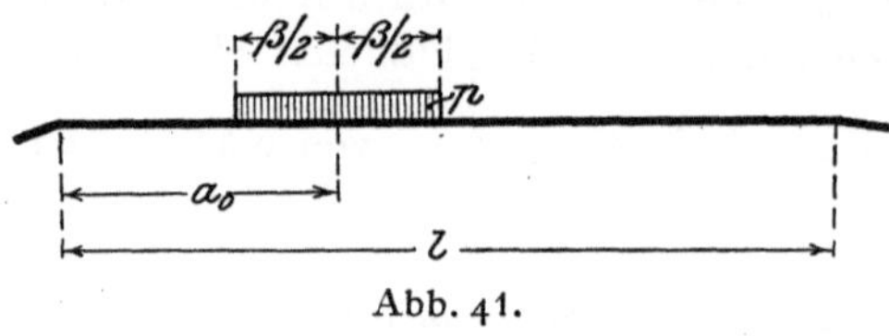

Abb. 41.

Setzt man in Gleichung 9) für P den Wert $p\,dx$ und für das Summenzeichen das Integralzeichen, so erhält man

$$N_p = -p_k\, l_k' \int_{a_0-\frac{\beta}{2}}^{a_0+\frac{\beta}{2}} a_k\left(1 - \frac{a_k^{\,2}}{l_k^{\,2}}\right)dx - p_{k+1}\, l_{k+1}' \int_{a_0-\frac{\beta}{2}}^{a_0+\frac{\beta}{2}} (l-a)_{k+1}\left[1 - \frac{(l-a)_{k+1}^2}{l_{k+1}^2}\right]dx$$

und nach Ausführung der Integrationen

$$N_p = -p_k\, l_k'\,[a_0\,\beta]_k\left[1 - \frac{4\,a_0^2 + \beta^2}{4\,l^2}\right]_k$$

$$-p_{k+1}\,l_{k+1}'\,[(l-a_0)\,\beta]_{k+1}\left[1 - \frac{4\,(l-a_0)^2 + \beta^2}{4\,l^2}\right]_{k+1} \qquad 12)$$

d) Totale gleichförmig verteilte Belastung p_k bzw. p_{k+1} in den Stabfeldern l_k und l_{k+1}.

Führt man in Gleichung 12) $\beta = l$ und $a_0 = \dfrac{l}{2}$ ein, so wird

$$N_p^{tot} = -\frac{1}{4}\,p_k\,l_k'\,l_k - \frac{1}{4}\,p_{k+1}\,l_{k+1}'\,l_{k+1}^2 \,. \qquad \ldots\ldots 13)$$

e) Belastung durch Drehmomente μ_k und μ_{k+1} in den Feldern l_k und l_{k+1}. Abb. 42.

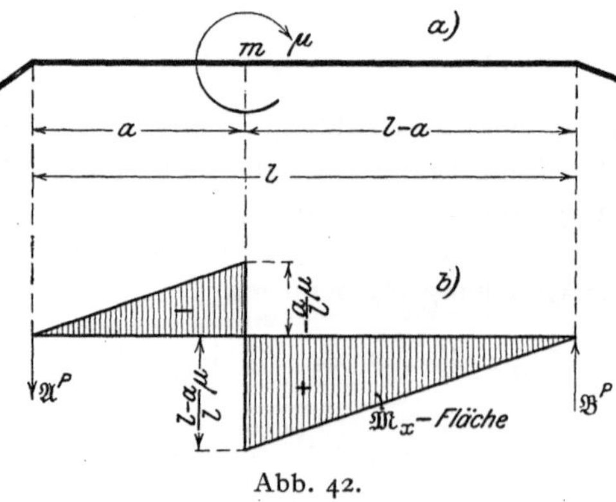

Abb. 42.

Das Moment μ greife in m im Abstande a von der linken Stütze an. Abb. 42a. Es wird positiv gezählt, wenn es vom Rahmeninnern gesehen, in der rechten Stabhälfte positive Momente erzeugt.

Mit den Bezeichnungen der Abb. 42b, die die Momentenfläche $\mathfrak{M}_x$ darstellt, findet man zunächst:

$$\mathfrak{B}^P = \frac{1}{l}\left[-\mu\,\frac{a^2}{2\,l}\cdot\frac{2}{3}\,a + \mu\,\frac{(l-a)^2}{2\,l}\left(a + \frac{l-a}{3}\right)\right]$$

$$= \frac{\mu}{6}\,l\left[1 - 3\left(\frac{a}{l}\right)^2\right],$$

ferner $\mathfrak{A}^P$ aus dem Betrag von $\mathfrak{B}^P$, wenn man a durch $(l-a)$ ersetzt und beachtet, daß $\mathfrak{A}^P$ negativ ist. Man erhält sonach

$$\mathfrak{A}^P = -\frac{\mu}{6}\, l\left[1 - 3\left(\frac{l-a}{l}\right)^2\right].$$

Mit diesen Werten nimmt Gleichung 8) die Form an

$$N_\mu = -\mu_k\, l_k\left[1 - 3\left(\frac{a}{l}\right)^2\right]_k + \mu_{k+1}\, l'_{k+1}\left[1 - 3\left(\frac{l-a}{l}\right)^2\right]_{k+1} \qquad 14)$$

f) Belastung durch Einzellasten P_h parallel zur Stabsehne. Abb. 43.

In Übereinstimmung mit den Annahmen bei der Aufstellung des vollständigen Ausdruckes für M_x (Gleichung 3, S. 24) fassen wir A als bewegliches, B als festes Lager des Balkens $A\,B$ auf, so daß in den Endpunkten die senkrechten Auflagerwiderstände A und B und außerdem in B die wagerechte Last P_h zur Wirkung kommt. Abb. 43a. a und b sind die Koordinaten des Angriffspunktes der Last P_h.

Die Momentenfläche läßt sich zweckmäßig in zwei Teile zerlegen: In das überschlagene Dreieck, Abb. 43b, und in die krummlinig begrenzte schraffierte Momen-

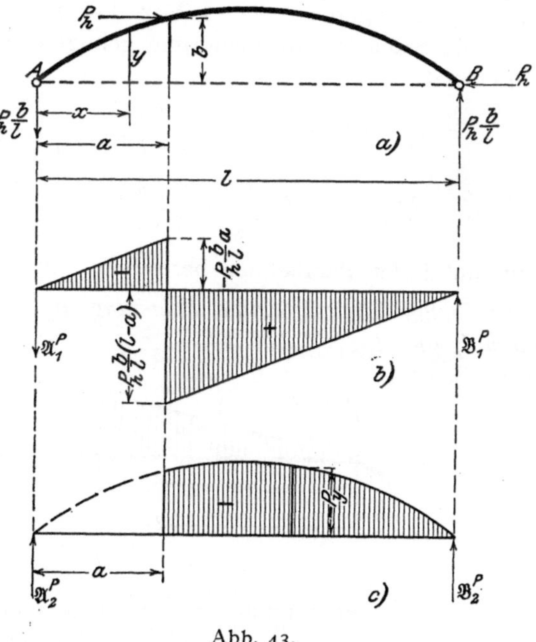

Abb. 43.

tenfläche mit den Ordinaten $P_h\, y$, Abb. 43c. Die erstgenannte Fläche stimmt mit der Momentenfläche unter e) überein, weshalb man unter Verwertung der oben gewonnenen Ergebnisse, wenn $\mu = P_h\, b$ gesetzt wird, findet

$$\mathfrak{A}_1^P = -\frac{P_h\, b}{6}\, l\left[1 - 3\left(\frac{l-a}{l}\right)^2\right], \qquad \mathfrak{B}_1^P = \frac{P_h\, b}{6}\, l\left[1 - 3\left(\frac{a}{l}\right)^2\right].$$

Bezeichnet man das statische Moment der schraffierten Momentenfläche der Abb. 43c von a bis l, bezogen auf den rechten bzw. linken

Endpunkt, mit $\mathfrak{Z}^B$ und $\mathfrak{Z}^A$, so ist

$$\mathfrak{A}_2{}^P = -\frac{\mathfrak{Z}^B}{l} \qquad \text{und} \qquad \mathfrak{B}_2{}^P = -\frac{\mathfrak{Z}^A}{l},$$

und Gleichung 8) geht über in

$$N_h = -P_h{}^k\,l_k'\,b_k\left[1 - 3\left(\frac{a}{l}\right)^2\right]_k + P_h{}^{k+1}\,l_{k+1}'\,b_{k+1}\left[1 - 3\left(\frac{l-a}{l}\right)^2\right]_{k+1}$$

$$+ 6\,P_h{}^k\frac{l_k'}{l_k^2}\,\mathfrak{Z}_k{}^{k-1} + 6\,P_h{}^{k+1}\frac{l_{k+1}'}{l_{k+1}^2}\,\mathfrak{Z}_{k+1}{}^{k+1}. \quad \ldots \ldots \ldots \ldots \quad 15)$$

$\mathfrak{Z}_k{}^{k-1}$ und $\mathfrak{Z}_{k+1}{}^{k+1}$ sind die statischen Momente der zwischen Stabachse und Stabsehne gelegenen Fläche von a bis l des Stabes l_k
bzw. l_{k+1}, bezogen auf $k-1$ bzw. $k+1$.

Ist die Stabachse parabelförmig gebogen, dann ist, wie man leicht
nachrechnet

$$\mathfrak{Z}_k{}^{k-1} = 4\,\mathfrak{f}\,l^2\left[\frac{1}{12} - \frac{1}{3}\left(\frac{a}{l}\right)^2 + \frac{1}{4}\left(\frac{a}{l}\right)^4\right],$$

$$\mathfrak{Z}_{k+1}{}^{k+1} = 4\,\mathfrak{f}\,l^2\left[\frac{1}{12} - \frac{1}{2}\left(\frac{a}{l}\right)^2 + \frac{2}{3}\left(\frac{a}{l}\right)^3 - \frac{1}{4}\left(\frac{a}{l}\right)^4\right],$$

worin mit $\mathfrak{f}$ der Parabelpfeil bezeichnet wird.

*g) Stetige dreieckförmige Belastung p_k bzw. p_{k+1} in den Stab-
feldern l_k und l_{k+1}.   Abb. 44.*

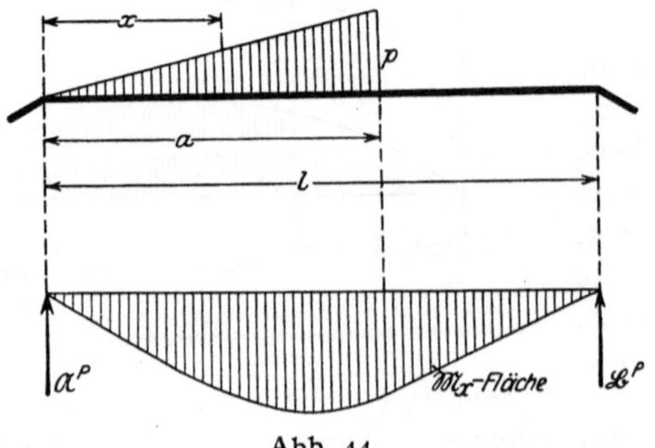

Abb. 44.

Da für

$$0 < x < a, \qquad \mathfrak{M}_x = \frac{p}{6}\left[\frac{a\,x}{l}(3\,l - 2\,a) - \frac{x^3}{a}\right]$$

und für

$$a < x < l, \qquad \mathfrak{M}_x = \frac{p\,a^2}{3\,l}(l - x)$$

gilt, so ergeben sich die Auflagerdrücke der Momentenfläche wie folgt:

$$\mathfrak{A}^P = \frac{1}{l}\int_0^l \mathfrak{M}_x\,(l-x)\,dx = \frac{p\,a^2\,l}{360}\left[40 - 45\,\frac{a}{l} + 12\left(\frac{a}{l}\right)^2\right]$$

und

$$\mathfrak{B}^P = \frac{1}{l}\int_0^l \mathfrak{M}_x\,x\,dx = \frac{p\,a^2\,l}{90}\left[5 - 3\left(\frac{a}{l}\right)^2\right].$$

Somit ist

$$N = -\frac{p_k\,a_k^2\,l_k'}{15}\left[5 - 3\left(\frac{a}{l}\right)^2\right]_k - \frac{p_{k+1}\,a_{k+1}^2\,l_{k+1}}{60}\left[40 - 45\left(\frac{a}{l}\right)\right.$$
$$\left. + 12\left(\frac{a}{l}\right)^2\right]_{k+1} \quad \ldots \ldots \; 16)$$

Setzt man in Gleichung 16) $a = l$, so erhält man für den Fall, daß die Belastungen über die ganzen Feldlängen reichen, für N den Ausdruck

$$N = -\frac{2}{15}\,p_k\,l_k^2\,l_k' - \frac{7}{60}\,p_{k+1}\,l_{k+1}^2\,l_{k+1}' \quad \ldots \ldots \; 16')$$

h) Stetige dreieckförmige Belastung p_k bzw. p_{k+1} in den Stabfeldern l_k und l_{k+1}. Abb. 45.

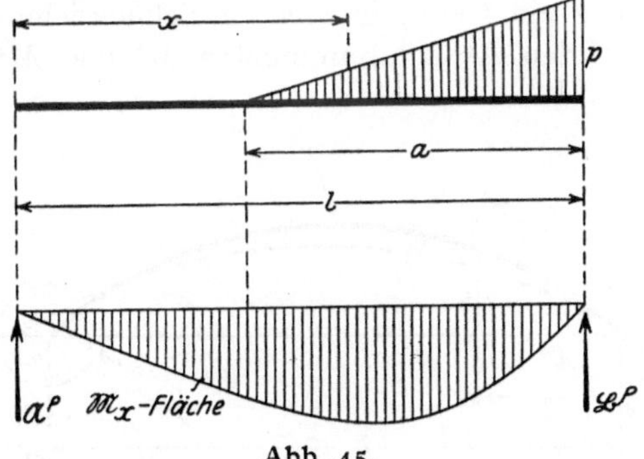

Abb. 45.

Mit

$$\mathfrak{M}_x = \frac{p\,a^2}{6\,l}\,x \qquad \text{für} \qquad 0 < x < (l-a)$$

und

$$\mathfrak{M}_x = \frac{p}{6}\left[\frac{a^2\,x}{l} - \frac{(x-l-a)^3}{a}\right] \qquad \text{für} \qquad (l-a) < x < l$$

findet man

$$\mathfrak{A}^P = \frac{1}{l}\int_0^l \mathfrak{M}_x\,(l-x)\,dx = \frac{p\,a^2\,l}{60}\left[\frac{5}{3} - \frac{1}{2}\left(\frac{a}{l}\right)^2\right]$$

und

$$\mathfrak{B}^P = \frac{1}{l}\int_0^l \mathfrak{M}_x\, x\, dx = \frac{p\,a^2\,l}{60}\left[\frac{10}{3} - \frac{5}{2}\left(\frac{a}{l}\right) + \frac{1}{2}\left(\frac{a}{l}\right)^2\right],$$

woraus

$$N = -\frac{p_k\, a_k^2\, l_k'}{60}\left[20 - 15\left(\frac{a}{l}\right) + 3\left(\frac{a}{l}\right)^2\right]_k$$
$$-\frac{p_{k+1}\, a_{k+1}^2\, l_{k+1}'}{60}\left[10 - 3\left(\frac{a}{l}\right)^2\right]_{k+1}\quad\cdots\quad 17)$$

Wir haben bisher immer angenommen, daß zwei aufeinanderfolgende Stabfelder l_k und l_{k+1} in gleicher Weise belastet sind. Ist
dies nicht der Fall, so hat man aus den Gleichungen 9) bis 17) für
die Belastung des links gelegenen Feldes[1]) die erste Hälfte der der
Belastung dieses Feldes entsprechenden Gleichung für N und für die
Belastung des rechts gelegenen Feldes die zweite Hälfte der zugehörenden Gleichung von N zu einem Belastungsgliede zu vereinigen.

§ 5. Die Berechnung der Längenänderungen $\varDelta l$ in den Winkelgleichungen.

Wir fassen den einem Tragwerke entnommenen Stab $r-l$ als
Balken auf, der in r ein festes, in l ein in Sehnenrichtung bewegliches
Lager besitzt, mit den Anschlußmomenten M^r und M^l, der Sehnen-

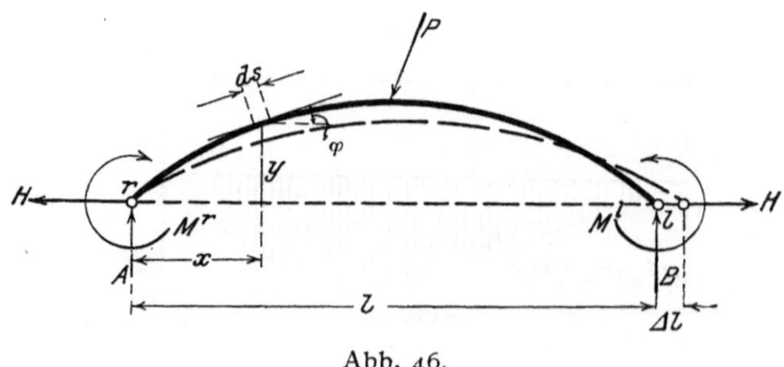

Abb. 46.

kraft H und der Feldbelastung P belastet ist, und berechnen die Verschiebung $\varDelta l$ des Punktes l in der Richtung der Sehne infolge dieser
Belastung und einer ungleichmäßigen Erwärmung um $\varDelta t$. Abb. 46.
Betrachtet man die stetig gekrümmte Stabachse als Stabeck mit
unendlich vielen, unendlich kleinen Seiten, die sich bei der Belastung

---

[1]) Links und rechts vom Rahmeninnern aus.

um die Drehwinkel ϑ drehen, so kann, da $\dfrac{d\,\Delta y}{dx} = \vartheta_x$, die Gleichung der Biegelinie in der Form geschrieben werden:

$$E\,J' \frac{d\vartheta_x}{dx} = -M_x - E\,J' \frac{\alpha_t\,\Delta t}{d} \sec\varphi .$$

ϑ_x ist der Drehwinkel des Elementes ds und M_x das Biegungsmoment an der Stelle x. $J' = J\cos\varphi$. Aus dieser Verknüpfung zwischen ϑ_x und M_x folgt nach dem in § 4 abgeleiteten Satze (Gleichung 4) die Beziehung

$$E\,J'\,\vartheta_x = \Re_x + E\,J' \frac{\alpha_t\,\Delta t}{2\,d} (l - 2\,x)\sec\varphi . \qquad \ldots \quad 18)$$

$\Re_x$ ist die Querkraft an der Stelle x, wenn der Balken $r - l$ mit der durch M_x beschriebenen Momentenfläche belastet ist.

Um nun einen Zusammenhang zwischen dem Winkel ϑ_x und den Längenänderungen zu finden, wenden wir die erste Winkelgleichung (Gleichung 2, S. 15) auf unser Stabvieleck an. Mit Rücksicht auf die unendlich kleinen Elemente von der Länge ds geben wir dieser Gleichung die Gestalt

$$\int_0^l \Delta\,ds \cos\alpha + \int_0^l \vartheta_x\,ds \sin\alpha - \Delta l = 0 .$$

Wir setzen nun für den Bogen

$$\Delta\,ds \cos\alpha = \frac{N_x\,ds}{E\,F} \cos\alpha + \alpha_t\,t\,ds \cos\alpha ,$$

wobei F der Stabquerschnitt, α_t die Ausdehnungsziffer für 1^0 Temperaturänderung, t die Temperaturschwankung ist. N_x bedeutet die Längskraft im Elemente ds an der Stelle x. Zur Vereinfachung der Rechnung setzen wir N_x gleich der Sehnenkraft H und erhalten somit, wenn wir noch beachten, daß $ds \cos\alpha = dx$ ist,

$$\Delta\,ds \cos\alpha = \frac{H}{E\,F} dx + \alpha_t\,t\,dx .$$

Die Einführung dieses Ausdruckes in die Winkelgleichung ergibt, da $ds \sin\alpha = dy$ geschrieben werden kann,

$$\frac{H}{E\,F} \int_0^l dx + \alpha_t\,t \int_0^l dx + \int_0^l \vartheta_x\,dy - \Delta l = 0$$

und daraus

$$\Delta l = \frac{H\,l}{E\,F} + \alpha_t\,t\,l + \int_0^l \vartheta_x\,dy = 0 .$$

Benutzt man für ϑ_x den Wert aus Gleichung 18), nämlich:

$$\vartheta_x = \frac{\mathfrak{R}_x}{E\,J'} + \frac{\alpha_t\,\varDelta\,t}{2\,d}(l - 2\,x)\sec\varphi,$$

so entsteht

$$\varDelta\,l = \frac{H\,l}{E\,F} + \alpha_t\,t\,l + \frac{1}{E\,J'}\int_0^l \mathfrak{R}_x\,dy + \frac{\alpha_t\,\varDelta\,t}{2\,d}\sec\varphi\int_0^l (l - 2\,x)\,dy.$$

Diese Gleichung läßt deutlich den im § 2 unter b), S. 15 erwähnten dreifachen Ursprung der Sehnenlängenänderung $\varDelta\,l$ erkennen. Wir heben zunächst den von der Biegung herrührenden Teil, den wir mit $\varDelta\,l_b$ bezeichnen wollen, heraus; setzen also

$$\varDelta\,l_b = \frac{1}{E\,J'}\int_0^l \mathfrak{R}_x\,dy.$$

Durch partielle Integration gelangt man zu der Beziehung

$$\int \mathfrak{R}_x\,dy = \mathfrak{R}_x\,y - \int y\,\frac{d\,\mathfrak{R}_x}{d\,x}\,dx = \mathfrak{R}_x\,y + \int M_x\,y\,dx,$$

wenn man beachtet, daß $\dfrac{d\,\mathfrak{R}_x}{d\,x} = -\,M_x$. Somit nimmt $\varDelta\,l_b$, da für $x = 0$ und $x = l$, $y = 0$ ist, den Wert an

$$\varDelta\,l_b = \frac{1}{E\,J'}\int_0^l M_x\,y\,dx.$$

Nach Einbringen des vollständigen Ausdruckes für M_x (Gleichung 3, S. 24) wird

$$\varDelta\,l_b = \frac{1}{E\,J'}\left[\frac{M^r}{l}\int_0^l y\,(l - x)\,dx + \frac{M^l}{l}\int_0^l y\,x\,dx + H\int_0^l y^2\,dx + \int_0^l \mathfrak{M}_x\,y\,dx\right].$$

Nun bedeuten

$$\int_0^l y\,(l - x)\,dx = \mathfrak{S}^l \qquad \text{und} \qquad \int_0^l y\,x\,dx = \mathfrak{S}^r$$

die gleichen Flächenmomente, denen wir bereits in der Viermomentengleichung begegnet sind. $\mathfrak{S}^l$ ist das Moment der zwischen Stabachse und Sehne gelegenen Fläche, bezogen auf den rechten, $\mathfrak{S}^r$ das statische Moment der gleichen Fläche, bezogen auf den linken Stabendpunkt.

Ferner ist

$$\int_0^l y^2\,dx = 2\int_0^x \frac{y}{2}\,y\,dx = 2\,\mathfrak{S}_x,$$

wo $\mathfrak{S}_x$ das statische Moment der obenerwähnten Fläche, bezogen auf die Stabsehne, bedeutet.

Wir bezeichnen schließlich das Lastglied

$$\int_0^l \mathfrak{M}_x \, y \, dx = G \,.$$

Somit wird

$$\varDelta l_b = \frac{1}{E\,J'} \left[M^r \frac{\mathfrak{S}^l}{l} + M^l \frac{\mathfrak{S}^r}{l} + 2\,H\,\mathfrak{S}_x + G \right].$$

In ähnlicher Weise wertet man das mit der ungleichmäßigen Erwärmung zusammenhängende Integral aus. Es ist

$$\int_0^l (l - 2\,x)\,dy = [(l - 2\,x)\,y + 2 \textstyle\int y \, dx]_0^l = 2 \int_0^l y \, dx = 2\,\varPhi \,.$$

Hierbei wurde mit $\varPhi$ die zwischen Stabachse und Stabsehne gelegene Fläche bezeichnet.

Man erhält schließlich den Gesamtbetrag der Längenänderung $\varDelta l$ in der Form

$$\varDelta l = \frac{H\,l}{E\,F} + \frac{1}{E\,J'} \left[M^r \frac{\mathfrak{S}^l}{l} + M^l \frac{\mathfrak{S}^r}{l} + 2\,H\,\mathfrak{S}_x + G \right]$$

$$+ a_t\,t\,l + \frac{a_t\,\varDelta t}{d}\,\varPhi \sec\varphi \, . \quad . \quad . \quad . \quad . \quad . \quad . \quad . \quad . \quad . \quad 19)$$

Das Vorzeichen der Kraftgrößen M, H und $\mathfrak{M}$, sowie der Ordinaten y ist nach den in § 4 getroffenen Vereinbarungen festzusetzen. t ist für eine Temperaturzunahme positiv einzuführen. In Abb. 46 haben wir sämtliche Kraftgrößen positiv angenommen. Dieser Anordnung entspricht im einzelnen eine Zunahme der Sehnenlänge, welcher Zunahme wir im vorangehenden das positive Vorzeichen von $\varDelta l$ zugeordnet haben. Einem positiven $\varDelta l$ entspricht somit eine Sehnenverlängerung, einem negativen eine Sehnenverkürzung. $\sec\varphi$ unterscheidet sich nur wenig von der Einheit, weshalb man es im letzten Gliede durch 1 ersetzt.

Ist der Stab, was meistens der Fall sein wird, nach einer symmetrischen Achsenlinie geformt, deren Fläche wir mit $\varPhi$ bezeichnen, so gewinnt Gleichung 19) etwas einfachere Gestalt, und zwar:

$$\varDelta l = \frac{H\,l}{E\,F} + \frac{1}{E\,J'} \left[\frac{\varPhi}{2}(M^r + M^l) + 2\,H\,\varPhi\,\sigma + G \right] + \alpha_t\,t\,l + \frac{\alpha_t\,\varDelta t}{d}\,\varPhi, \quad 19')$$

worin σ der Abstand des Schwerpunktes der Fläche $\varPhi$ von der Stabsehne ist.

Für den Fall der Belastung mit einer Einzellast $P = 1$ läßt sich bei symmetrischen Stäben das Lastglied G in der Form

$$G = g \mathfrak{f} \, l^2$$

darstellen, wo g eine von der Stabform und dem Laststellungsverhältnis $\dfrac{a}{l}$ abhängige Funktion, $\mathfrak{f}$ den Pfeil in Stabmitte bedeutet. Da wir es nur mit schwach gekrümmten Stäben zu tun haben, wird es angängig sein, die Achsenlinie stets durch eine Parabel zu ersetzen, wodurch die Möglichkeit gewonnen wird, die Funktion g im voraus zu berechnen.

Für eine Last 1 im Abstande a vom linken Auflager ist

für $x < a$
$$\mathfrak{M}_x = \frac{l-a}{l}\, x\,,$$

für $x > a$
$$\mathfrak{M}_x = \frac{a}{l}\,(l-x)\,.$$

Die Gleichung der Achsenlinie lautet bei der Pfeilhöhe $\mathfrak{f}$

$$y = \frac{4\,\mathfrak{f}}{l^2}\, x\,(l-x)\,,$$

somit ist

$$G = \int_0^l \mathfrak{M}_x\, y\, dx = \frac{4\,\mathfrak{f}}{l^2}\left[\frac{l-a}{l}\int_0^a x^2(l-x)\,dx + \frac{a}{l}\int_a^l x(l-x)^2\,dx\right]$$

$$= \frac{\mathfrak{f}}{3}\, l^2\left[\left(\frac{a}{l}\right)^4 - 2\left(\frac{a}{l}\right)^3 + \frac{a}{l}\right].$$

Damit ist die Funktion g gegeben durch

$$g = \frac{1}{3}\left[\left(\frac{a}{l}\right)^4 - 2\left(\frac{a}{l}\right)^3 + \left(\frac{a}{l}\right)\right]. \quad\ldots\ldots\ 20)$$

Im Anhange ist g für verschiedene Werte von $\dfrac{a}{l}$ in einer Tafel dargestellt.

Für parabelförmige Achsenlinien gilt ferner:

$$\Phi = \tfrac{2}{3}\,l\mathfrak{f} \quad \text{und} \quad \sigma = \tfrac{2}{5}\,\mathfrak{f}\,.$$

Mit diesen Werten findet man den Betrag von $\varDelta l$ für die Belastung mit der Einzellast P

$$\varDelta l = \frac{H l}{E F} + \frac{l\mathfrak{f}}{E J'}\left[\tfrac{1}{3}(M^r + M^l) + \tfrac{8}{15}H\mathfrak{f} + Pgl\right] + \alpha_t t l + \tfrac{2}{3}\frac{\alpha_t \varDelta t}{d}\,\mathfrak{f} l\,. \quad 19'')$$

g ist, der Stellung der Last P entsprechend, aus der Tafel zu entnehmen.

Wir geben noch den Wert der Funktionen G bei parabelförmiger Stabachse für die nachfolgenden Belastungsweisen:

a) Gleichförmig verteilte Streckenlast p.

Man erhält, wenn man die Bezeichnungen der Abb. 41, S. 34 beachtet,

$$G=\int\limits_{a_0-\frac{\beta}{2}}^{a_0+\frac{\beta}{2}} g\cdot p\,da=\frac{\mathfrak{f}}{3}\,p\,l^2\int\limits_{a_0-\frac{\beta}{2}}^{a_0+\frac{\beta}{2}}\left[\left(\frac{a}{l}\right)^4-2\left(\frac{a}{l}\right)^3+\left(\frac{a}{l}\right)\right]da$$

$$=\frac{p\,l^3\,\mathfrak{f}}{3}\left(\frac{\beta}{l}\right)\left\{\left(\frac{a_0}{l}\right)^4-2\left(\frac{a_0}{l}\right)^3+\left(\frac{a_0}{l}\right)+\frac{1}{2}\left(\frac{\beta}{l}\right)^2\left[\left(\frac{a_0}{l}\right)^2-\frac{a_0}{l}\right]+\frac{1}{80}\left(\frac{\beta}{l}\right)^4\right\}\quad 2\mathrm{I})$$

$\mathfrak{f}$ ist die Pfeilhöhe der Parabel.

b) Einzellast P_h parallel zur Stabsehne.

Unter Benutzung der Bezeichnungen der Abb. 43, S. 35 berechnet man zunächst

$$\text{für}\quad 0<x<a\qquad\qquad \mathfrak{M}_x=-P_h\frac{b}{l}\,x,$$

$$\text{für}\quad a<x<l\qquad\qquad \mathfrak{M}_x=+P_h\frac{b}{l}\,(l-x)-P_h y,$$

woraus schließlich

$$G=\int\limits_0^l \mathfrak{M}_x\,y\,dx$$

$$=-\frac{4\,P_h\,\mathfrak{f}^2\,l}{15}\left[8\left(\frac{a}{l}\right)^5-20\left(\frac{a}{l}\right)^4+10\left(\frac{a}{l}\right)^3+5\left(\frac{a}{l}\right)^2-5\left(\frac{a}{l}\right)+2\right]\quad 22)$$

folgt.

§ 6. Die Darstellung der Einflußlinien der statisch nicht bestimmbaren Größen; Zusammenfassung.

Die Gesamtheit der Elastizitätsbedingungen besteht aus den Vier-momenten- und Winkelgleichungen.

Die Viermomentengleichungen sind Funktionen der Knotenmomente M, der Sehnenkräfte H und der Stabdrehwinkel ϑ. Sie können symbolisch in der Form

$$f(MH\vartheta)=N$$

geschrieben werden.

Die Winkelgleichungen sind Funktionen der Sehnenlängenände-rungen $\varDelta l$ und der Stabdrehwinkel ϑ. Wir schreiben daher symbolisch

$$\varphi(\varDelta l\vartheta)=0.$$

Es sei nun das Element $i-1$, i, und nur dieses, im Abstande a vom Punkte $i-1$ mit der Last $P=1$ belastet. Die Last sei senk-

recht zur Stabsehne gerichtet. Nach Gleichung 9) nimmt das Last·
glied N in den beiden zu den ausgezeichneten Punkten $i-1$ und i
gehörenden Viermomentengleichungen folgende Werte an:

$$N_{i-1} = -(l-a)_i l_i' \left(1 - \frac{(l-a)^2}{l^2}\right)_i = F_1,$$

$$N_i = -a_i l_i' \left(1 - \frac{a^2}{l^2}\right)_i = F_2.$$

Diese beiden Ausdrücke, die Funktionen dritten Grades von a
sind, bezeichnen wir mit F_1 und F_2. Da a mit $(l-a)$ vertauscht
werden kann, so stellt die F_1-Linie das Spiegelbild der F_2-Linie vor.

Nachdem die andern Felder unbelastet sind, werden alle übrigen
N-Werte Null. Das System der Viermomentengleichungen hat daher
die Form

$$f_1(MH\vartheta) = 0$$
$$f_2(MH\vartheta) = 0$$
$$\cdots\cdots\cdots$$
$$f_{i-1}(MH\vartheta) = F_1$$
$$f_i(MH\vartheta) = F_2$$
$$\cdots\cdots\cdots$$
$$f_n(MH\vartheta) = 0.$$

Eliminiert man mit Hilfe der Winkelgleichungen die Drehwinkel ϑ,
so erhält man ein neues System von Gleichungen, deren Zahl der
Anzahl der Überzähligen entspricht und die die Form haben

$$\Phi(MH\varDelta l) = c_1 F_1 + c_2 F_2.$$

Die Beiwerte c_1 und c_2 sind aus den Koeffizienten von M, H
und $\varDelta l$ entstanden und hängen somit nur mit den Abmessungen des
Systems zusammen, sind also Festwerte.

Die Sehnenkräfte H, die Momente M und die Dehnungen $\varDelta l$
stellen Funktionen der Belastung und somit Funktionen der veränder-
lichen Größe a, sowie der Überzähligen X vor. Wir wollen zunächst
untersuchen, wie diese Abhängigkeiten von a beschaffen sind. Zu
diesem Zwecke betrachten wir ein beliebiges einfaches Grundsystem, als dessen Überzählige wir die Momente M_1 und M_n und die
Stabkraft H_1 ansehen. Abb. 47.

Für das Eckmoment M_ν finden wir

$$M_\nu = M_1 + H_1 h + A\alpha.$$

Da A linear abhängig ist von a, so ist auch M_ν mit α durch lineare
Beziehungen verbunden.

Für eine beliebige Sehnenkraft H_ν gilt die Beziehung

$$H_\nu = - A \cos \beta + H_1 \sin \beta.$$

Durch A wird auch H_ν eine lineare Funktion von a.

Soweit $\varDelta l$ von den Endmomenten M und den Sehnenkräften H abhängt, ist auch für $\varDelta l$ der lineare Zusammenhang mit a gewahrt. Nur die durch $\mathfrak{M}_x$ von der Belastung abhängige Funktion G in $\varDelta l$ (bei gebogenen Stäben) kann verschiedene Formen annehmen, weshalb auch der damit zusammenhängende Teil von $\varDelta l$ in verschiedenster Weise mit a verknüpft sein

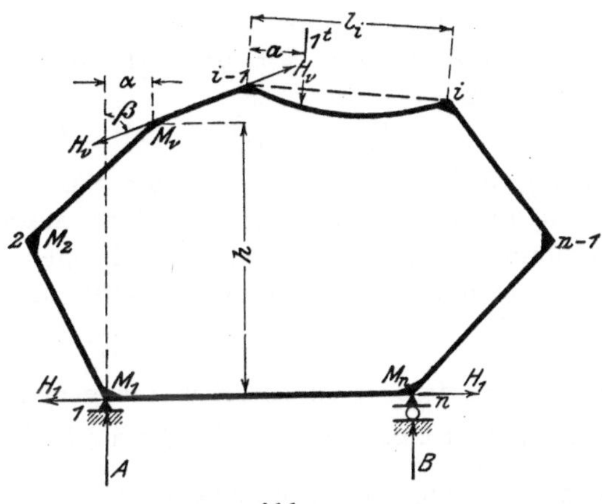

Abb. 47.

kann. Wir bezeichnen die Funktion von a, die diesen Zusammenhang ausdrückt, mit $G(a)$.

$\varDelta l$ kann demnach geschrieben werden

$$\varDelta l = u'' a + v'' + G(a).$$

Das, was für das einfache Grundsystem gilt, besteht auch für jedes andere System zu Recht, das aus einfachen Grundsystemen abgeleitet wird. Wir können daher die Momente M, die Kräfte H und die Dehnungen $\varDelta l$ eines beliebigen Systems in der folgenden allgemeinen Form darstellen:

$$M = \alpha X_1 + \beta X_2 + \cdots + u a + v$$
$$H = \alpha' X_1 + \beta' X_2 + \cdots + u' a + v'$$
$$\varDelta l = \alpha'' X_1 + \beta'' X_2 + \cdots + u'' a + v'' + G(a),$$

wenn mit X_1, X_2 . . . die Überzähligen bezeichnet werden.

Die Beiwerte α, β, α', β' . . . u, v, u', v' usf. hängen von den Abmessungen des Systems ab. Setzt man die vorstehenden Ausdrücke in die Bestimmungsgleichungen ein, so wird man bei n Überzähligen ein System von n Gleichungen folgender Art erhalten:

$$m X_1 + n X_2 + p X_3 + \cdots = c_1 F_1 + c_2 F_2 + c' G(a) + d a + e.$$

Die Auflösung dieses Gleichungssystems nach den Unbekannten

X_1, X_2 … liefert eine beliebige Unbekannte X als Funktion der Größen F_1, F_2, $G(a)$ und a und zwar:

$$X = \overline{c_1}F_1 + \overline{c_2}F_2 + \overline{c'}\,G(a) + \overline{d}a + \overline{e}.$$

In allen Unbekannten kehren die Funktionen F_1 und F_2 sowie $G(a)$ immer wieder.

F_1 und F_2 können wir unter Hinweis auf Formel 9′) S. 32 die Form geben

$$F_1 = -f_1 ll' \quad \text{und} \quad F_2 = -f_2 ll',$$

wobei f_1 und f_2 die oben erwähnten Stammfunktionen sind.

Die Funktionen $G(a)$, die nur dann auftreten, wenn im Tragwerk gekrümmte Stäbe vorhanden sind, hängen von der Stabachsenform ab und können, wie wir gesehen haben, in die Gestalt

$$G = g\mathfrak{f}l^2$$

gebracht werden. $\mathfrak{f}$ ist der Krümmungspfeil des Stabes.

$\overline{d}a + \overline{e}$ ist eine gerade Linie, die die Endordinaten des Einflußlinienzweiges festlegt, da die Funktionen f_1, f_2 und g für $\dfrac{a}{l} = 0$ und $\dfrac{a}{l} = 1$ die Ordinaten Null aufweisen.

Da die Stabachsen bei geringer Krümmung als Parabeln angesehen werden können, so unterscheiden sich die Funktionen G der einzelnen Stäbe nur durch einen konstanten Faktor voneinander. Somit entsteht unter Benutzung der Gleichungen für F_1 und F_2 und G

$$X = Af_1 + Bf_2 + Cg + \overline{d}a + \overline{e}.$$

A, B und C sind Festwerte, die nur mit den Abmessungen des Systems zusammenhängen.

Man erkennt somit, daß das vorgeführte Verfahren auch für die Darstellung der Einflußlinien der Überzähligen insofern Vorteile bietet, als es bei den hier betrachteten Systemen nicht mehr notwendig ist, Biegelinien zu berechnen und zu zeichnen. Aus zwei Grundlinien f_1 und f_2 und aus der g-Linie lassen sich sämtliche Einflußlinienzweige nach Auflösen der Bestimmungsgleichungen zusammensetzen. Man hat im allgemeinsten Falle, unabhängig vom Grade der statischen Unbestimmtheit, nur drei bekannte Linien zu addieren und von einer Geraden abzutragen. Besondere Vorteile bieten sich naturgemäß bei Tragwerken, die nur aus geraden Stäben bestehen. Dort stellt X nur eine lineare Verknüpfung der beiden Stammfunktionen f_1 und f_2 vor.

Zusammenfassung. Am Schlusse der allgemeinen Ausführungen über die Berechnung der statisch unbestimmbaren Größen in Systemen mit geraden oder schwach gekrümmten Stäben angelangt, möge eine kurze Zusammenfassung des Rechnungsganges gegeben werden.

1. Nachdem das Tragwerk durch passende Zusatzstäbe zu einem einfachen oder mehrfachen geschlossenen Rahmen ergänzt wurde, werden für jedes Rahmenfeld so viele Viermomentengleichungen angesetzt, als ausgezeichnete Punkte vorhanden sind, wobei man jeden einfachen Rahmen im Sinne der Uhrzeigerbewegung, von einem beliebigen Punkte beginnend, durchläuft. Die Anschlußmomente jener Stäbe, die zwei benachbarten Rahmen gemeinsam sind, werden in dem einen Felde positiv, im andern Felde negativ in Rechnung gestellt. Alle übrigen Anschlußmomente und die Sehnenkräfte H sind positiv einzuführen. Es ist, wenn verschiedene Belastungsmöglichkeiten in Betracht kommen, zweckmäßig, die Viermomentengleichungen ohne Rücksicht auf die Art der Belastung anzusetzen, d. h. also, die rechten Seiten der Gleichungen mit N_1, N_2 ... zu bezeichnen und mit diesem allgemeinen Werten einstweilen zu rechnen.

2. Für jedes Rahmenfeld werden zwei Winkelgleichungen angeschrieben. Die Δl und ϑ sind zunächst positiv anzunehmen. Das Vorzeichen der Winkelfunktionen wird durch die Neigungswinkel α der Stabsehnen gegen die Richtung der Projektionslinie $x - x$ bestimmt, welche Winkel von der von links nach rechts gerichteten Parallelen zu $x - x$, die im niedriger bezifferten Stabendpunkte angesetzt wird, entgegengesetzt dem Sinne der Uhrzeigerbewegung zu zählen sind. Siehe die Pfeile in der Abb. 22 auf S. 14. Als Bezugslinie $x - x$ für die Winkel α kann jede beliebige Gerade der Trägerebene, die zum Tragwerk festgelegt ist, gewählt werden.

3. Die Stabdrehwinkel ϑ werden aus den Gleichungen eliminiert, worauf so viel Bestimmungsgleichungen gewonnen werden, als statisch nicht bestimmbare Größen vorhanden sind. Diese Bestimmungsgleichungen gelten für jede Art der Belastung, da sie für die Lastglieder nur die allgemeine Bezeichnung N enthalten.

4. Wahl der Überzähligen X und Einführung der Ausdrücke für die Anschlußmomente M, Sehnenkräfte H und Dehnungen Δl, sowie Einführung der der Belastung oder Temperaturänderung entsprechenden Werte der N. Die M, H und Δl sind hierbei als Funktionen der Belastung, Temperaturänderung und der Überzähligen X darzustellen. Bei der Aufstellung dieser statischen Beziehungen sind, in Hinsicht auf das Vorzeichen der Momente, die Stäbe von jenem Rahmen aus zu betrachten, in dessen Viermomentengleichungen sie positiv eingeführt wurden. Bei Ermittlung der Längenänderungen Δl, soweit sie von bekannten oder in ihrer Richtung durch Annahmen festgelegten äußeren Kräften, wozu auch die Auflagerreaktionen gehören, herrühren, sind die Sehnenkräfte mit positivem Vorzeichen zu versehen, wenn sie den Stab zu verlängern, mit negativem Vorzeichen, wenn sie den Stab zu verkürzen trachten. Die in den Lastgliedern N auftretenden Lasten

sind positiv zu zählen, wenn sie von außen gegen das Rahmeninnere gerichtet sind.

5. Auflösung der so erhaltenen, endgültigen Bestimmungsgleichungen nach den Unbekannten X.

6. Sind Einflußlinien aufzutragen, dann setze man nach der Aufstellung der Bestimmungsgleichungen für die rechten Gleichungsseiten die abgekürzten Bezeichnungen F_1 und F_2 und stelle nach Auflösung dieser Gleichungen die Einflußlinien mit Hilfe der Tabellen der Funktionen f_1, f_2 und g im Anhange zusammen. Wo dies zweckmäßig erscheint, kann von der eben angegebenen Reihenfolge abgewichen werden, wie dies auch aus einzelnen der nachfolgenden Beispiele ersehen werden kann.

§ 7. Einführung der Hilfsgrößen Γ.

Die Hauptschwierigkeit bei der Berechnung hochgradig statisch unbestimmter Systeme liegt in dem Umtande, daß die Überzähligen aus einem Gleichungssysteme mit einer großen Zahl von Unbekannten berechnet werden müssen. Das vorgeführte Verfahren gibt nun ein Mittel an die Hand, durch Einführung neuer Hilfsgrößen unter Umständen die Zahl der Bestimmungsgleichungen und die Anzahl der Glieder in den Gleichungen zu verringern, wodurch die Berechnung derartiger Tragwerke in hohem Maße vereinfacht wird.

Wir betrachten ein i-fach statisch unbestimmtes Traggebilde aus geraden Stäben mit n Knotenpunkten und r Stäben. Jeder Knoten liefert $v - 1$ Viermomentengleichungen, wenn v die veränderliche Anzahl der in einem Knoten steif angeschlossenen Elemente bedeutet. Ferner stehen uns $2p$ Winkelgleichungen zur Verfügung, falls das System in p Einzelrahmen zerlegt werden kann. Durch die Gesamtheit dieser Gleichungen sind die Unbekannten der Rechnung, d. s. die Überzähligen und Drehwinkel, bestimmt.

Fassen wir zunächst die Winkelgleichungen für sich ins Auge. Ihre Anzahl kann kleiner, gleich oder größer sein als die Zahl der unbekannten Drehwinkel. Beträgt, wie oben festgesetzt, die Stabzahl r, so ist die Zahl der unbekannten Drehwinkel $r - 1$, sonach

$$2p \lesseqgtr r - 1.$$

Wenn $2p = r - 1$ ist, so sind die Drehwinkel sämtlicher Stäbe bereits durch den geometrischen Zusammenhang der Stäbe festgelegt. Denkt man sich statt der steifen Knoten Gelenke angeordnet, so stellt die so entstehende „Ersatzfigur" ein statisch bestimmtes unverschiebliches Fachwerk vor. Der Beweglichkeitsgrad oder der Freiheitsgrad der Ersatzfigur ist Null.

In dem Falle, wo $2p < r - 1$ ist, reichen die Winkelgleichungen nicht aus, um sämtliche Drehwinkel zu berechnen. $2p$-Winkel können als Funktion der übrigen dargestellt werden, die schließlich mit Hilfe der durch die Momentengleichungen gegebenen, elastischen Zusammenhänge gleichzeitig mit den Überzähligen bestimmt werden. Die Ersatzfigur stellt keine unverschiebliche Stabverbindung mehr vor. Ihr Freiheitsgrad e beträgt

$$e = r - 1 - 2p.$$

e Stäbe wären somit hinzuzufügen, um aus der Ersatzfigur ein unverschiebliches Fachwerk herzustellen.

Ist $2p > r - 1$, dann stellt die Ersatzfigur ein statisch unbestimmtes Fachwerk vor. Die Winkelgleichungen gestatten die Berechnung der Überzähligen der Ersatzfigur. Der Freiheitsgrad ist, da keine Beweglichkeit vorhanden ist, Null.

Wir haben somit zwei Fälle zu unterscheiden:

1. Der Freiheitsgrad der Ersatzfigur ist Null.

2. Der Freiheitsgrad der Ersatzfigur ist von Null verschieden.

Wir besprechen zunächst Systeme der ersten Art. Die Anschluß momente der Viermomentengleichungen wollen wir in etwas anderer Weise, als es bisher der Fall gewesen ist, bezeichnen. Sind α, β die Knotenpunktsziffern des Stabes $l_{\alpha\beta}$, so werden seine Anschlußmomente $M_\alpha{}^\beta$ und $M_\beta{}^\alpha$ genannt. Der untere Zeiger weist auf den Anschlußknoten hin, beide Zeiger bezeichnen den Stab, für welchen das Moment gilt. Ähnlich lauten die Anschlußmomente

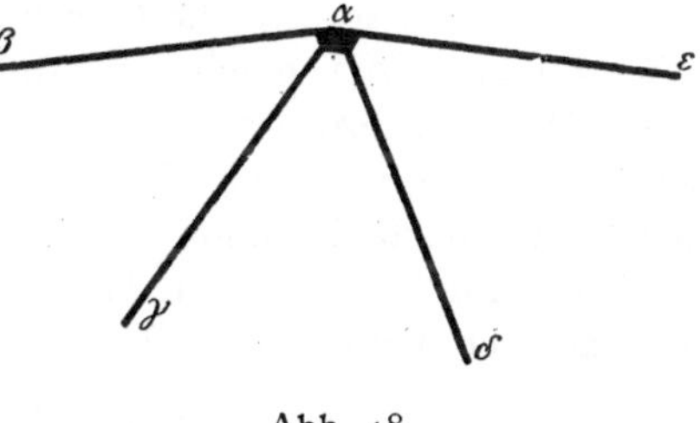

Abb. 48.

der übrigen in α zusammenstoßenden Stäbe, Abb. 48, $M_\alpha{}^\gamma$ und $M_\gamma{}^\alpha$, $M_\alpha{}^\delta$ und $M_\delta{}^\alpha$ usw.

Für jeden Knotenpunkt werden die Viermomentengleichungen aufgestellt, indem jedesmal ein Stab der Reihe nach mit den andern in dem betreffenden Knoten fest angeschlossenen Stäben in einer Gleichung zusammengefaßt wird. Die Momentengleichungen für den Knoten α lauten, wenn die zwei benachbarten Gliedern gemeinsame reduzierte Länge herausgehoben und für $6EJ_c = \varrho$ geschrieben wird:

$$(M_\beta{}^\alpha + 2M_\alpha{}^\beta)\, l'_{\alpha\beta} + (2M_\alpha{}^\gamma + M_\gamma{}^\alpha)\, l'_{\alpha\gamma} - \varrho\,(\vartheta_{\alpha\beta} - \vartheta_{\alpha\gamma}) = N_\alpha{}^1$$

$$(M_\beta{}^\alpha + 2M_\alpha{}^\beta)\, l'_{\alpha\beta} + (2M_\alpha{}^\delta + M_\delta{}^\alpha)\, l'_{\alpha\delta} - \varrho\,(\vartheta_{\alpha\beta} - \vartheta_{\alpha\delta}) = N_\alpha{}^2$$

$$(M_\beta{}^\alpha + 2M_\alpha{}^\beta)\, l'_{\alpha\beta} + (2M_\alpha{}^\varepsilon + M_\varepsilon{}^\alpha)\, l'_{\alpha\varepsilon} - \varrho\,(\vartheta_{\alpha\beta} - \vartheta_{\alpha\varepsilon}) = N_\alpha{}^3$$

$$\cdots \cdots \cdots \cdots \cdots \cdots \cdots \cdots \cdots \cdots \cdots \cdots$$

Wir setzen nun ganz allgemein:

$$(M_\lambda{}^\mu + 2\,M_\mu{}^\lambda)\,l'_{\lambda\mu} = \Gamma_\mu{}^\lambda \quad \text{und} \quad (M_\mu{}^\lambda + 2\,M_\lambda{}^\mu)\,l'_{\lambda\mu} = \Gamma_\lambda{}^\mu \quad . \;23)$$

Der untere Zeiger der Hilfsgröße Γ stimmt jeweilig mit dem unteren Zeiger jener Momentengröße überein, die mit dem Faktor 2 versehen ist.

Aus den Definitionsgleichungen 23) folgen die Formeln

$$\left.\begin{array}{l} M_\mu{}^\lambda = \dfrac{1}{3\,l'_{\lambda\mu}}\,(2\,\Gamma_\mu{}^\lambda - \Gamma_\lambda{}^\mu) \\[3mm] M_\lambda{}^\mu = \dfrac{1}{3\,l'_{\lambda\mu}}\,(2\,\Gamma_\lambda{}^\mu - \Gamma_\mu{}^\lambda) \end{array}\right\} \quad \ldots \ldots \; 24)$$

Die Viermomentengleichungen nehmen daher die Form an:

$$\Gamma_\alpha{}^\beta + \Gamma_\alpha{}^\gamma - \varrho\,(\vartheta_{\alpha\beta} - \vartheta_{\alpha\gamma}) = N_\alpha{}^1$$
$$\Gamma_\alpha{}^\beta + \Gamma_\alpha{}^\delta - \varrho\,(\vartheta_{\alpha\beta} - \vartheta_{\alpha\delta}) = N_\alpha{}^2$$
$$\Gamma_\alpha{}^\beta + \Gamma_\alpha{}^\varepsilon - \varrho\,(\vartheta_{\alpha\beta} - \vartheta_{\alpha\varepsilon}) = N_\alpha{}^3$$
$$\cdot \; \cdot \; \cdot \; \cdot \; \cdot \; \cdot \; \cdot \; \cdot \; \cdot \; \cdot \; \cdot \; \cdot$$

Die Drehwinkel ϑ sind, da der Freiheitsgrad der Ersatzfigur unserer Annahme gemäß Null ist, durch die Winkelgleichungen bestimmt und ebenso wie die Belastungsglieder N als gegebene Größen zu betrachten. Wir machen hierbei stillschweigend die weiter unten noch näher zu erörternde Voraussetzung, daß die in den Winkelgleichungen auftretenden Stablängenänderungen entweder Null oder ihrer Größe nach bekannt sind. Faßt man nun die Stabdrehwinkeldifferenzen mit den rechten Gleichungsseiten in einen Zahlenwert B zusammen, so kann man schreiben:

$$\Gamma_\alpha{}^\beta + \Gamma_\alpha{}^\gamma = B_\alpha{}^1$$
$$\Gamma_\alpha{}^\beta + \Gamma_\alpha{}^\delta = B_\alpha{}^2$$
$$\Gamma_\alpha{}^\beta + \Gamma_\alpha{}^\varepsilon = B_\alpha{}^3$$
$$\cdot \; \cdot \; \cdot \; \cdot \; \cdot \; \cdot \; \cdot \; \cdot$$

In allen diesen auf den Knoten α bezüglichen Gleichungen tritt die Größe $\Gamma_\alpha{}^\beta$ auf. Wir bezeichnen sie als **Hauptwert der Hilfsgrößen** Γ **für den Knoten** α. Es lassen sich daher alle vom Knoten α abhängigen Γ-Werte (d. s. jene, welche mit dem unteren Zeiger α versehen sind) durch den Hauptwert $\Gamma_\alpha{}^\beta$ ausdrücken. Sonach gilt

$$\left.\begin{array}{l} \Gamma_\alpha{}^\gamma = B_\alpha{}^1 - \Gamma_\alpha{}^\beta \\[2mm] \Gamma_\alpha{}^\delta = B_\alpha{}^2 - \Gamma_\alpha{}^\beta \\[2mm] \Gamma_\alpha{}^\varepsilon = B_\alpha{}^3 - \Gamma_\alpha{}^\beta \\[2mm] \cdot \; \cdot \; \cdot \; \cdot \; \cdot \; \cdot \; \cdot \end{array}\right\} \quad \ldots \ldots \ldots \ldots \; 25)$$

In gleicher Weise lassen sich die Γ-Werte der anderen Knotenpunkte durch die betreffenden Hauptwerte ausdrücken. Die Gesamtzahl der unbekannten Hauptwerte der Γ-Größen beträgt daher n, wenn das Tragwerk n Knoten, in denen Stäbe steif angeschlossen sind, besitzt. Mit der Aufstellung der Beziehungen 25) zwischen den Γ-Werten wurden sämtliche Verknüpfungen, die die Elastizitätsbedingungen liefern, ausgenützt. Sie ergeben höchst einfache Zusammenhänge zwischen den Unbekannten Γ, die verwendet werden können, um auf Grund der statischen Beziehungen, die zwischen den Hilfsgrößen Γ bestehen, die Bestimmungsgleichungen abzuleiten.

Wir stellen zu diesem Zwecke für jeden Knoten die Bedingungsgleichung

$$\sum M = 0$$

auf. Die Zahl derartiger Gleichungen ist gleich der Knotenzahl n. Führt man mittels der Formeln 24) die Hilfsgrößen Γ ein und benutzt man ferner die Formeln 25), um sämtliche Γ-Größen bis auf die n Hauptwerte zu beseitigen, so erhält man schließlich ein System von n Bestimmungsgleichungen mit n Unbekannten, womit die Berechnung eines i-fach statisch unbestimmten Systems auf die Auflösung eines Systems linearer Gleichungen mit n Unbekannten zurückgeführt erscheint. Das Verfahren ist natürlich nur dann zweckmäßig, wenn $n < i$ ist, was häufig genug der Fall ist.

Um ein Urteil über die Anzahl der Glieder einer Bestimmungsgleichung zu erhalten, stellen wir die Gleichgewichtsbedingungen für den Knoten α auf. Diese lautet:

$$M_\alpha{}^\beta + M_\alpha{}^\gamma + M_\alpha{}^\delta + \cdots + \mathfrak{m} = 0,$$

falls $\mathfrak{m}$ ein etwa vorhandenes in α angreifendes Lastmoment bedeutet.

Drückt man nun $M_\alpha{}^\beta$, $M_\alpha{}^\gamma$, $M_\alpha{}^\delta \ldots$ durch die Hilfsgrößen Γ mittels der Formeln 24) aus, so treten die Größen $\Gamma_\alpha{}^\beta \, \Gamma_\beta{}^\alpha$, $\Gamma_\alpha{}^\gamma \, \Gamma_\gamma{}^\alpha$, $\Gamma_\alpha{}^\delta \, \Gamma_\delta{}^\alpha \ldots$ in die Gleichgewichtsbedingung ein. Da ν Knotenpunkte durch ν Stäbe mit dem Punkte α verbunden sind, so lassen sich die Hilfsgrößen unserer Gleichung durch die ν Hauptwerte der verbundenen Knoten und durch den Hauptwert des Knotens α ersetzen. Insgesamt zählt demnach eine Bestimmungsgleichung $\nu + 1$ Unbekannte. Die Zahl der Glieder einer Gleichung ist sonach beschränkt, was der Vereinfachung der Rechnung bei der Auflösung der Gleichungen zugute kommt.

Führt einer der Stäbe (Stützenstab) nach einem Lagerpunkt (bewegliches Lager, Gelenk, Einspannung), so zählt dieser Lagerpunkt nicht als Knoten, da keine Gleichgewichtsbedingung für ihn aufgestellt werden kann, dementsprechend fällt auch, wie man sich an einem Beispiel leicht überzeugen kann, ein Hauptwert der Γ-Größen aus.

In die Zahl n der Knoten sind daher nur jene Punkte aufzunehmen, von denen mindestens zwei Stäbe ausgehen, wobei höchstens der eine ein Stützenstab sein darf. Zusatzstäbe, die den Rahmen schließen, sind als Stützenstäbe anzusehen. Gehen daher von einem Knoten Stützenstäbe aus, so verringert sich die Zahl der Glieder der zu diesem Knoten gehörenden Bestimmungsgleichung um die Anzahl der Stützenstäbe. Sind die Auflagerpunkte durch einen Zusatzstabzug untereinander verbunden, so sind diese Stäbe bei der Bestimmung des Freiheitsgrades e als ein Stab zu zählen, da allen der gleiche Drehwinkel (Null) zukommt.

Liegt ein Tragwerk der zweiten Art vor, dessen Ersatzfigur Beweglichkeit besitzt — der Freiheitsgrad sei e —, so kann im wesentlichen der gleiche Berechnungsgang eingeschlagen werden.

Unter derselben Voraussetzung, daß die Stablängenänderungen Null sind oder, wenn von Null verschieden, zunächst als bekannt anzusehen sind, können mit Hilfe der Winkelgleichungen, deren Zahl jetzt um e kleiner ist als die Zahl der unbekannten Stabdrehwinkel, e von ihnen als Hauptwerte der Drehwinkel ausgewählt und die übrigen durch diese Hauptwerte ausgedrückt werden. Die Viermomentengleichungen, aus denen wir die Hilfsgrößen Γ durch ihre Hauptwerte bestimmen, enthalten demnach noch e Hauptwerte der Drehwinkel. Somit treten diese $n + e$ Hauptwerte (Γ-Größen und Drehwinkel) in die n Gleichgewichtsbedingungen ein. Faßt man die Drehwinkelhauptwerte zunächst als bekannte Größen auf, so lassen sich die n Gleichungen wie oben auflösen, und man erhält die n Hauptwerte der Γ-Größen als lineare Funktionen der e Hauptwerte der Drehwinkel. Um endlich diese zu bestimmen, stellt man noch e passend gewählte Gleichgewichtsbeziehungen auf, in welchen man die Momente und Längskräfte durch die Hauptwerte der Hilfsgrößen Γ und der Drehwinkel ϑ ersetzt. Die Berechnung läuft also auf die Auflösung zweier Systeme linearer Gleichungen mit n und e Unbekannten, oder auf die Lösung eines Systems mit $n + e$ Unbekannten hinaus. Wie leicht einzusehen, ist das Verfahren nur dann zweckmäßig, wenn e eine kleine Zahl ist.

Wir haben in den voranstehenden Darlegungen die Voraussetzung gemacht, daß die Stablängenänderungen als bekannt anzusehen, oder mit andern Worten, daß sie unabhängig von den Unbekannten unserer Rechnung sind. Dies ist im allgemeinen nur dann der Fall, wenn die Längenänderungen von Wärmeschwankungen herrühren. Sollen auch die von den Stablängskräften hervorgerufenen Längenänderungen Berücksichtigung erfahren, weil ihre Vernachlässigung nicht statthaft ist, so ist deren Größe schätzungsweise einzuführen. Man geht dann so vor, daß man die $\varDelta l$ zunächst Null setzt, mit den so bestimmten Werten der Unbekannten die Stablängenänderungen ermittelt und für eine zweite Berechnung benützt. Mit diesem Vorgange ist gewöhnlich keine Mehrarbeit verbunden, da fast immer eine wiederholte Berechnung zwecks schrittweiser Anpassung der Querschnitte notwendig ist. Theoretisch läge wohl keine Schwierigkeit vor, die Berechnung auch in Hinsicht auf die Wirkung der Längskräfte genau durchzuführen, doch gingen damit meist jene Vorteile verloren, die wir durch Einführung der Hilfsgrößen Γ angestrebt haben.

Das in der Abb. 49a zur Darstellung gebrachte zweifeldrige Tragwerk ist 6fach statisch unbestimmt. Die Ersatzfigur zeigt einfache Bewegungsmöglichkeit, da durch Anbringung eines Stabes, z. B. der strichliert gezeichneten Strebe in Abb. 49c, ein unverschiebliches Fachwerk entsteht. Auch die Auszählung der Abb. 49b, in der die Zusatzstäbe eingezeichnet sind, ergibt $e = r - 1 - 2p = 1$. Es ist nämlich $r = 6$, da 5 wirkliche Stäbe und die als ein Stab zu zählenden Zusatzstäbe vorhanden sind; weiter ist $2p = 4$, also gilt: $e = 5 - 4 = 1$. Die Zahl n der Knoten mit mindestens zwei Stäben beträgt 3 (die unteren Knoten in Abb. 49b sind nicht zu zählen, da dort nur Stützenstäbe zusammentreffen), der Freiheitsgrad e ist 1, sonach wird die Berechnung dieses 6fach statisch unbestimmten Systems durch die Einführung der Hilfsgrößen Γ auf die Auflösung von $n + e = 4$ Gleichungen zurückgeführt.

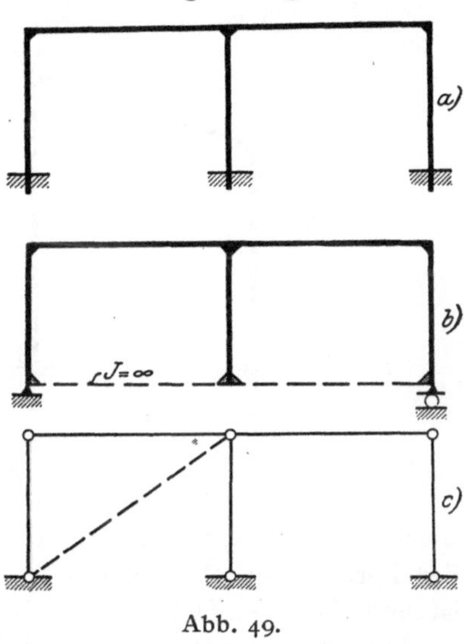

Abb. 49.

Würden die Stützen statt der Einspannung gelenkige Auflagerung aufweisen, so sinkt der Grad der statischen Unbestimmtheit auf 3 herab. Bei Einführung der Hilfsgrößen Γ würde die Zahl der Bestimmungsgleichungen wie oben vier betragen, da sich weder n noch e geändert haben. In diesem Falle wäre die Anwendung des in diesem Abschnitte erörterten Verfahrens unzweckmäßig, da die Lösung der Aufgabe nach der früher dargestellten allgemeinen Methode auf bloß drei Bestimmungsgleichungen führt. Wie man aus diesem Beispiele ersieht, ist es sehr einfach, von Fall zu Fall zu entscheiden, ob mit der Einführung der Hilfsgrößen Γ Vorteile verbunden sind oder nicht. Beispiel 13 in § 8, sowie § 12 zeigen Anwendungen des Verfahrens mit den Hilfsgrößen Γ.

III. Beispiele für die Anwendung der Methode des Viermomentensatzes.

§ 8. Tragwerke, die aus einem einfachen Grundsystem abgeleitet werden.

1. Beispiel. Der in Abb. 50 zur Darstellung gebrachte Zweigelenk-rahmen ist einfach statisch unbestimmt. Über die Art der Belastung

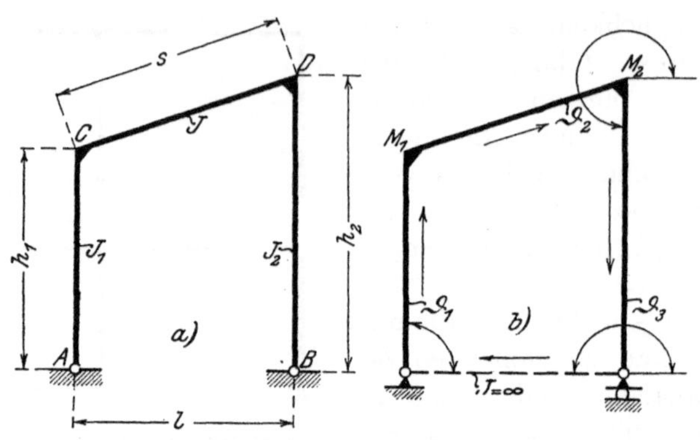

Abb. 50.

werden später Annahmen getroffen werden, nachdem der erste Teil der Berechnung ohne Rücksicht auf die Belastungsweise durchführbar ist und dabei einfachere Aufschreibungen gestattet.

Die Eckmomente bei C und D werden mit M_1 und M_2 bezeichnet. Wir beginnen mit der Aufstellung der Dreimomentengleichungen (da es sich um einen einfachen Rahmen handelt, geht die allgemeine Viermomentengleichung in die Dreimomentengleichung über), und zwar für die Stabpaare ACD und CDB, wobei zu beachten ist, daß die Momente in A und B Null sind. Wir beginnen die erste Gleichung bei Punkt A und gehen über C nach D. Die zweite Gleichung beginnen wir bei Punkt C und gehen über D nach B. Bei allen Anschreibungen halten wir die vorgeschriebene Pfeilrichtung, siehe Abb. 50 b, genauest ein.

Mit den Bezeichnungen der Abb. 50 nehmen die Dreimomenten-gleichungen 7'') die Form an

$$2 M_1 (h_1' + s') + M_2 s' - 6 E J (\vartheta_1 - \vartheta_2) = N_1,$$
$$M_1 s' + 2 M_2 (s' + h_2') - 6 E J (\vartheta_2 - \vartheta_3) = N_2.$$

Hierbei wurde als J_c das Trägheitsmoment J des Querriegels gewählt. Die gestrichenen Größen sind die reduzierten Längen.

Vernachlässigt man die Wirkung der Längskräfte, setzt also alle $\Delta l = 0$, so lauten die Winkelgleichungen

$$\sum \vartheta \cdot l \sin \alpha = 0, \qquad - \sum \vartheta \cdot l \cos \alpha = 0.$$

Führt man für den Riegel $s \sin \alpha = h_2 - h_1$ und $s \cos \alpha = l$ ein, beachtet man weiter die in der Abbildung durch Pfeile angedeutete Zählrichtung der Winkel α, so ist

$$h_1 \vartheta_1 + (h_2 - h_1) \vartheta_2 - h_2 \vartheta_3 = 0,$$
$$\vartheta_2 l = 0.$$

Das letzte Glied der ersten Winkelgleichung ist negativ, da für den Stab h_2, $\alpha > \pi$, daher $\sin \alpha < 0$ ist.

Aus den Winkelgleichungen folgt:

$$\vartheta_1 = \frac{h_2}{h_1} \vartheta_3 = k \vartheta_3, \qquad \vartheta_2 = 0.$$

Nach Einführung in die Momentengleichungen erhält man

$$2 M_1 (h_1' + s') + M_2 s' - 6 E J k \vartheta_3 = N_1,$$
$$M_1 s' + 2 M_2 (s' + h_2') + 6 E J \vartheta_3 = N_2.$$

Multipliziert man die zweite Gleichung mit k und addiert sodann beide Gleichungen, so gewinnt man die **Bestimmungsgleichung** für die Berechnung der **einen Überzähligen:**

$$M_1 [2 (h_1' + s') + k s'] + M_2 [s' + 2 (h_2' + s') k] = N_1 + k N_2 \quad . \text{ a)}$$

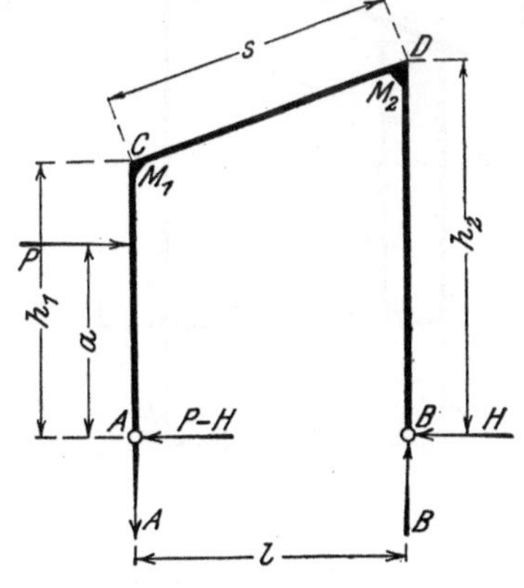

Damit ist die Aufgabe im Prinzipe gelöst. Wir haben eine Gleichung gefunden, die, neben den übrigen statischen Beziehungen angewendet, die Berechnung des gegebenen Systems ermöglicht.

Wir benutzen nun die Gleichung a), um für drei verschiedene Belastungsfälle die Überzählige zu ermitteln.

1. Wagerechte Last P im Abstande a vom Fußgelenk A. Abb. 51. Wir wählen als Überzählige den Horizontalschub H und erhalten

Abb. 51.

$$M_1 = P a - H h_1 \qquad \text{und} \qquad M_2 = - H h_2.$$

Ferner ist [Gleichung 9), S. 32]

$$N_1 = - P a h_1' \left(1 - \frac{a^2}{h_1^2} \right) \qquad \text{und} \qquad N_2 = 0,$$

somit geht Gleichung a) über in

$$(P a - H h_1) [2 (h_1' + s') + k s'] - H h_2 [s' + 2 (h_2' + s') k]$$
$$= - P h_1' a \left(1 - \frac{a^2}{h_1^2}\right),$$

aus welcher Gleichung H in der Form

$$H = \frac{P}{2} \frac{\dfrac{a}{h_1} \left[2 + k + \dfrac{h_1'}{s'} \left(3 - \dfrac{a^2}{h_1^2}\right)\right]}{1 + k + k^2 + \dfrac{h_1'}{s'} + \dfrac{h_2'}{s'} k^2} \qquad \ldots \ldots \ldots \text{b)}$$

gewonnen wird, wo

$$h_1' = h_1 \frac{J}{J_1}, \qquad h_2' = h_2 \frac{J}{J_2}, \qquad s' = s \frac{J}{J} = s.$$

Da $N_1 = - P h_1 h_1' f_2$ ist, so hätte man auch schreiben können:

$$H = \frac{P}{2} \frac{\dfrac{h_1'}{s'} f_2 + \dfrac{a}{h_1} \left[2 \left(\dfrac{h_1'}{s'} + 1\right) + k\right]}{1 + k + k^2 + \dfrac{h_1'}{s'} + \dfrac{h_2'}{s'} k^2} = \frac{P}{2} \left[K_1 f_2 + K_2 \frac{a}{h_1}\right],$$

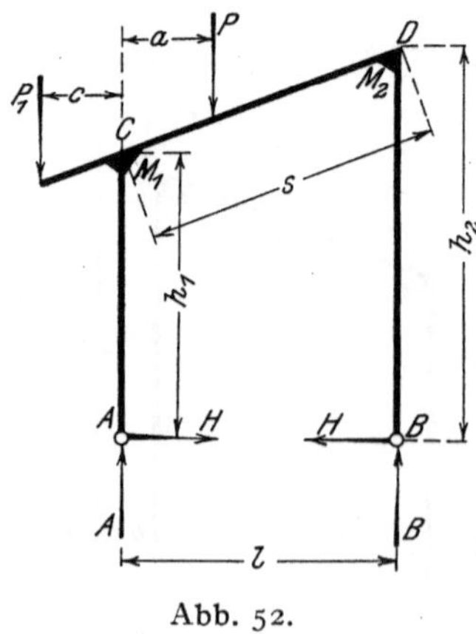

Abb. 52.

wobei K_1 und K_2 Festwerte sind, die nur von den Systemabmessungen abhängen, während f_2 der Tabelle der Stammfunktionen im Anhange entnommen werden kann.

2. Lotrechte Last P im Abstande a vom Eckpunkte C. Abb. 52.

Es ist

$$M_1 = - H h_1,$$
$$M_2 = - H h_2.$$

N_1 und N_2 sind durch Gleichung 11) bestimmt und zwar

$$N_1 = - P l s' f_1 = - P s' (l - a) \left(1 - \frac{(l - a)^2}{l^2}\right)$$

und

$$N_2 = - P l s' f_2 = - P s' a \left(1 - \frac{a^2}{l^2}\right).$$

Gleichung a) nimmt daher folgende Gestalt an:

$$- H\,h_1\,[2\,(h_1' + s') + k\,s'] - H\,h_2\,[s' + 2\,(h_2' + s')\,k]$$
$$= - P\,s'\left[(l - a)\left(1 - \frac{(l - a)^2}{l^2}\right) + k\,a\left(1 - \frac{a^2}{l^2}\right)\right]$$

und daraus

$$H = \frac{P}{2}\frac{\dfrac{l}{h_1}\left\{\left(1 - \dfrac{a}{l}\right) - \left(1 - \dfrac{a}{l}\right)^3 + k\left[\dfrac{a}{l} - \left(\dfrac{a}{l}\right)^3\right]\right\}}{1 + k + k^2 + \dfrac{h_1'}{s'} + \dfrac{h_2'}{s'}\,k^2} \quad \dots \dots \text{ c)}$$

Benutzt man die Stammfunktionen, so kann man einfacher schreiben:

$$H = \frac{P}{2}\frac{\dfrac{l}{h_1}(f_1 + k\,f_2)}{1 + k + k^2 + \dfrac{h_1'}{s'} + \dfrac{h_2'}{s'}\,k^2} = \frac{P}{2}[K_3\,f_1 + K_4\,f_2]\,.$$

3. Es soll auch der Fall untersucht werden, daß die Riegellast außerhalb der Stützweite $A - B$ angreife. Last P_1 in Abb. 52.

Dieser Fall kann als Belastung des Ständers mit einem Moment $\mu = - P_1\,c$ aufgefaßt werden. Die Lastglieder N_1 und N_2 nehmen jetzt gemäß Gleichung 14) folgende Werte an:

$$N_1 = P_1\,c\,h_1'\left(1 - 3\,\frac{h^2}{h^2}\right) = - 2\,P_1\,c\,h_1'\,,$$
$$N_2 = 0\,.$$

Ferner besteht

$$M_1 = - P_1\,c - H\,h_1\,,$$
$$M_2 = - H\,h_2\,;$$

somit geht die Bestimmungsgleichung a) über in
$$-(P_1\,c + H\,h_1)\,[2\,(h_1' + s') + k\,s'] - H\,h_2\,[s' + 2\,(h_2' + s')\,k] = - 2\,P_1\,c\,h_1'\,.$$
Daraus ermittelt man H in der Form

$$H = - \frac{P_1\,c}{2\,h_1}\frac{k + 2}{1 + k + k^2 + \dfrac{h_1'}{s'} + \dfrac{h_2'}{s'}\,k^2} \quad \dots \dots \dots \text{ d)}$$

Zum Schlusse mögen die Verschiebungen der Eckpunkte C und D für den Belastungsfall 1 ermittelt werden.

Aus den Winkelgleichungen wurde gefunden:

$$\vartheta_1 = k\,\vartheta_3\,, \qquad \vartheta_2 = 0\,.$$

Aus der zweiten Momentengleichung folgt, da $N_2 = 0$ ist,

$$\vartheta_3 = - \frac{1}{6\,E\,J}[M_1\,s' + 2\,M_2\,(s' + h_2')]$$
$$= - \frac{1}{6\,E\,J}[(P\,a - H\,h_1)\,s' - 2\,H\,h_2\,(s' + h_2')]$$

und somit die wagrechte Verschiebung $\varDelta y_D$ des Punktes D

$$\varDelta y_D = h_2 \vartheta_3 = -\frac{s h_2}{6 E J}\left[P a - H\left(h_1 + 2 h_2 + 2\frac{h_2{}^2}{s}\frac{J}{J_2}\right)\right].$$

Die wagrechte Verschiebung des Punktes C ist dann

$$\varDelta y_C = \vartheta_1 h_1 = \frac{h_2}{h_1}\vartheta_3 h_1 = h_2 \vartheta_3 = \varDelta y_D,$$

somit muß sich der Stab $C D$ parallel zu sich verschieben, siehe Abb. 53, was auch unmittelbar aus $\vartheta_2 = 0$ folgt.

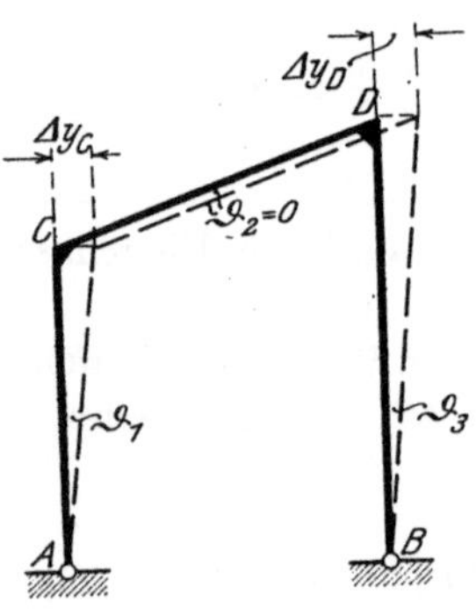

Abb. 53.

Verfolgt man den oben angegebenen Rechnungsgang und vergleicht ihn mit der Berechnung nach dem üblichen Verfahren, so erkennt man deutlich die Vorteile der neuen Methode. Mit der schon nach wenigen Aufschreibungen bestimmten Gleichung a) ist die Aufgabe für jede beliebige Belastung gelöst; ebenso können alle die Formänderungen betreffenden Fragen mit Hilfe dieser Gleichung und der ihr vorangehenden Zwischenergebnisse beantwortet werden.

Ist es notwendig, Einflußlinien aufzutragen oder eine größere Zahl von H-Werten zu berechnen, dann leisten die Tafeln der f_1- und f_2-Werte, wie man leicht erkennen kann, ausgezeichnete Dienste.

2. Beispiel. Der beiderseits eingespannte gerade Stab, Abb. 54, ist zweifach statisch unbestimmt. Um einen einfachen geschlossenen Rahmen zu erzielen, denken wir uns einen in A und B fest angeschlossenen Stab mit $J = \infty$ hinzugefügt. Abb. 54 b.

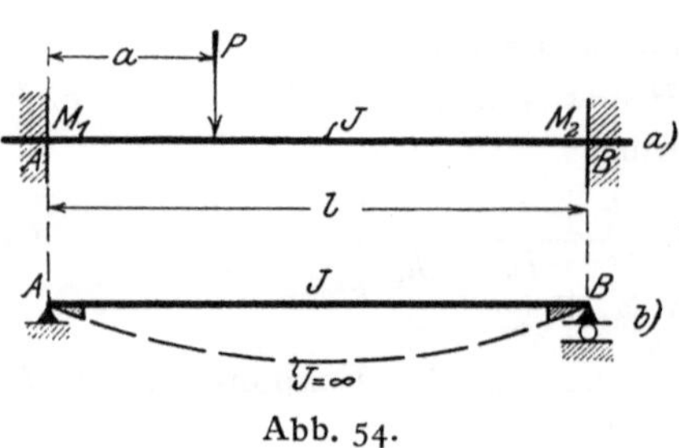

Abb. 54.

Wenn man beachtet, daß der Drehwinkel ϑ des Stabes $A B$ Null ist, so lauten die beiden Dreimomentengleichungen für die ausgezeichneten Punkte A und B bei Belastung durch eine Einzellast P im Abstande a vom linken Stabende

$$2 M_1 l + M_2 l = -P l (l - a)\left(1 - \frac{(l - a)^2}{l^2}\right),$$

$$M_1 l + 2 M_2 l = -P a l\left(1 - \frac{a^2}{l^2}\right).$$

Aus diesen beiden Gleichungen folgt unmittelbar

$$M_1 = - P\frac{a\,(l-a)^2}{l^2} \quad \text{und} \quad M_2 = - P\frac{a^2\,(l-a)}{l^2}.$$

3. Beispiel. Der geschlossene, ringsum durch den Innendruck p belastete Rahmen — Abb. 55 — verlangt mit Rücksicht auf die Symmetrieverhältnisse bloß die Berechnung einer einzigen Überzähligen, da alle vier Eckmomente untereinander gleich sind. Die Dreimomenten, gleichung für eine beliebige Ecke lautet daher

$$M\,a' + 2\,M(a' + b') + M\,b' = - \tfrac{1}{4}\,p\,a'\,a^2 - \tfrac{1}{4}\,p\,b'\,b^2.$$

Sämtliche Drehwinkel ϑ sind, da die Seitenwände bei der Formänderung keine Verdrehung erfahren, Null. Aus der Dreimomentengleichung folgt

$$M = - \frac{p}{12}\,\frac{a'\,a^2 + b'\,b^2}{a' + b'}.$$

Setzt man

$$a' = a, \qquad b' = b\frac{J_a}{J_b},$$

so wird

$$M = - \frac{p}{12}\,\frac{a^3 + b^3\dfrac{J_a}{J_b}}{a + b\dfrac{J_a}{J_b}}.$$

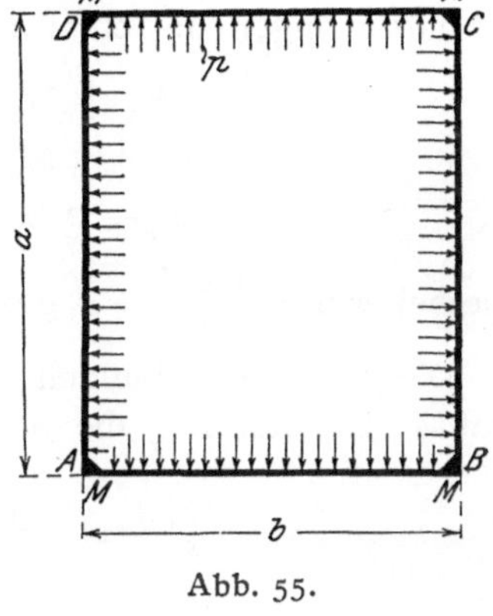

Abb. 55.

4. Beispiel. Der beiderseits eingespannte, einmal geknickte, symmetrische Balken nach Abb. 56 sei durch eine im Scheitel C an-

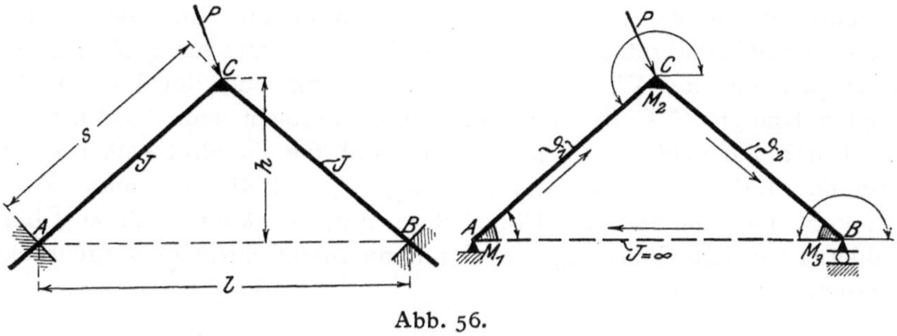

Abb. 56.

greifende Einzelkraft P belastet. Die beiderseitige Einspannung denke man sich durch einen festgehaltenen Stab $A\,B$ mit unendlich großem Trägheitsmoment hervorgerufen. Es liegen sonach drei ausgezeichnete

Punkte A, B und C vor, für welche die Dreimomentengleichungen anzuschreiben sind. Es ist dabei zu beachten, daß die reduzierte Länge l' des Stabes AB Null ist, da sein Trägheitsmoment J unendlich groß ist. Die betreffenden Glieder fallen mithin in den Dreimomentengleichungen fort. Beginnt man mit der Aufschreibung bei Punkt B und schreitet in der in Abb. 56 angegebenen Pfeilrichtung fort, so lauten die Momentengleichungen:

$$2\,M_1\,s' + M_2\,s' + 6\,E\,J\,\vartheta_1 = 0,$$
$$M_1\,s' + 4\,M_2\,s' + M_3\,s' - 6\,E\,J\,(\vartheta_1 - \vartheta_2) = 0,$$
$$M_2\,s' + 2\,M_3\,s' - 6\,E\,J\,\vartheta_2 = 0.$$

Setzt man $s' = s\,\dfrac{J}{J} = s$ und dividiert mit dieser Größe, so nehmen die Gleichungen die einfache Form an:

$$\left.\begin{aligned}
2\,M_1 + M_2 &= -\,\varrho\,\vartheta_1, \\
M_1 + 4\,M_2 + M_3 &= \varrho\,(\vartheta_1 - \vartheta_2), \\
M_2 + 2\,M_3 &= \varrho\,\vartheta_2,
\end{aligned}\right\} \quad \dots \dots \dots \text{a)}$$

Hierbei wurde $\dfrac{6\,E\,J}{s} = \varrho$ gesetzt.

Die Winkelgleichungen lauten, wenn mit $\varDelta s_1$ die Dehnung des Stabes AC, mit $\varDelta s_2$ die des Stabes BC bezeichnet wird,

$$\left.\begin{aligned}
\frac{l}{2\,s}\,(\varDelta s_1 + \varDelta s_2) + h\,(\vartheta_1 - \vartheta_2) &= 0, \\
\frac{h}{s}\,(\varDelta s_1 - \varDelta s_2) - \frac{l}{2}\,(\vartheta_1 + \vartheta_2) &= 0.
\end{aligned}\right\} \quad \dots \dots \dots \text{b)}$$

Würde man die Dehnungen $\varDelta s$ Null setzen, den Einfluß der Längskräfte also vernachlässigen, so wären gemäß den Gleichungen b) die Stabdrehwinkel und somit auch sämtliche Momente nach Gleichung a) Null. Die Scheitelkraft P würde die beiden Stäbe nur durch Längskräfte beanspruchen, die Wirkung der Einspannung und der Einfluß des steifen Knotens C käme in diesem Falle gar nicht zum Ausdruck.

Durch die beiden Gleichungen b) sind die Stabdrehwinkel ϑ bestimmt. Faßt man die Momente M_1, M_2 und M_3 der angesetzten Momentengleichungen als Überzählige auf, so können diese Überzähligen aus den Gleichungen a) durch die Stabdrehwinkel ausgedrückt werden. Es wird

$$M_1 = -\frac{\varrho}{4}\,(3\,\vartheta_1 - \vartheta_2), \quad M_2 = \frac{\varrho}{2}\,(\vartheta_1 - \vartheta_2), \quad M_3 = -\frac{\varrho}{4}\,(\vartheta_1 - 3\,\vartheta_2). \quad \text{c)}$$

Damit ist die Aufgabe allgemein gelöst.

Wir machen nun bezüglich der Richtung von P zwei Annahmen:

1. Last P senkrecht zur Stabsehne AB.   Abb. 57.

Da $\varDelta s_1 = \varDelta s_2 = \varDelta s$ ist, so folgt aus den Gleichungen b)

$$\vartheta_1 = -\frac{l}{2hs}\varDelta s$$

und

$$\vartheta_2 = \frac{l}{2hs}\varDelta s \qquad \Big\} \quad . \ . \ \text{d)}$$

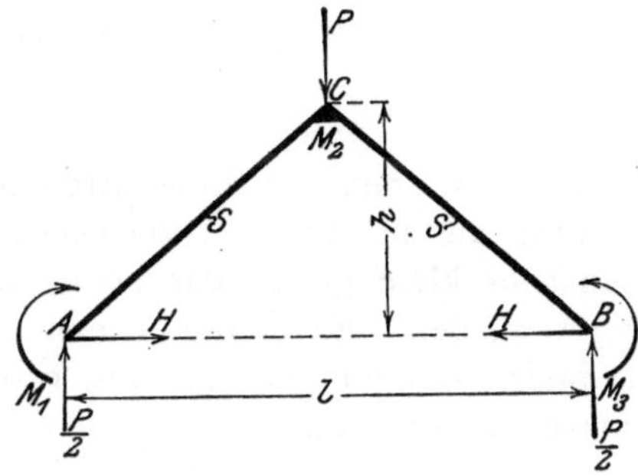

Abb. 57.

Mit Bezug auf Abb. 57 ist nun

$$M_2 = M_1 + \frac{P}{4}l - Hh$$

und darum

$$H = \frac{M_1 - M_2}{h} + \frac{Pl}{4h}.$$

Die Stabspannung S eines Schenkels ist

$$S = -\frac{P}{2}\sin\alpha - H\cos\alpha = -\frac{M_1 - M_2}{h}\frac{l}{2s} - \frac{P}{2}\Big(\frac{h}{s} + \frac{l^2}{4hs}\Big).$$

Die Stabdehnungen $\varDelta s$ betragen demnach

$$\varDelta s = \frac{Ss}{EF} = -\frac{l}{2hEF}(M_1 - M_2) - \frac{P}{2EF}\Big(h + \frac{l^2}{4h}\Big). \quad . \ . \ \text{e)}$$

Aus den Gleichungen c) folgt

$$\begin{aligned}M_1 &= M_3 = -\varrho\vartheta_1\\M_2 &= \varrho\vartheta_1\\M_1 - M_2 &= -2\varrho\vartheta_1\end{aligned}\ \Bigg\} \ \dots\dots\dots\ \text{f)}$$

Fügt man den Wert für $M_1 - M_2$ in die Gleichung e) ein, so erhält man $\varDelta s$ als Funktion von ϑ_1, welche Verknüpfung, in d) eingesetzt, eine Gleichung zur Bestimmung von ϑ_1 liefert:

$$\vartheta_1 = -\frac{l}{2hs}\Big[2\varrho\vartheta_1\frac{l}{2hEF} - \frac{P}{2EF}\Big(h + \frac{l^2}{4h}\Big)\Big]$$

und daher

$$\vartheta_1 = \frac{P}{4}\frac{\dfrac{1}{EF}\dfrac{l}{hs}\Big(h + \dfrac{l^2}{4h}\Big)}{1 + 3\dfrac{J}{F}\dfrac{l^2}{h^2s^2}} = \frac{P}{4EF}\frac{ls}{h^2 + 3\dfrac{J}{F}\dfrac{l^2}{s^2}}.$$

Ist ϑ_1 bekannt, so sind auch die Momente aus den Gleichungen f) bestimmt:

$$M_1 = M_3 = -\frac{P}{2}\frac{s}{\dfrac{l}{s}+\dfrac{h^2 s}{3l}\dfrac{F}{J}},$$

$$M_2 = -M_1 = \frac{P}{2}\frac{s}{\dfrac{l}{s}+\dfrac{h^2 s}{3l}\dfrac{F}{J}}.$$

An das eben erhaltene Ergebnis wollen wir eine wichtige Bemerkung anschließen. In der Gleichung für ϑ_1 ist das zweite Nennerglied sehr klein gegen das erste und kann praktisch immer vernachlässigt werden. Es beträgt, wenn der Scheitelwinkel nicht zu stumpf ist, meist weniger als $^1/_{100}$ des ersten Gliedes. ϑ_1 nimmt dann die einfachere Form an:

$$\vartheta_1 = \frac{P}{4EF}\frac{ls}{h^2}.$$

Das ist aber der Wert, den man für ϑ_1 erhält, wenn man in den Eckpunkten Gelenke annimmt. Es war also die genaue Berechnung der Stabkraft S, die oben durchgeführt wurde, nicht notwendig, es hätte genügt, P in die beiden Stabkomponenten zu zerlegen, um dann rechnerisch oder zeichnerisch die Verschiebung des Scheitelpunktes unter Annahme von Gelenken in den Endpunkten und somit auch den Drehwinkel ϑ_1 zu finden. Sein so ermittelter Wert in die Gleichungen c) eingesetzt, hätte dann auf einfachste Weise die gesuchten Momente ergeben. An diesen Verhältnissen ändert sich auch nichts, wenn man sich an Stelle des unendlich steifen Zusatzstabes AB einen Stab mit endlichem Querschnitt gesetzt denkt. Von dieser wichtigen Eigenschaft der Stabdreiecke mit steifen Ecken werden wir bei der Anwendung unserer Methode auf die Berechnung der Nebenspannungen im Fachwerke Gebrauch machen.

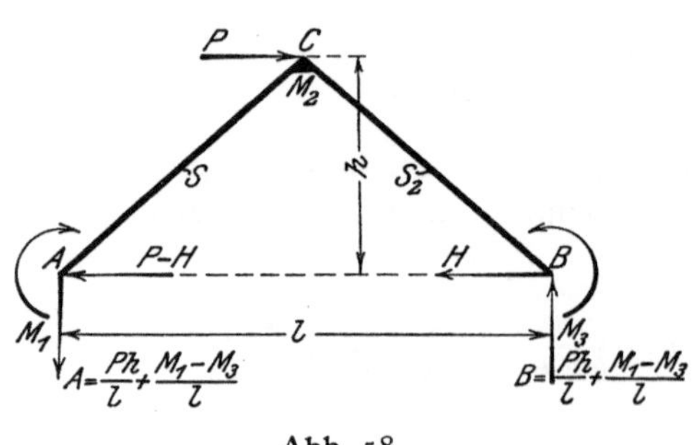

Abb. 58.

2. Last P parallel zur Stabsehne AB.

Aus Abb. 58 entnehmen wir

$$M_2 = M_1 - \frac{M_1 - M_3}{l}\frac{l}{2} - \frac{Ph}{2} + (P-H)h = \frac{Ph}{2} + \frac{M_1 + M_3}{2} - Hh$$

und somit

$$H = \frac{P}{2} + \frac{M_1 + M_3}{2h} - \frac{M_2}{h}.$$

Da nun $\dfrac{M_1 + M_3}{2} = -\,M_2$ ist, was aus den allgemein gültigen Glei-

chungen c) hervorgeht, so vereinfacht sich der Ausdruck für H, und

zwar wird

$$H = \frac{P}{2} - \frac{2\,M_2}{h}\,.$$

Damit können die Stabspannungen S_1 und S_2 ermittelt werden.   Wir

finden:

$$S_1 = \left(\frac{Ph}{l} + \frac{M_1 - M_3}{l}\right)\sin\alpha + (P - H)\cos\alpha$$

$$= P\frac{h}{l}\frac{h}{s} + P\frac{l}{2\,s} - \frac{P}{2}\frac{l}{2\,s} + \frac{M_1 - M_3}{l}\frac{h}{s} + \frac{2\,M_2}{h}\frac{l}{2\,s}$$

$$= P\frac{s}{l} + \frac{M_1 - M_3}{l}\frac{h}{s} + \frac{M_2\,l}{h\,s}$$

und

$$S_2 = -\left[\left(\frac{Ph}{l} + \frac{M_1 - M_3}{l}\right)\sin\alpha + H\cos\alpha\right]$$

$$= -\left[P\frac{h}{l}\frac{h}{s} + \frac{P}{2}\frac{l}{2\,s} + \frac{M_1 - M_3}{l}\frac{h}{s} + 2\frac{M_2}{h}\frac{l}{2\,s}\right]$$

$$= -\left[P\frac{s}{l} + \frac{M_1 - M_3}{l}\frac{h}{s} + \frac{M_2\,l}{h\,s}\right]$$

$$S_1 = -\,S_2 \quad\text{und somit ist auch}\quad \varDelta s_1 = -\,\varDelta s_2\,.$$

Aus den Gleichungen b) geht dann unmittelbar hervor:

$$\vartheta_1 - \vartheta_2 = 0,$$

daher

$$\vartheta_1 = \vartheta_2 = \frac{2\,h}{l\,s}\,\varDelta s_1\,.$$

Aus den Gleichungen c) folgt unter Benutzung dieser Zusammen-

hänge zwischen den Stabdrehwinkeln ϑ

$$M_2 = 0, \qquad M_1 = -\,M_3 = -\frac{\varrho}{2}\,\vartheta_1\,.$$

Weiter ist

$$\varDelta s_1 = \frac{s}{EF}\left[\frac{Ps}{l} + \frac{2\,M_1}{l}\frac{h}{s}\right] = \frac{s}{EF}\left[\frac{Ps}{l} - \varrho\,\vartheta_1\frac{h}{sl}\right]\,.$$

Aus der Gleichung für ϑ_1 gewinnt man mit diesem Werte von $\varDelta s_1$

$$\vartheta_1 = \frac{2\,h}{l\,s}\frac{s}{EF}\left[\frac{Ps}{l} - 6\frac{EJ}{sl}\frac{h}{s}\,\vartheta_1\right]$$

und daraus

$$\vartheta_1 = \frac{2P}{EF}\frac{hs}{l^2 + 12\frac{J}{F}\left(\frac{h}{s}\right)^2}.$$

Auch hier ist das zweite Nennerglied, wenn der Scheitelwinkel nicht zu spitz ist, verhältnismäßig klein gegen das erste. Wird es vernachlässigt, so geht ϑ_1 über in

$$\vartheta_1 = \frac{2Phs}{EF\,l^2},$$

in den Wert des Drehwinkels für gelenkig aneinander geschlossene Stäbe. Auch hier gilt somit das unter 1. Gesagte.

Zum Schluß berechnen wir noch die genauen Werte von M_1 und M_3:

$$M_1 = -\frac{Ph}{2\left(\frac{h}{s}\right)^2 + \frac{Fl^2}{6J}}, \qquad M_3 = +\frac{Ph}{2\left(\frac{h}{s}\right)^2 + \frac{Fl^2}{6J}}.$$

5. Beispiel. Für den beiderseits eingespannten, symmetrischen Parabelbogen, Abb. 59, sind die Einflußlinien der überzähligen Größen

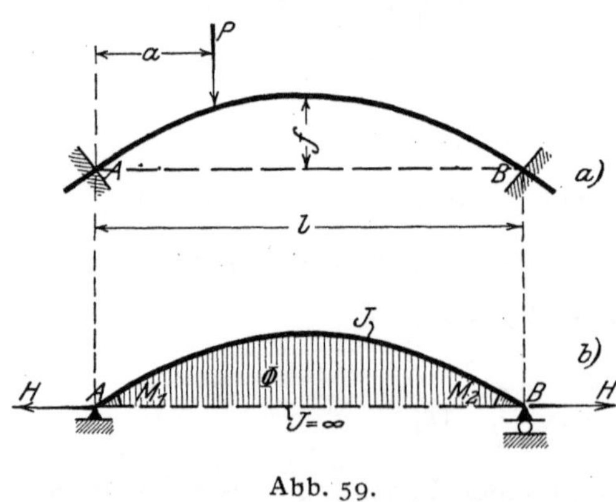

Abb. 59.

für Belastungen senkrecht zur Stabsehne zu entwickeln. Durch Einschalten eines unendlich steifen Stabes zwischen A und B, der in diesen Punkten steif an den Bogen angeschlossen ist, gewinnt man ein einfaches Grundsystem, aus dem die Dreimomentengleichungen für die beiden ausgezeichneten Punkte A und B abgeleitet werden können. Bezeichnet man mit Rücksicht auf die Belastung durch eine Einzellast die rechten Seiten gemäß den Ausführungen auf S. 44 und 48 mit $-F_1$ bzw. $-F_2$, so lauten die Momentengleichungen, wenn man von ungleichmäßiger Erwärmung absieht, folgendermaßen:

$$2M_1 l' + M_2 l' + 6H\,\mathfrak{S}_B\frac{l'}{l^2} = -F_1,$$

$$M_1 l' + 2M_2 l' + 6H\,\mathfrak{S}_A\frac{l'}{l^2} = -F_2.$$

Die Stabdrehwinkel der beiden das Grundsystem bildenden Stäbe sind

Null, da A und B fest sind, weshalb die Glieder, die von ϑ abhängen, in den vorstehenden Gleichungen entfallen.

Weil es sich um eine symmetrische Parabellinie handelt, sind

$$\mathfrak{S}_A = \mathfrak{S}_B = \Phi\frac{l}{2} = \frac{2}{3}lf\frac{l}{2} = \frac{1}{3}l^2 f$$

die statischen Momente der schraffierten Fläche Φ (Abb. 59b) bezogen auf die Endpunkte A bzw. B.

Die Momentengleichungen nehmen daher nach Division mit l' die Form an:

$$\left.\begin{aligned} 2M_1 + M_2 + 2Hf &= -\frac{F_1}{l'} \\[2mm] M_1 + 2M_2 + 2Hf &= -\frac{F_2}{l'} \end{aligned}\right\} \quad \cdots\cdots\cdots \text{ a)}$$

Da, wie schon oben erwähnt, der einzige in Betracht kommende Stabdrehwinkel Null ist, ebenso auch der Winkel α, den die Stabsehne mit der festgehaltenen Richtung AB einschließt, so liefern beide Winkelgleichungen, wie man sich leicht überzeugt, die einzige Beziehung

$$\Delta l = 0.$$

Aus Gleichung 19'), die für symmetrische Achsenlinien gilt, folgt dann:

$$\frac{Hl}{EF} + \frac{1}{EJ'}\left[\frac{\Phi}{2}(M_1 + M_2) + 2H\Phi\sigma + G\right] \pm \alpha_t t l = 0 \quad \cdots \text{ b)}$$

Mit den Beziehungen a) und b) sind die drei Bestimmungsgleichungen zur Ermittlung der drei Überzähligen gegeben. Wie ein Blick auf diese Gleichungen lehrt, ist es am besten, die darin vorkommenden Momente M_1 und M_2 und die Längskraft H als Überzählige aufzufassen. Durch Addition der Gleichungen gewinnt man ohne weiteres

$$M_1 + M_2 = -\frac{4}{3}Hf - \frac{F_1 + F_2}{3l'}.$$

Führt man diese Momentensumme in b) ein, so erhält man H in der Form

$$H = -\frac{G - \dfrac{\Phi}{2}\dfrac{F_1 + F_2}{3l'} \pm EJ'\alpha_t t l}{\dfrac{J'}{F}l + 2\Phi\sigma - \dfrac{2}{3}f\Phi}.$$

Setzt man für

$$\Phi = \tfrac{2}{3}lf \quad \text{und für} \quad \Phi\sigma = \tfrac{2}{3}lf\cdot\tfrac{2}{5}f = \tfrac{4}{15}lf^2$$

und

$$F_1 = f_1 ll', \quad F_2 = f_2 ll', \quad G = gfl^2,$$

so wird

$$H = -\,\frac{g - \dfrac{1}{9}\,(f_1 + f_2) \pm \dfrac{EJ'\alpha_t t}{fl}}{\dfrac{J'}{F}\dfrac{1}{fl} + \dfrac{4}{45}\dfrac{f}{l}}\,. \quad\ldots\ldots\ldots \text{c)}$$

Damit ist die Einflußlinie für den Horizontalschub H des Bogens bestimmt. Für die Funktionen f_1, f_2 und g kann man die im Anhange
mitgeteilten Tabellen benutzen. Da f_1 spiegelsymmetrisch zu f_2 ist, so
ist $f_1 + f_2$ eine zu $x = \dfrac{l}{2}$ symmetrische Linie, und da auch g symmetrisch ist, so zeigt die H-Linie in bezug auf die durch $x = \dfrac{l}{2}$ gehende
Vertikale Symmetrie.

Nach Subtraktion der Gleichungen a) erhält man die erste der
folgenden Beziehungen

$$M_1 - M_2 = \frac{F_2 - F_1}{l'},$$

$$M_1 + M_2 = -\,\frac{4}{3}\,Hf - \frac{F_1 + F_2}{3\,l'}\,.$$

Die zweite Gleichung wurde schon oben erhalten. Beide Beziehungen
liefern

$$\left.\begin{aligned}
M_1 &= \frac{F_2 - 2F_1}{3\,l'} - \frac{2}{3}\,Hf = \frac{l}{3}\,(f_2 - 2f_1) - \frac{2}{3}\,Hf \\[2mm]
M_2 &= \frac{F_1 - 2F_2}{3\,l'} - \frac{2}{3}\,Hf = \frac{l}{3}\,(f_1 - 2f_2) - \frac{2}{3}\,Hf
\end{aligned}\right\} \quad \ldots \text{d)}$$

Damit sind auch die Einflußlinien für M_1 und M_2 festgelegt. Es genügt die Ausrechnung einer der beiden Linien, da sie spiegelsymmetrisch sind.

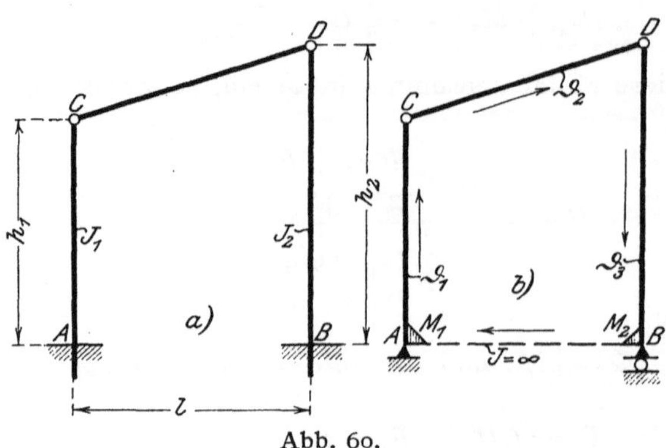

Abb. 60.

Man bestimmt zunächst die H-Linie und mit ihrer Hilfe die Einflußlinien der Momente M_1 und M_2.

6. Beispiel. Der aus zwei eingespannten Ständern und gelenkig gelagertem Riegel bestehende einfache Rahmen der Abb. 60a ist einfach statisch unbestimmt. Das Ersatzsystem zeigt Abb. 60b. Als Elastizitätsbedingungen kommen zwei Momentengleichungen und zwei Winkelgleichungen in Betracht, welchen vier Gleichungen eine Überzählige und drei Stabdrehwinkel als Unbekannte gegenüberstehen.

Die Momentengleichungen lauten, falls man bei der Aufstellung mit dem Stab AB beginnt, im Sinne der Pfeile fortschreitet und beachtet, daß die reduzierte Länge des Zusatzstabes AB Null ist,

$$\left. \begin{aligned} 2\,M_1\,h_1' + 6\,E\,J\vartheta_1 &= N_1, \\ 2\,M_2\,h_2' - 6\,E\,J\vartheta_3 &= N_2. \end{aligned} \right\} \quad \dots \dots \dots \text{a)}$$

Die Winkelgleichungen ergeben, wenn man die Stablängenänderungen unberücksichtigt läßt, die Beziehungen

$$\vartheta_1 h_1 + \vartheta_2 (h_2 - h_1) - \vartheta_3 h_2 = 0,$$
$$\vartheta_2 l = 0,$$

somit ist

$$\vartheta_1 = \frac{h_2}{h_1}\,\vartheta_3 \quad \text{und} \quad \vartheta_2 = 0.$$

Die Beziehungen a) liefern somit

$$2\,M_1\,h_1' + 6\,E\,J\frac{h_2}{h_1}\,\vartheta_3 = N_1,$$
$$2\,M_2\,h_2' - 6\,E\,J\vartheta_3 = N_2.$$

Multipliziert man die zweite Gleichung mit $\dfrac{h_2}{h_1}$ und addiert beide Gleichungen, so erhält man

$$2\,M_1\,h_1' + 2\,M_2\,h_2'\frac{h_2}{h_1} = N_1 + \frac{h_2}{h_1}\,N_2$$

als Bestimmungsgleichung für die Überzählige, welche Gleichung wir unter Einführung von

$$h_1' = h_1\frac{J_2}{J_1}, \qquad h_2' = h_2$$

in der Form schreiben wollen

$$M_1 h_1{}^2\frac{J_2}{J_1} + M_2 h_2{}^2 = \frac{1}{2}(h_1 N_1 + h_2 N_2). \quad \dots \dots \text{b)}$$

Wir wenden nun diese Formel auf den in Abb. 61 dargestellten Belastungsfall an.

Als überzählige Größe wählen wir die wagerechte Teilkraft der Riegelspannung $X \sec \alpha$. Es gilt dann, falls X als Druck angenommen wird,

$$M_1 = -Py + Xh_1,$$
$$M_2 = +Xh_2$$

und

$$N_1 = -Ph_1{}^2 \frac{J_2}{J_1} f_1,$$
$$N_2 = 0.$$

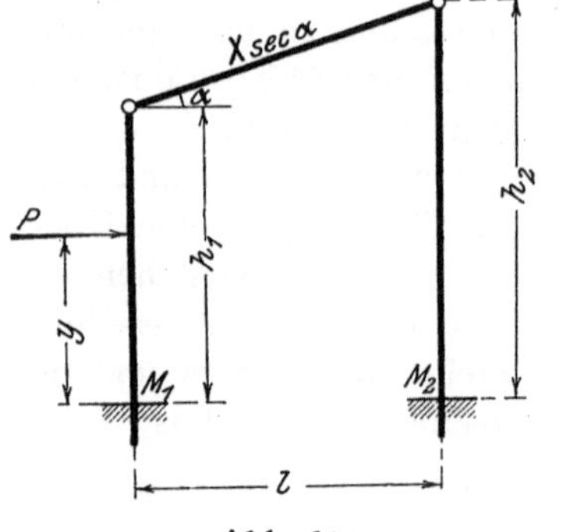

Abb. 61.

Mit diesen Werten geht die Bestimmungsgleichung über in:

$$X\left(h_1{}^3 + h_2{}^3 \frac{J_1}{J_2}\right) = Pyh_1{}^2 - \frac{1}{2} Ph_1{}^3 f_1.$$

Daraus ergibt sich

$$X = P \frac{\dfrac{y}{h_1} - \dfrac{1}{2} f_1}{1 + \left(\dfrac{h_2}{h_1}\right)^3 \dfrac{J_1}{J_2}}.$$

f_1 wird für verschiedene Werte von $\dfrac{y}{h_1}$ aus der Tabelle im Anhange entnommen.

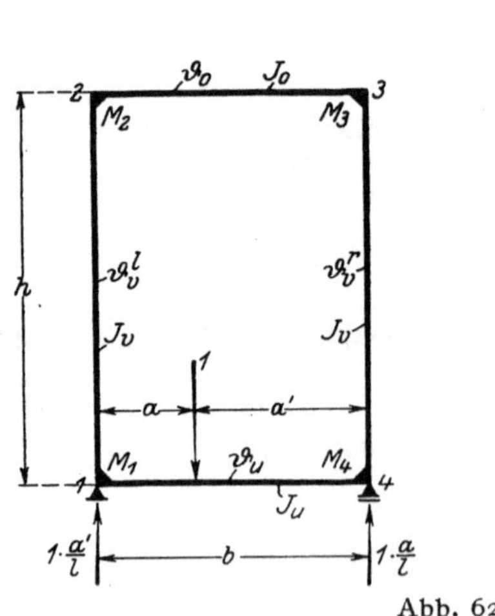
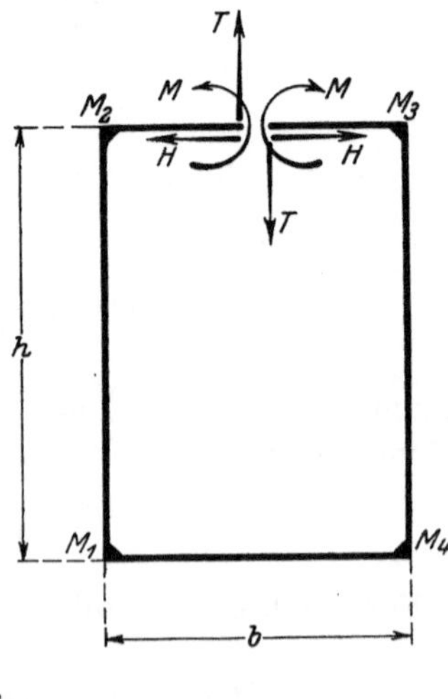

Abb. 62.

7. Beispiel. Der geschlossene Brückenrahmen, der in Abb. 62a zur Darstellung gebracht ist, ist dreifach statisch unbestimmt. Hier können **vier** Momentengleichungen und **zwei** Winkelgleichungen, insgesamt **sechs** Gleichungen aufgestellt werden, die zur Bestimmung der **drei** Überzähligen und der **drei** Drehwinkel (Stab 1, 4 hat den Drehwinkel $\vartheta_u = 0$) ausreichen. Wenn man bei Punkt 1 beginnt und in der Richtung 1, 2, 3, 4 fortschreitet, so lauten die Dreimomentengleichungen, unter der Annahme, daß Lasten nur auf den Querträger I, 4 einwirken, folgendermaßen:

$$M_1 h' + 2 M_2 (h' + b_o') + M_3 b_o' - 6 E J_v (\vartheta_v{}^l - \vartheta_o) = 0 \, ,$$
$$M_2 b_o' + 2 M_3 (b_o' + h') + M_4 h' - 6 E J_v (\vartheta_o - \vartheta_v{}^r) = 0 \, ,$$
$$M_2 h' + 2 M_4 (h' + b_u') + M_1 b_u' - 6 E J_v (\vartheta_v{}^r - \vartheta_u) = N_1 \, ,$$
$$M_4 b_u' + 2 M_1 (b_u' + h') + M_2 h' - 6 E J_v (\vartheta_u - \vartheta_v{}^l) = N_2 \, ,$$

worin

$$h' = h, \qquad b_o' = b \frac{J_v}{J_o}, \qquad b_u' = b \frac{J_v}{J_u} \, .$$

Aus den Winkelgleichungen folgt bei Vernachlässigung der Stabdehnungen

$$\vartheta_v{}^l = \vartheta_v{}^r = \vartheta, \qquad \vartheta_o = \vartheta_u = 0 \, .$$

Faßt man je zwei Gleichungen zusammen, und zwar: die erste und zweite, die dritte und vierte und schließlich die zweite und dritte, so erhält man die folgenden von ϑ freien Elastizitätsbedingungen:

$$\left. \begin{aligned} (M_1 + M_4) h' + (M_2 + M_3)(2 h' + 3 b_o') &= 0 \, , \\ (M_1 + M_4)(2 h' + 3 b_u') + (M_2 + M_3) h' &= N_1 + N_2 \, , \\ M_1 b_u' + M_2 b_o' + M_3 (3 h' + 2 b_o') + M_4 (3 h' + 2 b_u') &= N_1 \, . \end{aligned} \right\} \quad \text{a)}$$

Als statisch unbestimmbare Größen wählen wir die Schnittkräfte M, T und H im oberen Riegel. Abb. 62b. Zwischen diesen Größen und den Eckmomenten M_1 bis M_4 bestehen die Gleichgewichtsbeziehungen

$$M_1 = M + T \frac{b}{2} + H h, \qquad M_2 = M + T \frac{b}{2},$$

$$M_3 = M - T \frac{b}{2}, \qquad\qquad M_4 = M - T \frac{b}{2} + H h.$$

Die Einführung in die Gleichungen a) liefert

$$(M + H h) h' + M(2 h' + 3 b_o') = 0 \, ,$$

$$M h' + (M + H h)(2 h' + 3 b_u') = \frac{N_1 + N_2}{2} \, ,$$

$$\left(M + T \frac{b}{2} \right) b_u' + \left(M + H h + T \frac{b}{2} \right) b_u' + \left(M - T \frac{b}{2} \right)(2 b_o' + 3 h')$$

$$+ \left(M + H h - T \frac{b}{2} \right)(2 b_u' + 3 h') = N_1 \, .$$

Aus den ersten beiden Gleichungen erhält man

$$\left.\begin{aligned}
M &= -\frac{1}{2}\,\frac{(N_1 + N_2)\,h'}{(2\,h' + 3\,b_o')(2\,h' + 3\,b_u') - h'^2}\,, \\[2mm]
H &= \frac{3}{2\,h}\,\frac{(N_1 + N_2)(h' + b_o')}{[(2\,h' + 3\,b_o')(2\,h' + 3\,b_u') - h'^2]}\,;
\end{aligned}\right\} \quad \dots \text{ b)}$$

worauf man aus der dritten Gleichung unter Benutzung der eben abgeleiteten Formeln für M und H

$$T = \frac{N_2 - N_1}{b\,(b_o' + 6\,h' + b_u')} \quad \dots\dots\dots \text{ b)}$$

gewinnt

Setzt man für den Fall einer Einzellast 1 zwischen 1 und 2 mit
der Abkürzung $a' = l - a$

$$N_1 = 1 \cdot b_u'\,a\left(1 - \frac{a^2}{b^2}\right), \qquad N_2 = 1 \cdot b_u'\,a'\left(1 - \frac{a'^2}{b^2}\right)$$

ein, wobei zu beachten ist, daß die Last 1 mit negativem Vorzeichen
eingeführt wurde, da sie von innen nach außen gerichtet ist, so nehmen die Gleichungen b) die Form an:

$$\left.\begin{aligned}
M &= -\frac{3}{2}\,\frac{a\,a'\,b_u'\,h'}{b\,[(2\,h' + 3\,b_o')(2\,h' + 3\,b_u') - h'^2]}\,, \\[2mm]
H &= \frac{9}{2}\,\frac{a\,a'\,b_u'\,(h' + b_o')}{b\,h\,[(2\,h' + 3\,b_o')(2\,h + 3\,b_u') - h'^2]}\,, \\[3mm]
T &= \frac{2\,a\,a'\left(\dfrac{b}{2} - a\right)b_u'}{b^2\,(b_o' + 6\,h' + b_u')}\,.
\end{aligned}\right\} \quad \dots \text{ c)}$$

§ 9. Tragwerke, die aus mehrfachen Grundsystemen abgeleitet werden.

8. Beispiel. Als einfachstes Beispiel mehrfeldriger Systeme wollen
wir den an beiden Stabenden eingespannten durchlaufenden Balken
betrachten. Abb. 63. Dieser Träger ist bei n Feldern $(n + 1)$-fach
statisch unbestimmt. Das geschlossene Ersatzsystem wird durch Hin-
zufügung eines beliebig geformten Stabes, der die Enden o und n verbindet und unendlich großes Trägheitsmoment besitzt, geschaffen.

Da $n + 1$ ausgezeichnete Punkte vorhanden sind, so können ebenso viele Dreimomentengleichungen angeschrieben werden, die zur Ermittlung der $n + 1$ statisch unbestimmten Größen ausreichen. Wir
beginnen mit dem Zusatzstab und schreiten über Punkt o in der
Richtung gegen 1 usw., wie es die Pfeile in Abb. 63b andeuten, fort.

Das erste Glied der ersten Dreimomentengleichung, das sich auf den Zusatzstab bezieht, verschwindet, da dessen reduzierte Länge wegen des unendlich großen Trägheitsmomentes Null ist.

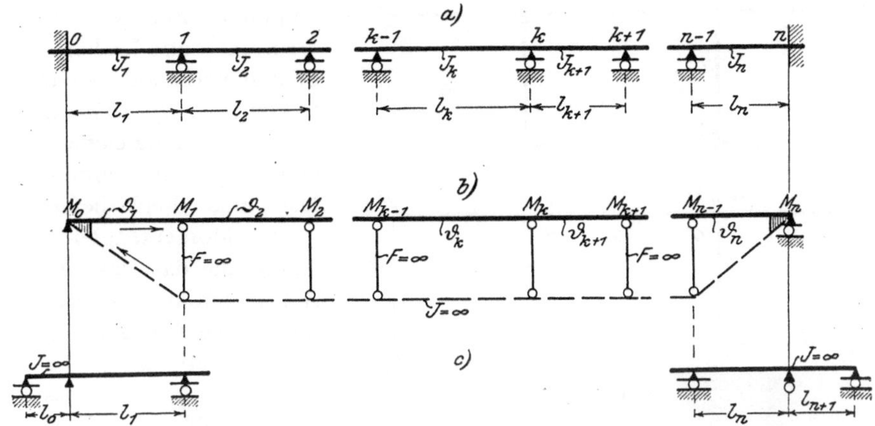

Abb. 63.

Die Momentengleichungen nehmen daher folgende Gestalt an:

$$2 M_0 l_1' + M_1 l_1' + 6 E J_c \vartheta_1 = N_0$$

$$M_0 l_1' + 2 M_1 (l_1' + l_2') + M_2 l_2' - 6 E J_c (\vartheta_1 - \vartheta_2) = N_1$$

$$\cdot \quad \cdot$$

$$M_{k-1} l_k' + 2 M_k (l_k' + l_{k+1}') + M_{k+1} l_{k+1}' - 6 E J_c (\vartheta_k - \vartheta_{k+1}) = N_k$$

$$\cdot \quad \cdot$$

$$M_{n-2} l_{n-1}' + M_{n-1} (l_{n-1}' + l_n') + M_n l_n' - 6 E J_c (\vartheta_{n-1} - \vartheta_n) = N_{n-1}$$

$$M_{n-1} l_n' + 2 M_n l_n' - 6 E J_c \vartheta_n = N_n .$$

Das sind die bekannten Clapeyronschen Gleichungen. An Stelle der bei freigelagerten Enden auftretenden Bedingungen $M_0 = 0$ und $M_n = 0$ treten die erste und letzte Momentengleichung, die die Einspannungsbedingungen aussprechen. Man kann diese Gleichungen auch so ableiten, daß man den Dreimomentensatz auf je ein weiteres hinzugefügtes Endfeld von beliebiger Stützweite l_0 bzw. l_{n+1} anwendet. Das Trägheitsmoment der beiden Zusatzstäbe ist dann $J = \infty$ anzu nehmen. Abb. 63c.

9. Beispiel. Das in Abb. 64 dargestellte symmetrische, dreifeldrige Tragwerk ist dreifach statisch unbestimmt. Die Einflußlinien der passend auszuwählenden statisch unbestimmbaren Größen sind für lotrechte Belastung zu ermitteln. Die Berechnung erfolgt unter Vernachlässigung der Wirkung der Längskräfte auf die Formänderungen.

Wir bezeichnen die Knotenmomente der in den Punkten 1 und 2 zusammenstoßenden Stäbe (siehe Abb. 64b) mit M_1^l, M_1^r, M_1^v bzw. M_2^l, M_2^r, M_2^v.

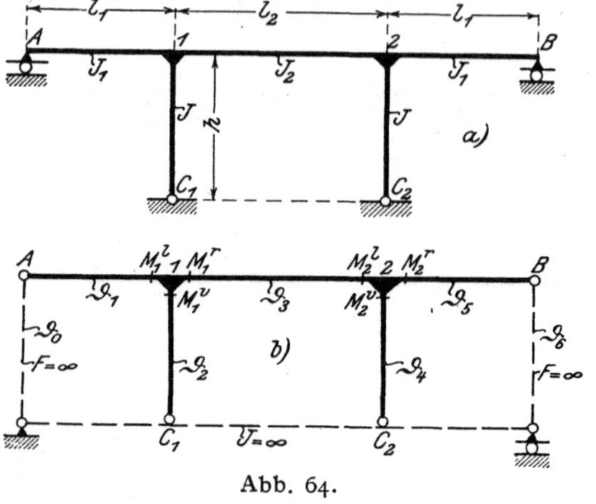

Da zwei steife Knotenpunkte mit je drei zusammentreffenden Stäben vorhanden sind, so können $2 \cdot (3-1) = 4$ Viermomentengleichungen aufgestellt werden. Das linke Feld liefert eine Momentengleichung, die das Stabpaar $A\,1\,C_1$ umfaßt, das Mittelfeld zwei Gleichungen für die Stabpaare $C_1\,1\,2$ und $1\,2\,C_2$ und das rechte Feld schließlich

Abb. 64.

eine Gleichung für $C_2\,2\,B$. Wir weichen aber hier von der Regel der feldweisen Aufstellung ab und wählen die Stabverbindungen $A\,1\,C_1$, $A\,1\,2$, $1\,2\,B$ und $C_2\,2\,B$. Die Momentengleichungen lauten demnach, wenn man die Vorzeichenregel der Momente beachtet, ohne Rücksicht auf die Art der Belastung:

$$
\left.
\begin{aligned}
2\,M_1^l\,l_1' + 2\,M_1^v\,h' - 6\,EJ(\vartheta_1 - \vartheta_2) &= N_1, \\
2\,M_1^l\,l_1' + 2\,M_1^r\,l_2' + M_2^l\,l_2' - 6\,EJ(\vartheta_1 - \vartheta_3) &= N_2, \\
M_1^r\,l_2' + 2\,M_2^l\,l_2' + 2\,M_2^r\,l_1' - 6\,EJ(\vartheta_3 - \vartheta_5) &= N_3, \\
- 2\,M_2^v\,h' + 2\,M_2^r\,l_1' - 6\,EJ(\vartheta_4 - \vartheta_5) &= N_4{}^1).
\end{aligned}
\right\} \quad \ldots \text{a)}
$$

Hierin ist

$$
l_1' = l_1\,\frac{J}{J_1}, \qquad l_2' = l_2\,\frac{J}{J_2}, \qquad h' = h,
$$

wobei das Trägheitsmoment J der Ständer als J_c gewählt wurde. Außer diesen vier Momentengleichungen können $3 \cdot 2 = 6$ Winkelgleichungen angesetzt werden. Diese lauten:

$$
\begin{aligned}
h\,\vartheta_0 - h\,\vartheta_2 &= 0, & h\,\vartheta_2 - h\,\vartheta_4 &= 0, & h\,\vartheta_4 - h\,\vartheta_6 &= 0, \\
l_1\,\vartheta_1 &= 0, & l_3\,\vartheta_3 &= 0, & l_1\,\vartheta_5 &= 0.
\end{aligned}
$$

---

[1]) Hätte man die Momentengleichungen nach der Regel feldweise aufgestellt, so wäre M_2^v bereits in der vorangehenden Gleichung aus dem Mittelfelde mit $+$-Zeichen behaftet aufgetreten. Vom dritten Feld aus gesehen, ändert somit M_2^v sein Vorzeichen.

Es ist sonach

$$\vartheta_1 = \vartheta_3 = \vartheta_5 = 0$$

und

$$\vartheta_0 = \vartheta_2 = \vartheta_4 = \vartheta_6 = \vartheta, \qquad \Big\} \quad \dots \dots \dots \text{ b)}$$

welches Ergebnis auch ohne Zuhilfenahme der Winkelgleichungen durch eine einfache Überlegung hätte gefunden werden können. Führt man die Werte b) in a) ein, so vereinfachen sich die Viermomentengleichungen und man erhält

$$2\,M_1^l\,l_1' + 2\,M_1^v\,h + 6\,E\,J\,\vartheta = N_1,$$
$$2\,M_1^l\,l_1' + 2\,M_1^r\,l_2' + M_2^l\,l_2' = N_2,$$
$$M_1^r\,l_2' + 2\,M_2^l\,l_2' + 2\,M_2^r\,l_1' = N_3,$$
$$-\,2\,M_2^v\,h + 2\,M_2^r\,l_1' - 6\,E\,J\,\vartheta = N_4.$$

Addiert man die erste und letzte Gleichung, so fällt ϑ aus dem Gleichungssystem heraus und man gewinnt drei Bestimmungsgleichungen zur Ermittlung der drei Überzähligen, und zwar:

$$2\,M_1^l\,l_1' + 2\,M_1^v\,h - 2\,M_2^v\,h + 2\,M_2^r\,l_1' = N_1 + N_4,$$
$$2\,M_1^l\,l_1' + 2\,M_1^r\,l_2' + M_2^l\,l_2' = N_2, \qquad \Big\} \quad \dots \text{ c)}$$
$$M_1^r\,l_2' + 2\,M_2^l\,l_2' + 2\,M_2^r\,l_1' = N_3.$$

Wir betrachen nun zwei Belastungsfälle:

1. Last 1^t im ersten Felde im Abstande a von der linken Endstütze;
2. Last 1^t im Mittelfelde im Abstande a_1 vom Knotenpunkt 1.

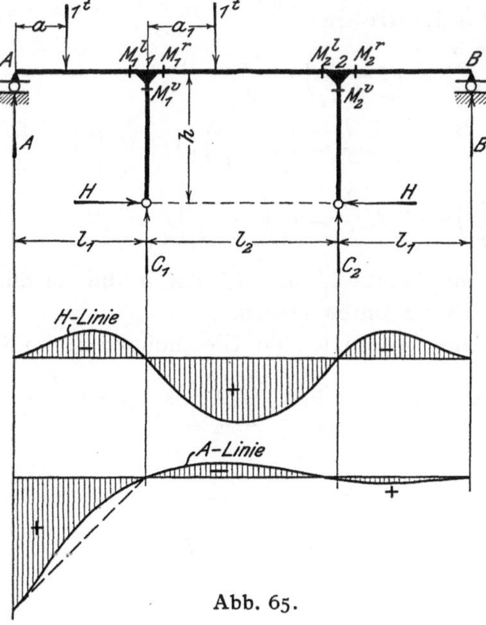

Abb. 65.

Um die rechten äußeren Einflußlinienzweige zu bestimmen, ist es nicht notwendig, auch das dritte Feld zu belasten, da mit Rücksicht auf die Symmetrie der Anordnung die Berechnung der beiden Zweige 1 und 2 genügt. Allerdings setzt dies voraus, daß die ausgewählten Überzähligen ebenfalls symmetrische Anordnung zeigen.

Als Überzählige wählen wir die Auflagerkräfte A und B, sowie den Horizontalschub H.

Aus Abb. 65 folgt:

1. für Last 1^t im Endfelde:

$$M_1{}^l = A\,l_1 - 1\,(l_1 - a), \qquad M_2{}^l = B\,l_1 - H\,h,$$
$$M_1{}^r = A\,l_1 - 1\,(l_1 - a) - H\,h, \qquad M_2{}^r = B\,l_1,$$
$$M_1{}^v = H\,h, \qquad M_2{}^v = -\,H\,h.$$

Weiter ist:

$$N_1 = -\,F_2 = -\,f_2\,l_1\,l_1', \qquad N_2 = -\,F_2 = -\,f_2\,l_1\,l_1', \qquad N_3 = N_4 = 0.$$

2. für Last 1^t im Mittelfelde:

$$M_1{}^l = A\,l_1, \qquad M_2{}^l = B\,l_1 - H\,h,$$
$$M_1{}^r = A\,l_1 - H\,h, \qquad M_2{}^r = B\,l_1,$$
$$M_1{}^v = H\,h, \qquad M_2{}^v = -\,H\,h.$$

Ferner gilt:

$$N_2 = -\,F_1 = -\,f_1\,l_2\,l_2', \qquad N_3 = -\,F_2 = -\,f_2\,l_2\,l_2', \qquad N_1 = N_4 = 0.$$

Nach Einführung dieser Werte gehen die Gleichungen c) über in:

1. Last 1^t im Endfelde:

$$\left. \begin{aligned}
&A + B + 2\,H\,\frac{h^2}{l_1{}^2}\,\frac{J_1}{J} = \left(1 - \frac{a}{l_1}\right) - \frac{f_2}{2}, \\[2mm]
&A\left(1 + \frac{l_1}{l_2}\,\frac{J_2}{J_1}\right) + \frac{B}{2} - \frac{3}{2}\,H\,\frac{h}{l_1} = \left(1 - \frac{a}{l_1}\right)\left(1 + \frac{l_1}{l_2}\,\frac{J_2}{J_1}\right) - \frac{f_2}{2}\,\frac{l_1}{l_2}\,\frac{J_2}{J_1}, \\[2mm]
&\frac{A}{2} + B\left(1 + \frac{l_1}{l_2}\,\frac{J_2}{J_1}\right) - \frac{3}{2}\,H\,\frac{h}{l_1} = \frac{1}{2}\left(1 - \frac{a}{l_1}\right).
\end{aligned} \right\} \quad . \quad \text{d)}$$

Hierbei wurden die Werte l_1' und l_2' durch die ausführlicheren Bezeichnungen von S. 72 unten ersetzt.

Addiert man die beiden letzten Gleichungen d), so erhält man

$$A + B = \left(1 - \frac{a}{l_1}\right) - \frac{f_2}{2}\,\frac{l_1}{l_2}\,\frac{J_2}{J_1}\,k_1 + 3\,H\,\frac{h}{l_1}\,k_1,$$

wenn

$$k_1 = \frac{1}{\dfrac{3}{2} + \dfrac{l_1}{l_2}\,\dfrac{J_2}{J_1}} \quad \cdots \cdots \cdots \quad \text{e)}$$

gesetzt wird.

Mit diesem Wert von $A + B$ ergibt sich H aus der ersten Gleichung in der Form

$$H = -\;\frac{1 - \dfrac{l_1}{l_2}\dfrac{J_2}{J_1}\,k_1}{2\,\dfrac{h}{l_1}\left(3\,k_1 + 2\,\dfrac{h}{l_1}\dfrac{J_1}{J}\right)}\,f_2 = -\,K_1\,f_2, \quad\ldots\ldots\; \text{f)}$$

wobei K_1 ein nur von den Abmessungen des Systems abhängiger Faktor ist. Die beiden Außenzweige der H-Linie lassen sich somit mittels der f_2-Linie in einfachster Weise bestimmen. Benutzt man nun die Gleichung von H, so kann man aus den Gleichungen d) A und B ermitteln, man erhält zunächst

$$A + B = 2\,K_1\,f_2\,\frac{h^2}{l_1{}^2}\frac{J_1}{J} + \left(1 - \frac{a}{l_1}\right) - \frac{f_2}{2},$$

$$A - B = \left(1 - \frac{a}{l_1}\right) - \frac{f_2}{2}\frac{l_1}{l_2}\frac{J_2}{J_1}\,k_2,$$

wobei

$$k_2 = \frac{1}{\dfrac{1}{2} + \dfrac{l_1}{l_2}\dfrac{J_2}{J_1}} \quad\ldots\ldots\ldots\ldots\; \text{g)}$$

ist, und daraus

$$\left.\begin{aligned}
A &= \left(1 - \frac{a}{l_1}\right) - \left[\frac{1}{4}\left(1 + \frac{l_1}{l_2}\frac{J_2}{J_1}\,k_2\right) - K_1\frac{h^2}{l_1{}^2}\frac{J_1}{J}\right]f_2 = \left(1 - \frac{a}{l_1}\right) - K_2 f_2,\\
B &= -\left[\frac{1}{4}\left(1 - \frac{l_1}{l_2}\frac{J_2}{J_1}\,k_2\right) - K_1\frac{h^2}{l_1{}^2}\frac{J_1}{J}\right]f_2 = -\,K_3\,f_2.
\end{aligned}\right\}\; \text{h)}$$

K_2 und K_3 sind, ebenso wie K_1, Festwerte, die nur mit den Systemabmessungen verknüpft sind. Der linke Außenzweig der A-Linie ergibt sich demnach durch Abtragen der $K_2 f_2$-Linie von der Geraden $1 - \dfrac{a}{l_1}$, die durch den Punkt 1 geht und über A die Ordinate 1 hat. Den rechten Außenzweig der A-Linie berechnet man als Spiegelbild der B-Linie aus der Gleichung $B = -\,K_3 f_2$. Siehe die Abb. 65.

2. Last 1^t im Mittelfelde.

Die drei Bestimmungsgleichungen lauten jetzt:

$$\left.\begin{aligned}
A + B + 2\,H\,\frac{h^2}{l_1{}^2}\frac{J_1}{J} &= 0,\\
A\left(1 + \frac{l_1}{l_2}\frac{J_2}{J_1}\right) + \frac{B}{2} - \frac{3}{2}\,H\,\frac{h}{l_1} &= -\,\frac{f_1}{2}\frac{l_2}{l_1},\\
\frac{A}{2} + B\left(1 + \frac{l_1}{l_2}\frac{J_2}{J_1}\right) - \frac{3}{2}\,H\,\frac{h}{l_1} &= -\,\frac{f_2}{2}\frac{l_2}{l_1}.
\end{aligned}\right\}\; \ldots\ldots\; \text{i)}$$

Der weitere Vorgang ist der gleiche wie oben; durch Addition der beiden letzten Gleichungen i) gewinnt man

$$A + B = 3 H \frac{h}{l_1} k_1 - \frac{1}{2}(f_1 + f_2)\frac{l_2}{l_1} k_1.$$

k_1 hat die gleiche Bedeutung wie oben.

Die Einführung von $A + B$ in die erste der drei Bestimmungsgleichungen liefert H, und zwar:

$$H = \frac{k_1}{2\frac{h}{l_2}\left(3 k_1 + 2\frac{h}{l_1}\frac{J_1}{J}\right)}(f_1 + f_2) = K_1'(f_1 + f_2) \quad \dots \text{ k)}$$

Weiter wird auf dem gleichen Wege wie früher gefunden

$$\left. \begin{aligned} A &= -\left[K_1' \frac{h^2}{l_1^2}\frac{J_1}{J}(f_1 + f_2) + \frac{l_2}{l_1}\frac{k_2}{4}(f_1 - f_2)\right] \\ &= -[K_2'(f_1 + f_2) + K_3'(f_1 - f_2)], \\ B &= -\left[K_1' \frac{h^2}{l_1^2}\frac{J_1}{J}(f_1 + f_2) - \frac{l_2}{l_1}\frac{k_2}{4}(f_1 - f_2)\right] \\ &= -[K_2'(f_1 + f_2) - K_3'(f_1 - f_2)]. \end{aligned} \right\} \quad \dots \dots \text{ 1)}$$

Damit sind sämtliche Einflußlinienzweige festgelegt. An einem Zahlenbeispiel soll noch die zahlenmäßige Auswertung der gewonnenen Formeln mit Hilfe der Tafel der f-Werte im Anhange gezeigt werden.

Zahlenbeispiel[1]).

Es sei: $l_1 = 10$ m, $l_2 = 15$ m, $h = 5$ m,

$$\frac{J_2}{J_1} = 2, \qquad \frac{J_1}{J} = 2.$$

Damit findet man die Festwerte k_1 und k_2 gemäß den Gleichungen e) und g) und zwar:

$$k_1 = \frac{1}{\frac{3}{2} + 2\cdot\frac{10}{15}} = 0{,}353,$$

$$k_2 = \frac{1}{\frac{1}{2} + 2\cdot\frac{10}{15}} = 0{,}545.$$

a) **Außenzweige der Einflußlinien.** [Gleichungen f) und h).]

$$K_1 = \frac{1 - \frac{2}{3}\,2\cdot0{,}353}{2\cdot\frac{1}{2}\left(2\cdot\frac{1}{2}\cdot2 + 3\cdot0{,}353\right)} = 0{,}173,$$

$$K_2 = \frac{1}{4}\left(1 + \frac{2}{3}\cdot2\cdot0{,}545\right) - 0{,}173\cdot\frac{1}{4}\cdot2 = 0{,}345,$$

$$K_3 = \frac{1}{4}\left(1 - \frac{2}{3}\cdot2\cdot0{,}545\right) - 0{,}173\cdot\frac{1}{4}\cdot2 = -0{,}0184.$$

---

[1]) Mit dem Rechenschieber gerechnet.

In der folgenden Tabelle sind unter Benutzung der Tafel im Anhang die Ordinaten der Einflußlinien für die Außenöffnung zusammengestellt.

Tafel 1. Außenzweige der Einflußlinien.

$\dfrac{a}{l_1}$	f_2	H-Linie $H = - K_1 f_2$	A-Linie $A = \left(1 - \dfrac{a}{l}\right) - K_2 f_2$			B-Linie $B = - K_3 f_2$
			$1 - \dfrac{a}{l}$	$K_2 f_2$	A	
0	0	0	1,000	0	1,0000	0
0,1	0,099	— 0,0171	0,9000	0,0342	0,8658	0,0018
0,2	0,192	— 0,0332	0,8000	0,0662	0,7338	0,0035
0,3	0,273	— 0,0473	0,7000	0,0942	0,6058	0,0050
0,4	0,336	— 0,0581	0,6000	0,1158	0,4842	0,0062
0,5	0,375	— 0,0648	0,5000	0,1293	0,3707	0,0069
0,6	0,384	— 0,0664	0,4000	0,1325	0,2675	0,0071
0,7	0,357	— 0,0618	0,3000	0,1231	0,1769	0,0066
0,8	0,288	— 0,0499	0,2000	0,0994	0,1006	0,0053
0,9	0,171	— 0,0296	0,1000	0,0590	0,0410	0,0032
1,0	0	0	0	0	0	0

b) Mittelzweige der Einflußlinien.   [Gleichungen k) und l).]

$$K_1' = \frac{0,353}{2 \cdot \dfrac{1}{3}\left(3 \cdot 0,353 + 2 \cdot 2 \cdot \dfrac{1}{2}\right)} = 0,173,$$

$$K_2' = 0,173 \,\frac{1}{4} \cdot 2 = 0,0865,$$

$$K_3' = \frac{15}{10} \cdot \frac{0,545}{4} = 0,204.$$

In Tafel 2 sind die Ordinaten für die Mittelzweige der Einflußlinien berechnet.

Tafel 2. Mittelzweige der Einflußlinien.

$\dfrac{a}{l_2}$	Werte der Funktionen		$f_1 + f_2$	$f_1 - f_2$	H-Linie $H = K_1'(f_1 + f_2)$	A-Linie und B-Linie $\dfrac{A}{B} = -[K_2'(f_1 + f_2) \pm K_3'(f_1 - f_2)]$			
	f_1	f_2				$K_2'(f_1+f_2)$	$K_3'(f_1-f_2)$	A	B
0	0	0	0	0	0	0	0	0	0
0,1	0,171	0,099	0,270	0,072	0,0468	0,0233	0,0147	— 0,0380	— 0,0086
0,2	0,288	0,192	0,480	0,096	0,0830	0,0415	0,0196	— 0,0611	— 0,0219
0,3	0,357	0,273	0,630	0,084	0,1089	0,0545	0,0172	— 0,0717	— 0,0373
0,4	0,384	0,336	0,720	0,048	0,1245	0,0613	0,0098	— 0,0711	— 0,0515
0,5	0,375	0,375	0,750	0	0,1297	0,0649	0	— 0,0649	— 0,0649
0,6	0,336	0,384	0,720	— 0,048	0,1245	0,0613	— 0,0098	— 0,0515	— 0,0711
0,7	0,273	0,357	0,630	— 0,084	0,1089	0,0545	— 0,0172	— 0,0373	— 0,0717
0,8	0,192	0,288	0,480	— 0,096	0,0830	0,0415	— 0,0196	— 0,0219	— 0,0611
0,9	0,099	0,171	0,270	— 0,072	0,0468	0,0233	— 0,0147	— 0,0086	— 0,0380
1,0	0	0	0	0	0	0	0	0	0

In Abb. 65 ist der allgemeine Verlauf der Einflußlinien für H und A dargestellt.

1o. Beispiel. Die dreischiffige Halle mit vier eingespannten Ständern und gelenkig aufgesetzten Bindern (Abb. 66a) ist dreifach statisch unbestimmt. Das Ersatzsystem zeigt Abb. 66b. Ausgezeichnete Punkte sind die Ständerfußpunkte, sowie die Knoten E und F, somit können

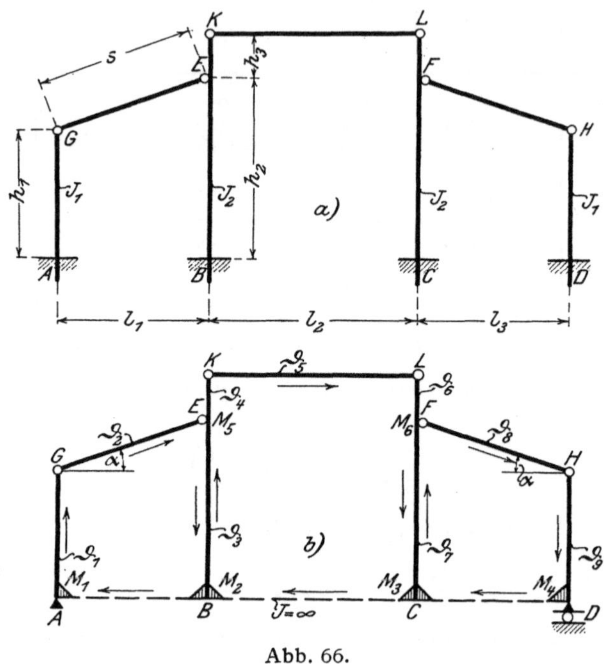

Abb. 66.

sechs Momentengleichungen angesetzt werden[1]). Fügt man die $3 \times 2 = 6$ Winkelgleichungen hinzu, so stehen zwölf Elastizitätsbedingungen zur Verfügung. Unbekannt sind: Drei Überzählige und neun Stabdrehwinkel, zusammen also zwölf Größen. Bei der Aufstellung der Momentengleichungen (nach dem Dreimomentensatz) beginne man mit dem linken Außenfeld, und zwar bei Punkt B und schreite im Sinne der eingezeichneten Pfeile fort. Im zweiten Fach beginne man bei Punkt C, im dritten Fach bei Punkt D. Jene Glieder der Momentengleichungen, welche die reduzierte Länge des Zusatzstabes als Beiwert enthalten, enfallen, da dieselbe wegen des unendlich großen Trägheitsmomentes Null ist.

---

[1]) Die Punkte B und C liefern wohl vier Momentengleichungen, doch stimmen je zwei Gleichungen miteinander überein.

Die sechs Dreimomentengleichungen lauten, wenn man J_2 als J_c wählt:

Erstes Feld:

$$2\,M_1\,h_1' + 6\,E\,J_2\,\vartheta_1 = N_1\,.$$

Zweites Feld:

$$
\left.
\begin{aligned}
-\,2\,M_2\,h_2' - M_5\,h_2' + 6\,E\,J_2\,\vartheta_3 &= N_2,\\
-\,M_2\,h_2' - 2\,M_5\,(h_2' + h_3') - 6\,E\,J_2\,(\vartheta_3 - \vartheta_4) &= N_3,\\
2\,M_6\,(h_2' + h_3') + M_3\,h_2' - 6\,E\,J_2\,(\vartheta_6 - \vartheta_7) &= N_4,\\
M_6\,h_2' + 2\,M_3\,h_2' - 6\,E\,J_2\,\vartheta_7 &= N_5.
\end{aligned}
\right\}
\qquad \text{. . a)}
$$

Drittes Feld:

$$2\,M_4\,h_1' - 6\,E\,J_2\,\vartheta_9 = N_6\,.$$

Die Winkelgleichungen nehmen, wenn man die von den Längskräften herrührenden Formänderungen vernachlässigt, folgende einfache Gestalt an (siehe Abb. 66 b):

Erstes Feld:

$$
\begin{aligned}
+\,h_1\,\vartheta_1 + s\sin\alpha\cdot\vartheta_2 - h_2\,\vartheta_3 &= 0,\\
s\cos\alpha\cdot\vartheta_2 &= 0.
\end{aligned}
$$

Zweites Feld:

$$
\left.
\begin{aligned}
+\,h_2\,\vartheta_3 + h_3\,\vartheta_4 - h_3\,\vartheta_6 - h_2\,\vartheta_7 &= 0,\\
\vartheta_5 &= 0.
\end{aligned}
\right\}
\qquad \text{. . . . . . . b)}
$$

Drittes Feld:

$$
\begin{aligned}
+\,h_2\,\vartheta_7 - s\sin\alpha\cdot\vartheta_8 - h_1\,\vartheta_9 &= 0,\\
s\cos\alpha\cdot\vartheta_8 &= 0.
\end{aligned}
$$

Aus den Winkelgleichungen folgt ohne weiteres:

$$\vartheta_2 = \vartheta_5 = \vartheta_8 = 0,$$

$$\vartheta_1 = \frac{h_2}{h_1}\,\vartheta_3 = k\,\vartheta_3, \qquad\qquad \vartheta_9 = \frac{h_2}{h_1}\,\vartheta_7 = k\,\vartheta_7\,.$$

Mittels dieser Beziehungen kann man aus den beiden ersten und aus den beiden letzten Momentengleichungen je einen der Stabdrehwinkel beseitigen, z. B. ϑ_1 und ϑ_9, und so vier Gleichungen gewinnen, von denen die ersten zwei den Winkel δ_3, die andern zwei den Winkel ϑ_7 enthalten. Wir finden also, wenn wir $6\,E\,J_2 = \varrho$ setzen,

$$
\begin{aligned}
2\,M_1\,h_1' + \varrho\,k\,\vartheta_3 &= N_1,\\
-\,2\,M_2\,h_2' - M_5\,h_2' + \varrho\,\vartheta_3 &= N_2
\end{aligned}
$$

und daraus nach Entfernung von ϑ_3

$$2\,M_1\,h_1' + 2\,k\,M_2\,h_2' + k\,M_5\,h_2' = N_1 - k\,N_2\,.$$

In der gleichen Weise:

$$M_6 \, h_2' + 2\, M_3 \, h_2' - \varrho \, \vartheta_7 = N_5,$$
$$2\, M_4 \, h_1' - \varrho \, k \, \vartheta_7 = N_6$$

und daraus, wenn man ϑ_7 beseitigt,

$$- 2\, k \, M_3 \, h_2' + 2\, M_4 \, h_1' - k \, M_6 \, h_2' = N_6 - k\, N_5.$$

Aus der ersten und letzten der in Rede stehenden vier Gleichungen folgt aber auch

$$\left. \begin{aligned} \varrho \, \vartheta_3 &= - \frac{2}{k} \, M_1 \, h_1' + \frac{N_1}{k}, \\[2ex] \varrho \, \vartheta_7 &= \frac{2}{k} \, M_4 \, h_1' - \frac{N_6}{k}. \end{aligned} \right\} \quad \ldots \ldots \ldots \text{c)}$$

Die Einführung dieser Werte in die mittleren zwei Momentengleichungen der Gruppe a) und in die mittlere der Gleichungen b) liefert, wenn man noch die beiden oben erhaltenen winkelfreien Gleichungen hinzufügt, folgendes System von fünf Gleichungen:

$$\left. \begin{aligned} - M_2 \, h_2' - 2\, M_5 \, (h_2' + h_3') + \frac{2}{k} \, M_1 \, h_1' + \varrho \, \vartheta_4 &= N_3 + \frac{N_1}{k}, \\[1.5ex] 2\, M_6 \, (h_2' + h_3') + M_3 \, h_2' + \frac{2}{k} \, M_4 \, h_1' - \varrho \, \vartheta_6 &= N_4 + \frac{N_6}{k}, \\[1.5ex] 2\, M_1 \, h_1' + 2\, k \, M_2 \, h_2' + k \, M_5 \, h_2' &= N_1 - k \, N_2, \\[1.5ex] 2\, M_4 \, h_1' - k \, M_6 \, h_2' - 2\, k \, M_3 \, h_2' &= N_6 - k \, N_5, \\[1.5ex] \frac{2}{k} \, h_1' \, (M_1 + M_4) - \varrho \, (\vartheta_4 - \vartheta_6) \, \frac{h_3}{h_2} &= \frac{1}{k} \, (N_1 + N_6). \end{aligned} \right\} \quad . \text{d)}$$

Addiert man die beiden ersten Gleichungen und entfernt die entstehende Winkeldifferenz mittels der letzten Gleichung, so erhält man das endgültige System der drei Bestimmungsgleichungen in der Form:

$$\left. \begin{aligned} (M_3 - M_2)\, h_2 &+ 2\,(M_6 - M_5)\,(h_2 + h_3) + \frac{2}{k}\,(M_1 + M_4)\left(1 + \frac{h_2}{h_3}\right) h_1 \frac{J_2}{J_1} \\[1.5ex] &= N_3 + N_4 + \frac{1}{k}\left(1 + \frac{h_2}{h_3}\right)(N_1 + N_6), \\[2ex] 2\, M_1 \, h_1 \frac{J_2}{J_1} &+ 2\, k \, M_2 \, h_2 + k \, M_5 \, h_2 = N_1 - k \, N_2, \\[2ex] 2\, M_4 \, h_1 \frac{J_2}{J_1} &- k \, M_6 \, h_2 - 2\, k \, M_3 \, h_2 = N_6 - k \, N_5, \end{aligned} \right\} \quad \text{e)}$$

wobei für die reduzierten Längen die ausführlich geschriebenen Werte

$$h_1' = h_1 \frac{J_2}{J_1}, \qquad h_2' = h_2, \qquad h_3' = h_3$$

eingeführt wurden.

Als überzählige Größen wählen wir die wagerechten Teilkräfte der Riegeldrücke, X_1, X_2 und X_3, Abb. 67, und bestimmen für einige Belastungsfälle den Zusammenhang zwischen den Momenten M_1 bis M_6 und den vorerwähnten X-Kräften und der Belastung.

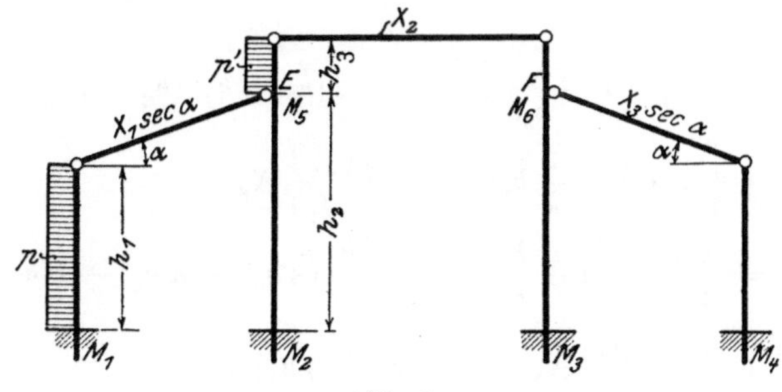

Abb. 67.

1. Belastungsfall: Die Riegel sind lotrecht belastet. Es gilt in diesem Falle, falls man die Kräfte X als Zugkräfte annimmt,

$$M_1 = - X_1 h_1, \qquad\qquad M_2 = - X_1 h_2 + X_2 (h_2 + h_3),$$
$$M_3 = - X_2 (h_2 + h_3) + X_3 h_2, \qquad M_4 = - X_3 h_1,$$
$$M_5 = X_2 h_3, \qquad\qquad M_6 = - X_2 h_3,$$

sämtliche N-Werte sind Null.

Da die Momente M_1 bis M_6 von P unabhängig, alle N-Werte aber Null sind, so verschwinden die rechten Seiten der Bestimmungsgleichungen e). Sämtliche Zählerdeterminanten sind daher Null. Daraus folgt

$$X_1 = X_2 = X_3 = 0$$

und somit

$$M_1 = M_2 = M_3 = M_4 = 0.$$

2. Belastungsfall. Die Ständer h_1 und h_3 sind mit $p^{t/m}$ bzw. $p'^{t/m}$ gleichförmig über ihre ganze Länge belastet. Abb. 67. Es gilt, wenn man die Riegel als gedrückt ansieht,

$$M_1 = - p \frac{h_1^2}{2} + X_1 h_1,$$

$$M_2 = p' h_3 \left(h_2 + \frac{h_3}{2}\right) + X_1 h_2 - X_2 (h_2 + h_3),$$

$$M_3 = X_2 (h_2 + h_3) - X_3 h_2,$$
$$M_4 = X_3 h_1,$$

$$M_5 = p' \frac{h_3^2}{2} - X_2 h_3,$$

$$M_6 = X_2 h_3,$$

$$N_1 = -\frac{1}{4}\,p\,h_1{}^3\,\frac{J_2}{J_1}\,, \qquad N_3 = -\frac{1}{4}\,p'\,h_3{}^3\,, \qquad N_2 = N_4 = N_5 = N_6 = 0\,.$$

Führt man diese Werte in das Gleichungssystem e) ein, so gelangt man zu den Bestimmungsgleichungen für die Überzähligen X von der Form:

$$\left[-h_2{}^2 + \frac{2}{k}\,h_1{}^2\left(1+\frac{h_2}{h_3}\right)\frac{J_2}{J_1}\right] X_1 + 2\,(h_2 + h_3)\,(h_2 + 2\,h_3)\,X_2$$

$$+ \left[-h_2{}^2 + \frac{2}{k}\,h_1{}^2\left(1+\frac{h_2}{h_3}\right)\frac{J_2}{J_1}\right] X_3$$

$$= \frac{3}{4}\,\frac{p\,h_1{}^3}{k}\left(1+\frac{h_2}{h_3}\right)\frac{J_2}{J_1} + \frac{p'\,h_3}{4}\,(3\,h_3{}^2 + 4\,h_2{}^2 + 6\,h_2\,h_3)\,,$$

$$2\left[h_2{}^2 + \frac{1}{k}\,h_1{}^2\,\frac{J_2}{J_1}\right] X_1 - h_2\,(2\,h_2 + 3\,h_3)\,X_2$$

$$= \frac{3}{4}\,\frac{p\,h_1{}^3}{k}\,\frac{J_2}{J_1} - \frac{p'\,h_2\,h_3}{2}\,(4\,h_2 + 3\,h_3)\,,$$

$$- h_2\,(2\,h_2 + 3\,h_3)\,X_2 + 2\left[h_2{}^2 + \frac{1}{k}\,h_1{}^2\,\frac{J_2}{J_1}\right] X_3 = 0\,.$$

Wir schreiben die Gleichungen in der vereinfachten Gestalt

$$\alpha\,X_1 + \beta\,X_2 + \alpha\,X_3 = Z_1\,, \qquad \gamma\,X_1 - \varepsilon\,X_2 = Z_2\,,$$
$$- \varepsilon\,X_2 + \gamma\,X_3 = 0\,.$$

Aus den beiden letzten Gleichungen folgt

$$X_1 = \frac{Z_2}{\gamma} + \frac{\varepsilon}{\gamma}\,X_2 \qquad \text{und} \qquad X_3 = \frac{\varepsilon}{\gamma}\,X_2\,.$$

Damit geht die erste Gleichung über in

$$X_2\left(\beta + 2\,\alpha\,\frac{\varepsilon}{\gamma}\right) = Z_1 - \frac{\alpha}{\gamma}\,Z_2\,,$$

somit wird

$$X_2 = \frac{Z_1 - \dfrac{\alpha}{\gamma}\,Z_2}{\beta + 2\,\dfrac{\alpha\,\varepsilon}{\gamma}}$$

und schließlich

$$X_1 = \frac{Z_2}{\gamma} + \frac{\varepsilon}{\gamma}\,\frac{Z_1 - \dfrac{\alpha}{\gamma}\,Z_2}{\beta + 2\,\dfrac{\alpha\,\varepsilon}{\gamma}}\,,$$

$$X_3 = \frac{\varepsilon}{\gamma}\,\frac{Z_1 - \dfrac{\alpha}{\gamma}\,Z_2}{\beta + 2\,\dfrac{\alpha\,\varepsilon}{\gamma}}\,.$$

Zum Schlusse möge noch die Berechnung der Knotenverschiebungen, die von der wagerechten Belastung p und p' herrühren, gezeigt werden.

Aus den Gleichungen c) auf S. 80 folgt:

$$\vartheta_3 = -\frac{2}{k\varrho} M_1 h_1' + \frac{N_1}{k\varrho},$$

$$\vartheta_7 = \frac{2}{k\varrho} M_4 h_1' - \frac{N_6}{k\varrho}.$$

Mit den Werten von N_1 und ϱ erhält man, da N_6 Null ist,

$$\vartheta_3 = -\frac{1}{6\,k\,E\,J_1}\left(2 M_1 h_1 + \frac{1}{4} p h_1^3\right),$$

$$\vartheta_7 = \frac{1}{3\,k\,E\,J_1} M_4 h_1;$$

somit ist auch ϑ_1 und ϑ_9 bekannt, nämlich:

$$\vartheta_1 = k\,\vartheta_3 \qquad \text{und} \qquad \vartheta_9 = k\,\vartheta_7.$$

Die erste Winkelgleichung des Mittelfeldes liefert:

$$\vartheta_4 - \vartheta_6 = \frac{h_2}{h_3}(\vartheta_7 - \vartheta_3)$$

und die dritte Gleichung des Gleichungssystems a) auf S. 79

$$\vartheta_4 = \vartheta_3 + \frac{1}{6\,E\,J_2}\left[M_2 h_2 + 2 M_5 (h_2 + h_3) - \frac{1}{4} p' h_3^3\right],$$

somit auch

$$\vartheta_6 = \vartheta_3\left(1 + \frac{h_2}{h_3}\right) - \frac{h_2}{h_3}\vartheta_7 + \frac{1}{6\,E\,J_2}\left[M_2 h_2 + 2 M_5 (h_2 + h_3) - \frac{1}{4} p' h_3^3\right].$$

Mit den so berechneten Stabdrehwinkeln ergeben sich die wagerechten Verschiebungen der oberen Ständerpunkte (Abb. 66) wie folgt:

$$\varDelta G = \vartheta_1 h_1, \qquad \varDelta E = \vartheta_3 h_2, \qquad \varDelta K = \vartheta_3 h_2 + \vartheta_4 h_3,$$

$$\varDelta H = \vartheta_9 h_1, \qquad \varDelta F = \vartheta_7 h_2, \qquad \varDelta L = \vartheta_7 h_2 + \vartheta_6 h_3.$$

Diese Werte reichen in der Regel aus, um über die Steifigkeit des Tragsystems Aufschluß zu erhalten. Die Kenntnis der Formänderungen der Stäbe zwischen den Knotenpunkten ist meistens nicht notwendig; um ein ungefähres Bild zu erhalten, genügt es, aus dem Momenten-verlauf die Vorzeichen der Momente und die Momenten-Nullpunkte (Wendepunkte der elastischen Linien) zu entnehmen und durch die verschobenen Endpunkte die elastischen Linien beiläufig einzuzeichnen.

11. Beispiel. Als ein Muster für die Ermittlung der Überzähligen in einem vielfach statisch unbestimmten Systeme möge die Berechnung der in Abb. 68 dargestellten dreischiffigen Halle, einer Tragwerksform, die im Eisenbetonbau häufig Anwendung findet, ausführlich behandelt werden. Das Tragwerk ist neunfach statisch unbestimmt; es gestattet, da acht einfache Knoten und zwei Knoten mit je drei Anschlußstäben vorliegen, die Aufstellung von $8 + 2 \cdot 2 = 12$ Viermomentengleichungen und von $2 \cdot 3 = 6$ Winkelgleichungen. Diesen achtzehn Gleichungen

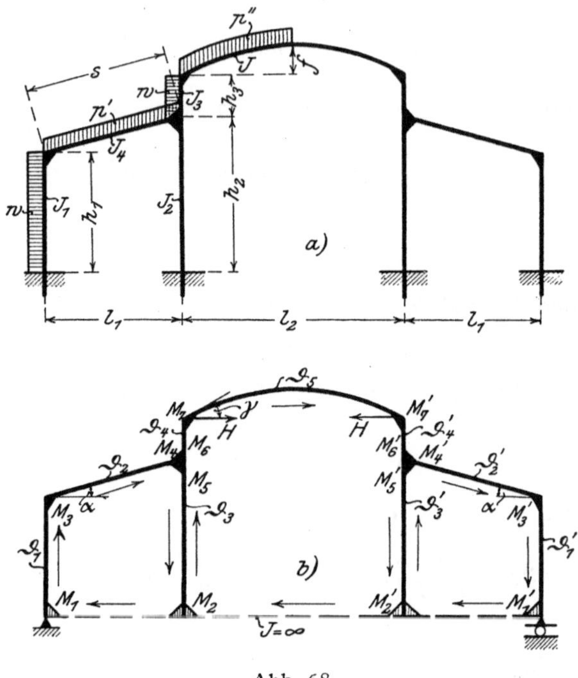

Abb. 68.

stehen achtzehn Unbekannte gegenüber, und zwar: neun Überzählige und neun Drehwinkel.

Die Belastung des Tragwerkes besteht aus dem Winddruck auf die Seitenwände und einer gleichförmig verteilten Belastung der Dachflächen, vom Eigengewicht oder Schneedruck herrührend, die in den Seitenhallen sich auf alle Fälle über die ganze Dachfläche, in der Mittelhalle aber unter Umständen nur über die eine Dachhälfte erstrecken soll. Es ist natürlich von Fall zu Fall jene Lastanordnung zu wählen, die für die zu berechnende Größe einen Höchstwert liefert. Die allgemeine Untersuchung führen wir für den in der Abb. 68a dargestellten Belastungsfall durch, wobei wir den Winddruck für die Längeneinheit mit w, die lotrechte Belastung der Außenhalle mit p', die der Mittelhalle mit p'' bezeichnen. Setzt man in den Endergebnissen alle Belastungswerte bis auf einen Null, so erhält man den Einfluß dieser Belastung für sich allein.

Unter Bezugnahme auf Abb. 68b, in der die Umlaufrichtungen durch Pfeile angegeben sind, lauten die Momentengleichungen:

erstes Feld:

$$2 M_1 h_1' + M_3 h_1' + 6 E J \vartheta_1 = N_1,$$
$$M_1 h_1' + 2 M_3 (h_1' + s') + M_4 s' - 6 E J (\vartheta_1 - \vartheta_2) = N_2,$$
$$M_3 s' + 2 M_4 s' - 2 M_5 h_2' - M_2 h_2' - 6 E J (\vartheta_2 - \vartheta_3) = N_3 \ [1]);$$

zweites Feld:

$$2 M_2 h_2' + M_5 h_2' + 6 E J \vartheta_3 = 0,$$
$$M_2 h_2' + 2 M_5 h_2' + 2 M_6 h_3' + M_7 h_3' - 6 E J (\vartheta_3 - \vartheta_4) = N_4,$$
$$M_6 h_3' + 2 M_7 (h_3' + l_2') + M_7' l_2' + 6 H \mathfrak{S} \frac{l_2'}{l_2^2} - 6 E J (\vartheta_4 - \vartheta_5) = N_5,$$
$$M_7 l_2' + 2 M_7' (l_2' + h_3') + M_6' h_3' + 6 H \mathfrak{S} \frac{l_2'}{l_2^2} - 6 E J (\vartheta_5 - \vartheta_4') = N_6,$$
$$M_7' h_3' + 2 M_6' h_3' + 2 M_5' h_2' + M_2' h_2' - 6 E J (\vartheta_4' - \vartheta_3') = 0,$$
$$M_5' h_2' + 2 M_2' h_2' - 6 E J \vartheta_3' = 0;$$

drittes Feld:

$$- M_2' h_2' - 2 M_5' h_2' + 2 M_4' s' + M_3' s' - 6 E J (\vartheta_3' - \vartheta_2') = 0,$$
$$M_4' s' + 2 M_3' (s' + h_1') + M_1' h_1' - 6 E J (\vartheta_2' - \vartheta_1') = 0,$$
$$M_3' h_1' + 2 M_1' h_1' - 6 E J \vartheta_1' = 0.$$

Als J_c wurde das Trägheitsmoment J des Mittelhallenbinders angenommen.

H bedeutet die Sehnenkraft in diesem Stabe, $\mathfrak{S}$ das statische Moment der zwischen Sehne und Stabachse gelegenen Fläche, bezogen auf einen der Endpunkte.

Die Winkelgleichungen haben die Form[2]):

erstes Feld:

$$\Delta_2 l \cos \alpha + h_1 \vartheta_1 + (h_2 - h_1) \vartheta_2 - h_2 \vartheta_3 = 0,$$
$$\Delta_1 l + \Delta_2 l \sin \alpha - \Delta_3 l - l_1 \vartheta_2 = 0;$$

zweites Feld:

$$\Delta_5 l + h_2 \vartheta_3 + h_3 \vartheta_4 - h_3 \vartheta_4' - h_2 \vartheta_3' = 0,$$
$$\Delta_3 l + \Delta_4 l - \Delta_4' l - \Delta_3' l - l_2 \vartheta_5 = 0;$$

---

[1]) Aus Gründen der Symmetrie wurden M_2 und M_5, vom Mittelfelde aus gesehen, positiv angenommen. Diese Momente erscheinen demnach in dieser Gleichung mit negativem Vorzeichen.

[2]) In den folgenden Gleichungen wurden die Stabdehnungen Δl mit jenem Zeiger versehen, den der zu dem betreffenden Stab gehörende Drehwinkel ϑ besitzt. Um Verwechslungen zu vermeiden, wurde der Zeiger unmittelbar nach dem Zeichen Δ gesetzt.

drittes Feld:

$$\Delta_2{}'l\cos\alpha + h_2\vartheta_3{}' - (h_2 - h_1)\vartheta_2{}' - h_1\vartheta_1{}' = 0,$$

$$\Delta_3{}'l - \Delta_2{}'l\sin\alpha - \Delta_1{}'l - l_1\vartheta_2{}' = 0.$$

Der Einfluß der Längskräfte werde vernachlässigt, da er, wie wir uns später überzeugen werden, unerheblich ist. Da wir aber die Wirkung von gleichmäßigen Temperaturänderungen kennen lernen wollen, so dürfen die Dehnungen Δl nicht ohne weiteres Null gesetzt werden. Es darf auch nicht übersehen werden, daß bei dem gekrümmten Stab des Mittelfeldes die Änderung der Sehnenlänge infolge der Biegung berücksichtigt werden muß.

Nimmt man überall gleiche Temperaturänderung an, so gilt mit Hinsicht auf die Symmetrie des Tragwerkes

$$\Delta_1 l = \Delta_1{}'l = \Delta h_1, \qquad \Delta_2 l = \Delta_2{}'l = \Delta s,$$

$$\Delta_3 l = \Delta_3{}'l = \Delta h_2, \qquad \Delta_4 l = \Delta_4{}'l = \Delta h_3,$$

$$\Delta_5 l = \Delta l_2.$$

Ferner setzen wir

$$\sin\alpha = \frac{h_2 - h_1}{s} \qquad \text{und} \qquad \cos\alpha = \frac{l_1}{s},$$

mit welchen Werten die Winkelgleichungen folgende Gestalt annehmen:

$$\Delta s\frac{l_1}{s} + h_1\vartheta_1 + (h_2 - h_1)\vartheta_2 - h_2\vartheta_3 = 0,$$

$$\Delta h_1 - \Delta h_2 + \Delta s\frac{h_2 - h_1}{s} - l_1\vartheta_2 = 0,$$

$$\Delta l_2 + h_2\vartheta_3 + h_3\vartheta_4 - h_3\vartheta_4{}' - h_2\vartheta_3{}' = 0,$$

$$l_2\vartheta_5 = 0,$$

$$\Delta s\frac{l_1}{s} + h_2\vartheta_3{}' - (h_2 - h_1)\vartheta_2{}' - h_1\vartheta_1{}' = 0,$$

$$-\Delta h_1 + \Delta h_2 - \Delta s\frac{h_2 - h_1}{s} - l_1\vartheta_2{}' = 0.$$

Aus der zweiten, vierten und letzten Gleichung folgt:

$$\left.\begin{aligned}
\vartheta_2 &= -\frac{\Delta h_2 - \Delta h_1}{l_1} + \frac{h_2 - h_1}{l_1}\frac{\Delta s}{s} = -\frac{h_2 - h_1}{l_1}\alpha_t t + \frac{h_2 - h_1}{l_1}\alpha_t t = 0 \\
\vartheta_2' &= \frac{\Delta h_2 - \Delta h_1}{l_1} - \frac{h_2 - h_1}{l_1}\frac{\Delta s}{s} = \frac{h_2 - h_1}{l_1}\alpha_t t - \frac{h_2 - h_1}{l_1}\alpha_t t = 0,
\end{aligned}\right\} \text{a)}$$

$$\vartheta_5 = 0.$$

α_t bedeutet die Ausdehnungsziffer für 1^0 Temperaturschwankung.

Aus den drei übrigen Gleichungen ergeben sich damit:

$$\left.\begin{aligned}
\vartheta_1 &= \frac{h_2}{h_1}\vartheta_3 - \Delta s\frac{l_1}{s}\frac{1}{h_1} = k_1\vartheta_3 - \alpha_t t\frac{l_1}{h_1} = k_1\vartheta_3 - N_t,\\[1mm]
\vartheta_1' &= \frac{h_2}{h_1}\vartheta_3' + \Delta s\frac{l_1}{s}\frac{1}{h_1} = k_1\vartheta_3' + \alpha_t t\frac{l_1}{h_1} = k_1\vartheta_3' + N_t,\\[1mm]
(\vartheta_4' - \vartheta_4) &= \frac{\Delta l_2}{h_3} - (\vartheta_3' - \vartheta_3)\frac{h_2}{h_3} = \frac{\Delta l_2}{h_3} - k_2(\vartheta_3' - \vartheta_3).
\end{aligned}\right\} \quad . \ . \ \text{b)}$$

Zur Abkürzung wurde

$$k_1 = \frac{h_2}{h_1}, \qquad k_2 = \frac{h_2}{h_3} \qquad \text{und} \qquad N_t = \alpha_t t\frac{l_1}{h_1}$$

gesetzt. Der ausführliche Wert für Δl_2 wird später eingeführt werden.

In den ersten zwei Viermomentengleichungen ersetzen wir nun ϑ_1 durch ϑ_3 und bezeichnen

$$6EJ = \varrho.$$

Somit lauten die ersten vier Gleichungen:

$$2M_1 h_1' + M_3 h_1' + k_1\varrho\vartheta_3 = N_1 + \varrho N_t,$$
$$M_1 h_1' + 2M_3(h_1' + s') + M_4 s' - k_1\varrho\vartheta_3 = N_2 - \varrho N_t,$$
$$M_3 s' + 2M_4 s' - 2M_5 h_2' - M_2 h_2' + \varrho\vartheta_3 = N_3,$$
$$2M_2 h_2' + M_5 h_2' + \varrho\vartheta_3 = 0.$$

Ebenso ersetzen wir in den letzten zwei Gleichungen ϑ_1' durch ϑ_3' und gelangen zur folgenden Gleichungsgruppe:

$$M_5' h_2' + 2M_2' h_2' - \varrho\vartheta_3' = 0,$$
$$- M_2' h_2' - 2M_5' h_2' + 2M_4' s' + M_3' s' - \varrho\vartheta_3' = 0,$$
$$M_4' s' + 2M_3'(s' + h_1') + M_1' h_1' + k_1\varrho\vartheta_3' = -\varrho N_t,$$
$$M_3' h_1' + 2M_1' h_1' - k_1\varrho\vartheta_3' = \varrho N_t.$$

Um ϑ_4 und ϑ_4' zu beseitigen, addieren wir die fünfte und sechste Gleichung, sowie die siebente und achte und gewinnen hierdurch

$$M_2 h_2 + 2M_5 h_2' + 3M_6 h_3' + M_7(3h_3' + 2l_2') + M_7' l_2'$$
$$+ 6H\mathfrak{S}\frac{l_2'}{l_2^2} - \varrho\vartheta_3 = N_4 + N_5,$$

$$M_2' h_2' + 2M_5' h_2' + 3M_6' h_3' + M_7'(3h_3' + 2l_2') + M_7 l_2'$$
$$+ 6H\mathfrak{S}\frac{l_2'}{l_2^2} + \varrho\vartheta_3' = N_6.$$

Wenn man endlich die mittleren zwei Gleichungen addiert und die entstehende Differenz $(\vartheta_4' - \vartheta_4)$ durch die Differenz $(\vartheta_3' - \vartheta_3)$ ausdrückt, so findet man noch die Beziehung

$$M_6 h_3' + M_7(2h_3' + 3l_2') + M_7'(2h_3' + 3l_2') + M_6'h_3'$$
$$+ 12 H \mathfrak{S} \frac{l_2'}{l_2^2} - \varrho k_2(\vartheta_3' - \vartheta_3) + \varrho \frac{\varDelta l_2}{h_3} = N_5 + N_6.$$

Damit haben wir an Stelle der ursprünglichen achtzehn Gleichungen elf Gleichungen mit elf Unbekannten (neun Überzählige und zwei Drehwinkel) erhalten.

Nun beseitigen wir die Größen ϑ_3 und ϑ_3'.

Aus der vierten und fünften Gleichung der elfgliedrigen Gruppe findet man

$$\varrho \vartheta_3 = - 2 M_2 h_2' - M_5 h_2',$$
$$\varrho \vartheta_3' = M_5' h_2' + 2 M_2' h_2'.$$

Nach Durchführung der Rechnung erhält man folgende neun Bestimmungsgleichungen, wobei zur Vereinfachung an Stelle der zweiten Gleichung die Summe der ersten und zweiten, statt der siebenten Gleichung die Summe der siebenten und achten gesetzt wurde:

$$\left.\begin{aligned}
&2 M_1 h_1' - 2 k_1 M_2 h_2' + M_3 h_1' - k_1 M_5 h_2' = N_1 + \varrho N_t, \\
&3 M_1 h_1' + M_3(3h_1' + 2s') + M_4 s' = N_1 + N_2, \\
&- 3 M_2 h_2' + M_3 s' + 2 M_4 s' - 3 M_5 h_2' = N_3, \\
\\
&- 3 M_2' h_2' + M_3' s' + 2 M_4' s' - 3 M_5' h_2' = 0, \\
&3 M_1' h_1' + M_3'(3h_1' + 2s') + M_4' s' = 0, \\
&2 M_1' h_1' - 2 k_1 M_2' h_2' + M_3' h_1' - k_1 M_5' h_2' = \varrho N_t, \\
\\
&3 M_2 h_2' + 3 M_5 h_2' + 3 M_6 h_3' + M_7(3h_3' + 2l_2') + M_7' l_2' \\
&\qquad + 3 H \varPhi \frac{l_2'}{l_2} = N_4 + N_5, \\
&3 M_2' h_2' + 3 M_5' h_2' + 3 M_6' h_3' + M_7'(3h_2' + 2l_2') + M_7 l_2' \\
&\qquad + 3 H \varPhi \frac{l_2'}{l_2} = N_6, \\
\\
&- 2 k_2(M_2 + M_2')h_2' - k_2(M_5 + M_5')h_2' + (M_6 + M_6')h_3' \\
&\qquad + (M_7 + M_7')\left(2h_3' + 3l_2' + \frac{3\varPhi}{h_3}\right) \\
&\qquad + 12 H \varPhi \left(\frac{l_2'}{2l_2} + \frac{\sigma}{h_3}\right) = N_5 + N_6 - \frac{6G}{h_3} \mp \varrho \frac{l_2}{h_3} \alpha_t t.
\end{aligned}\right\} \quad c)$$

In den letzten Gleichungen wurde für

$$\mathfrak{S} = \varPhi \frac{l_2}{2}$$

und für

$$\Delta l_2 = \frac{1}{EJ}\left[\frac{\Phi}{2}(M_7 + M_7') + 2H\Phi\sigma + G\right] \pm \alpha_t t l_2 \;^{1})$$

eingeführt.

Wir wählen als statisch unbestimmbare Größen die Momente $M_1 M_1'$, $M_2 M_2'$, $M_3 M_3'$, $M_4 M_4'$, sowie die Sehnenkraft H des Stabes l_2 im Mittelfelde.

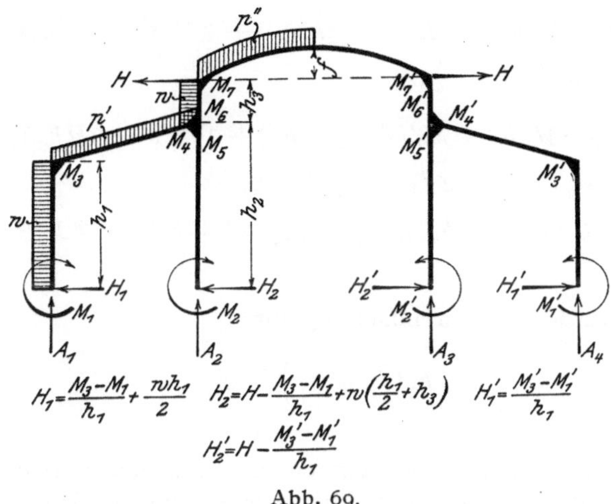

$$H_1 = \frac{M_3 - M_1}{h_1} + \frac{w h_1}{2} \qquad H_2 = H - \frac{M_3 - M_1}{h_1} + w\left(\frac{h_1}{2} + h_3\right) \qquad H_1' = \frac{M_3' - M_1'}{h_1}$$

$$H_2' = H - \frac{M_3' - M_1'}{h_1}$$

Abb. 69.

Mit Hilfe der Abb. 69 findet man folgende Gleichgewichtsbeziehungen $^{2})$:

$$M_5 = M_2 + H_2 h_2 = M_2 + H h_2 - (M_3 - M_1)k_1 + w h_2\left(\frac{h_1}{2} + h_3\right),$$

$$M_6 = M_4 + M_5 = M_4 + M_2 + H h_2 - (M_3 - M_1)k_1 + w h_2\left(\frac{h_1}{2} + h_2\right),$$

$$M_7 = M_4 + M_5 + (H_1 + H_2)h_3 - w\left(h_1 h_3 + \frac{h_3^2}{2}\right)$$

$$= M_4 + M_2 - (M_3 - M_1)k_1 + H(h_2 + h_3) + w\left[h_2\left(\frac{h_1}{2} + h_3\right) + \frac{h_3^2}{2}\right],$$

$$M_5' = M_2' + H_2' h_2 = M_2' + H h_2 - (M_3' - M_1')k_1,$$

$$M_6' = M_4' + M_5' = M_4' + M_2' + H h_2 - (M_3' - M_1')k_1,$$

$$M_7' = M_4' + M_5' + (H_1' + H_2')h_3$$

$$= M_4' + M_2' - (M_3' - M_1')k_1 + H(h_2 + h_3).$$

(d)

$^{1})$ Die Dehnung $\frac{H l_2}{E F}$ wurde wie bei den übrigen Stäben vernachlässigt.

$^{2})$ Bei der Aufstellung dieser Beziehungen beachte man die Bemerkung über das Vorzeichen der Momente in Punkt 4 der Zusammenfassung auf Seite 47.

Nach Einführung dieser Werte in die Gleichungen c) erhält man das endgültige System der Bestimmungsgleichungen, und zwar zunächst die ersten sechs Gleichungen:

$$\left.\begin{aligned}
M_1(2h_1' - k_1{}^2 h_2') - 3k_1 M_2 h_2' + M_3(h_1' + k_1{}^2 h_2') - k_1 H h_2 h_2' \\
= \alpha k_1 h_2' w + N_1 + \varrho N_t, \\
3M_1 h_1' + M_3(3h_1' + 2s') + M_4 s' = N_1 + N_2, \\
-3k_1 M_1 h_2' - 6M_2 h_2' + M_3(s' + 3k_1 h_2') + 2M_4 s' - 3H h_2 h_2' \\
= 3\alpha h_2' w + N_3,
\end{aligned}\right\} e)$$

$$\left.\begin{aligned}
-3k_1 M_1' h_2' - 6M_2' h_2' + M_3'(s' + 3k_1 h_2') + 2M_4' s' - 3H h_2 h_2' = 0, \\
3M_1' h_1' + M_3'(3h_1' + 2s') + M_4' s' = 0, \\
M_1'(2h_1' - k_1{}^2 h_2') - 3k_1 M_2' h_2' + M_3'(h_1' + k_1{}^2 h_2') - k_1 H h_2 h_2' \\
= \varrho N_t.
\end{aligned}\right\} e')$$

Hierbei wurde zur Vereinfachung für

$$h_2\left(\frac{h_1}{2} + h_3\right) = \alpha$$

geschrieben.

Die nächsten beiden Gleichungen des Systems c) benutzen wir, um durch Addition und Subtraktion zwei neue Gleichungen abzuleiten, in denen schließlich mittels der Gleichungen d) alle Momente durch die Überzähligen ausgedrückt werden.

Man erhält mit den Bezeichnungen

$$h_2\left(\frac{h_1}{2} + h_3\right) + \frac{h_3{}^2}{2} = \beta,$$

$$h_2' + 2h_3' + l_2' = \varphi_1,$$

$$h_2' + 2h_3' + \frac{l_2'}{3} = \varphi_2,$$

$$3\left(h_3' + l_2' + \frac{\Phi}{h_3}\right) = \psi$$

die Gleichungen

$$\left.\begin{aligned}
k_1(M_1 + M_1')\varphi_1 + (M_2 + M_2')(\varphi_1 + h_2') - k_1(M_3 + M_3')\varphi_1 \\
+ (M_4 + M_4')(\varphi_1 - h_2') + 2H\left[\varphi_1 h_2 + (h_3' + l_2')h_3 + \Phi\frac{l_2'}{l_2}\right] \\
= \frac{1}{3}(N_4 + N_5 + N_6) - w[\alpha(h_2' + h_3') + \beta(h_3' + l_2')],
\end{aligned}\right\}$$

$$\left.\begin{aligned}
&k_1(M_1 - M_1')\,\varphi_2 + (M_2 - M_2')(\varphi_2 + h_2') - k_1(M_3 - M_3')\varphi_2 \\
&\quad + (M_4 - M_4')(\varphi_2 - h_2') \\
&\quad = \frac{1}{3}(N_4 + N_5 - N_6) - w\left[\alpha(h_2' + h_3') + \beta\left(h_3' + \frac{l_2'}{3}\right)\right], \\[2mm]
&k_1(M_1 + M_1')(\psi - k_2 h_2') + (M_2 + M_2')(\psi - 3 k_2 h_2') \\
&\quad - k_1(M_3 + M_3')(\psi - k_2 h_2') + (M_4 + M_4')\psi \\
&\quad + 2H\left[h_2(h_3' - k_2 h_2') + (h_2 + h_3)(\psi - h_3') + 6\,\Phi\left(\frac{l_2'}{2\,l_2} + \frac{\sigma}{h_3}\right)\right] \\
&\quad = N_5 + N_6 - w[\alpha(h_3' - k_2 h_2') + \beta(\psi - h_3')] - \frac{6G}{h_3} \mp \varrho\,\frac{l_2}{h_3}\,\alpha_t t\,.
\end{aligned}\right\}\ \text{f)}$$

Die Gesamtheit der Bestimmungsgleichungen zerfällt in drei Gleichungsgruppen, wobei sich die Systeme e) und e') nur in den Beträgen der rechten Gleichungsseiten unterscheiden. Setzt man nun in den Gleichungen e) die Glieder, die M_4 und H enthalten, auf die rechten Seiten und bezeichnet diese zusammenfassend mit a_1, a_2, a_3, so erscheinen nach Einführung der Zahlenwerte auf den linken Seiten dieser drei Gleichungen und nach Auflösung derselben die Momente M_1, M_2 und M_3 als lineare Funktionen von a_1, a_2 und a_3 dargestellt. Diese Lösungen können auch ohne weiteres für die Gleichungen e') verwendet werden, da die Beiwerte der Unbekannten in beiden Gleichungsgruppen dieselben sind. Nun ersetzt man in den so berechneten sechs Lösungen die a-Werte durch ihre tatsächlichen Beträge, d. h. man bestimmt die Momente M_1, M_2, M_3 und M_1', M_2', M_3' als Funktionen der übrigen drei Überzähligen M_4, M_4', und H und führt die so gewonnenen Ausdrücke in die Gruppe f) ein, wodurch man zu drei Gleichungen mit den drei Unbekannten M_4, M_4' und H gelangt, die daraus bestimmt werden können. Damit sind auch alle andern Überzähligen gegeben. Die Berechnung des neunfach statisch unbestimmten Tragwerkes läuft somit auf die Auflösung zweier Gleichungsgruppen mit je drei Unbekannten hinaus.

Wir ermitteln schließlich noch die Beträge für die Belastungsglieder N. Es ist

$$\left.\begin{aligned}
N_1 &= -\tfrac{1}{4}\,w\,h_1'\,h_1^2, \\
N_2 &= -\tfrac{1}{4}\,w\,h_1'\,h_1^2 - \tfrac{1}{4}\,p'\,s'\,l_1^2, \\
N_3 &= -\tfrac{1}{4}\,p'\,s'\,l_1^2, \\
N_4 &= -\tfrac{1}{4}\,w\,h_3'\,h_3^2, \\
N_5 &= -\tfrac{1}{4}\,w\,h_3'\,h_3^2 - \tfrac{9}{64}\,p''\,l_2'\,l_2^2, \\
N_6 &= -\tfrac{7}{64}\,p''\,l_2'\,l_2^2.
\end{aligned}\right\}\quad \cdots\cdots\ \text{g)}$$

Bei der Berechnung von N_5 und N_6 wurde die Gleichung 12) auf S. 34 benutzt. Für a_0 wurde $\dfrac{l}{4}$, für β, $\dfrac{l}{2}$ gesetzt.

Zahlenbeispiel.

Wir wählen folgende Tragwerksabmessungen, und nehmen an, daß der Mittelbogen nach einer Parabel gekrümmt ist.

$$l_1 = 8 \text{ m}, \qquad l_2 = 12 \text{ m}, \qquad f = 1{,}50 \text{ m}, \qquad s = 8{,}06 \text{ m},$$
$$h_1 = 5 \text{ m}, \qquad h_2 = 6 \text{ m}, \qquad h_3 = 2 \text{ m},$$
$$\frac{J'}{J_1} = 3, \qquad \frac{J'}{J_2} = \frac{J'}{J_3} = \frac{J'}{J_4} = 2, \qquad J' = J \cos \varphi.$$

Somit ist:

$$k_1 = \frac{h_2}{h_1} = 1{,}2, \quad \bullet \quad k_2 = \frac{h_2}{h_3} = 3,$$
$$l_2' = 12 \text{ m}, \qquad s' = s \frac{J'}{J_4} = 16{,}12 \text{ m},$$
$$h_1' = h_1 \frac{J'}{J_1} = 15 \text{ m}, \qquad h_2' = h_2 \frac{J'}{J_2} = 12 \text{ m}, \qquad h_3' = h_3 \frac{J'}{J_3} = 4 \text{ m}.$$

Ferner gilt für den Mittelbogen

$$\Phi = \frac{2}{3} l_2 f = 12 \text{ m}^2,$$

$$\sigma = \frac{2}{5} f = 0{,}6 \text{ m}.$$

Mit diesen Zahlen findet man die Festwerte

$$\varphi_1 = 12 + 8 + 12 = 32 \text{ m}, \qquad \varphi_2 = 12 + 8 + 4 = 24 \text{ m},$$
$$\psi = 3 (4 + 12 + 6) = 66 \text{ m},$$

sowie

$$\alpha = 27 \text{ m}^2 \qquad \text{und} \qquad \beta = 29 \text{ m}^2.$$

Das von der Krümmung des Mittelhallenbinders herrührende Glied $\dfrac{6\,G}{h_3}$ ist nach S. 43 durch die Gleichung gegeben:

$$\frac{6\,G}{h_3} = \frac{6}{h_3} \frac{p'' l_2^{\,3}}{3} \mathfrak{f} \left(\frac{\beta}{l}\right) \left\{ \left(\frac{a_0}{l}\right)^4 - 2\left(\frac{a_0}{l}\right)^3 + \left(\frac{a_0}{l}\right) + \frac{1}{2}\left(\frac{\beta}{l}\right)^2 \left[\left(\frac{a_0}{l}\right)^2 - \frac{a_0}{l}\right] + \frac{1}{80}\left(\frac{\beta}{l}\right)^4 \right\}$$

Setzt man

$$\frac{\beta}{l} = \frac{1}{2}, \qquad \frac{a_0}{l} = \frac{1}{4},$$

so ergibt die Auswertung

$$\frac{6\,G}{h_3} = \frac{6}{h_3} \frac{p'' l_2^{\,3}}{30} \mathfrak{f} = 259{,}2 \, p''.$$

Wir berechnen ferner die von der Belastung abhängigen Größen N nach den Gleichungen g).

Nach Einführung der Zahlenwerte erhält man:

$$N_1 = -93{,}75\, w, \qquad\qquad N_2 = -93{,}75\, w - 257{,}92\, p',$$
$$N_3 = -257{,}92\, p', \qquad\qquad N_4 = -4\, w,$$
$$N_5 = -4\, w - 243\, p'', \qquad\qquad N_6 = -189\, p''.$$

Die Gleichungen e) lauten sonach

$$12{,}72\,M_1 - 43{,}20\,M_2 + 32{,}28\,M_3 = a_1,$$
$$45{,}00\,M_1 \qquad\qquad + 77{,}24\,M_3 = a_2,$$
$$- 43{,}20\,M_1 - 72{,}00\,M_2 + 59{,}32\,M_3 = a_3.$$

Ihre Auflösung liefert

$$\left.\begin{aligned}
100\,M_1 &= 2{,}46490\,a_1 + 0{,}10569\,a_2 - 1{,}47896\,a_3,\\
100\,M_2 &= - 2{,}62609\,a_1 + 0{,}95251\,a_2 + 0{,}20837\,a_3,\\
100\,M_3 &= - 1{,}43605\,a_1 + 1{,}23309\,a_2 + 0{,}86164\,a_3.
\end{aligned}\right\} \quad \dots\dots \text{ h)}$$

Nun ist in den Gleichungen e)

$$a_1 = 86{,}40\,H + 295{,}05\,w + \varrho\,N_t,$$
$$a_2 = - 16{,}12\,M_4 - 187{,}50\,w - 257{,}92\,p',$$
$$a_3 = 216{,}00\,H - 32{,}24\,M_4 + 972{,}00\,w - 257{,}92\,p'.$$

Mit diesen Beträgen wird

$$\left.\begin{aligned}
M_1 &= 0{,}4598\,M_4 - 1{,}0649\,H - 7{,}2990\,w + 3{,}5419\,p' + 0{,}02465\,\varrho\,N_t,\\
M_2 &= - 0{,}2207\,M_4 - 1{,}8500\,H - 7{,}6151\,w - 2{,}9941\,p' - 0{,}02663\,\varrho\,N_t,\\
M_3 &= - 0{,}4765\,M_4 + 0{,}6200\,H + 1{,}8243\,w - 5{,}4023\,p' - 0{,}01436\,\varrho\,N_t.
\end{aligned}\right\} \text{ h')}$$

Die Lösungen der Gleichungen e') unterscheiden sich von den Lösungen h') nur dadurch, daß die von w und p' abhängigen Glieder Null sind. Sie haben sonach die Form

$$\left.\begin{aligned}
M_1' &= 0{,}4598\,M_4' - 1{,}0649\,H + 0{,}02465\,\varrho\,N_t,\\
M_2' &= - 0{,}2207\,M_4' - 1{,}8500\,H - 0{,}02663\,\varrho\,N_t,\\
M_3' &= - 0{,}4765\,M_4' + 0{,}6200\,H - 0{,}01436\,\varrho\,N_t.
\end{aligned}\right\} \quad \dots\dots \text{ h'')}$$

Die Gleichungen f) nehmen nach Ausrechnung der Beiwerte die Gestalt an

$$38{,}40\,(M_1 + M_1') + 44{,}00\,(M_2 + M_2') - 38{,}40\,(M_3 + M_3') + 20{,}00\,(M_4 + M_4')$$
$$+ 472{,}00\,H = - 898{,}67\,w - 144{,}00\,p'',$$
$$28{,}80\,(M_1 - M_1') + 36{,}00\,(M_2 - M_2') - 28{,}80\,(M_3 - M_3') + 12{,}00\,(M_4 - M_4')$$
$$= - 666{,}67\,w - 18{,}00\,p'',$$
$$36{,}00\,(M_1 + M_1') - 42{,}00\,(M_2 + M_2') - 36{,}00\,(M_3 + M_3') + 66{,}00\,(M_4 + M_4')$$
$$+ 723{,}00\,H = - 938{,}00\,w - 691{,}20\,p'' - 3{,}75\,\varrho\,N_t.$$

Aus den Gleichungen h') und h'') bestimmt man nun die Momentensummen bzw. -differenzen mit den Zeigern 1, 2 und 3 und führt die Werte in die vorstehenden Gleichungen ein. Als Ergebnis dieser Rechnung findet man:

$$\left.\begin{aligned}
46{,}243\,(M_4 + M_4') &+ 179{,}800\,H =\\
&- 213{,}268\,w - 211{,}717\,p' - 144{,}000\,p'' - 0{,}6525\,\varrho\,N_t,\\
31{,}020\,(M_4 - M_4') &= - 129{,}775\,w - 149{,}805\,p' - 18{,}000\,p'',\\
108{,}976\,(M_4 + M_4') &+ 757{,}287\,H =\\
&- 929{,}395\,w - 447{,}743\,p' - 691{,}200\,p'' - 8{,}7954\,\varrho\,N_t.
\end{aligned}\right\} \dots \text{ i)}$$

In den Gleichungen i) sind nurmehr die Unbekannten M_4, M_4' und H vertreten. Aus der mittleren Gleichung folgt unmittelbar:

$$(M_4 - M_4') = - 4{,}1836\,w - 4{,}8292\,p' - 0{,}5803\,p''.$$

Die beiden anderen Gleichungen, die nur $(M_1 + M_1')$ und H als Unbekannte enthalten, ergeben nach der Auflösung:

$$(M_4 + M_4') = + 0{,}3630\,w - 5{,}1750\,p' + 0{,}9872\,p'' + 0{,}07049\,\varrho\,N_t,$$
$$H = - 1{,}2795\,w + 0{,}1535\,p' - 1{,}0548\,p'' - 0{,}02176\,\varrho\,N_t.$$

Aus der Summe und aus der Differenz der Momente M_4 und M_4' findet man leicht M_4 und M_4' selbst. Mit diesen Momentenwerten und dem Betrage von H sind durch die Formeln h' und h") auch die anderen Unbekannten gegeben. Man findet so:

$$\left.\begin{aligned}
M_1 &= -\;6{,}8149\,w + 1{,}0784\,p' + 1{,}2169\,p'' + 0{,}06403\,\varrho\,N_t \\
M_2 &= -\;4{,}8264\,w - 2{,}1741\,p' + 1{,}9065\,p'' + 0{,}00585\,\varrho\,N_t \\
M_3 &= 1{,}9413\,w - 2{,}9236\,p' - 0{,}7510\,p'' - 0{,}04465\,\varrho\,N_t \\
M_4 &= -\;1{,}9103\,w - 5{,}0021\,p' + 0{,}2035\,p'' + 0{,}03525\,\varrho\,N_t
\end{aligned}\right\} \quad\ldots\ldots \text{j)}$$

$$\left.\begin{aligned}
M_1' &= 2{,}4078\,w - 0{,}2430\,p' + 1{,}4837\,p'' + 0{,}06403\,\varrho\,N_t \\
M_2' &= 1{,}8654\,w - 0{,}2458\,p' + 1{,}7784\,p'' + 0{,}00585\,\varrho\,N_t \\
M_3' &= -\;1{,}8765\,w + 0{,}1776\,p' - 1{,}0275\,p'' - 0{,}04465\,\varrho\,N_t \\
M_4' &= 2{,}2733\,w - 0{,}1729\,p' + 0{,}7838\,p'' + 0{,}03525\,\varrho\,N_t
\end{aligned}\right\} \quad\ldots\ldots \text{j')}$$

$$H = -\;1{,}2795\,w + 0{,}1535\,p' - 1{,}0548\,p'' - 0{,}02176\,\varrho\,N_t \qquad \ldots\ldots \text{j'')}$$

Damit ist die Aufgabe im Grunde genommen gelöst. Für jede Stelle des Tragwerkes können Moment und Querkraft, sowie die Längskraft auf Grund der Gleichgewichtsbeziehungen festgestellt werden. Setzt man in den Lösungen p', p'' und N_t Null, so erhält man die Werte der Unbekannten für den Winddruck w auf die Seitenwände. Nimmt man w, p'' und N_t Null an, so findet man den Einfluß

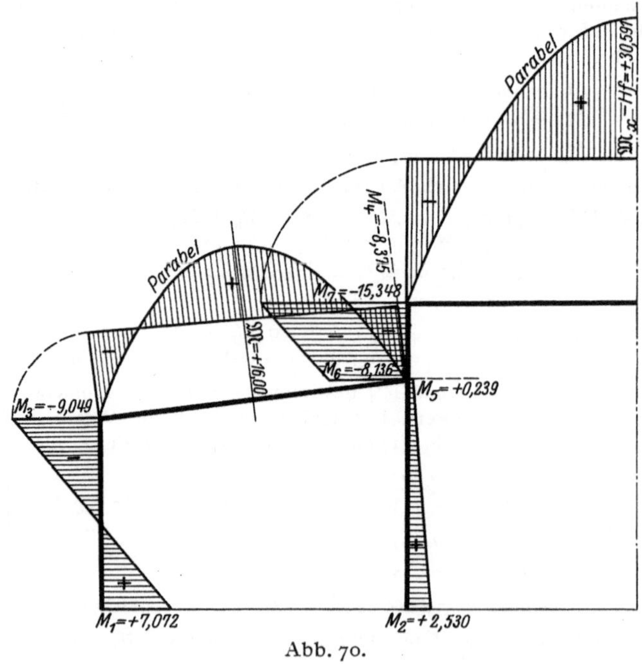

Abb. 70.

einer Belastung p' des linken Seitenfeldes auf die Überzähligen. Vertauscht man die gestrichenen Momentengrößen mit den ungestrichenen, so liefern diese Formeln auch den Einfluß einer Belastung des rechten Seitenfeldes. Ebenso geht man vor, um den Einfluß einer Vollbelastung der Mittelöffnung festzustellen. Wählt man w, p' und N_t Null, so geben die voranstehenden Formeln die Wirkung der Belastung der linken Hälfte des Mittelhallenbinders. Nach Vertauschung der gestrichenen und ungestrichenen Momente erhält man den Einfluß der Belastung der rechten Binderhälfte. Durch Summation der beiden Teileinflüsse kann die Wirkung der Gesamtbelastung erhalten werden. Auf ähnliche Weise lassen sich auch die Einflüsse aller anderen üblichen Lastanordnungen berechnen.

In Anwendung des eben Gesagten mögen einige Belastungsfälle eingehender behandelt werden.

1. Bleibende Belastung.

Das Eigengewicht nehmen wir in allen Feldern mit 0,33 t/qm an. Bei einer Binderentfernung von 6 m ergibt das $p' = p'' = 2{,}0$ t/m.

Wir berechnen auf Grund der Formeln j), j') und j''), in denen w und N_t Null gesetzt werden, die unserer Belastung entsprechenden Momentenwerte. Diese Zahlen finden sich in Tafel 3, Reihe 1 eingetragen. Vertauscht man nun M_1 mit M_1', M_2 mit M_2' usw., so entsteht die Zahlenreihe 2, die die Momentenwerte für die Belastung der rechten Gebäudehälfte angibt. Die Wirkung der Vollbelastung weist die Ziffernreihe 3 aus, die die Summenbeträge aus 1 und 2 enthält. Aus diesen Werten berechnet man leicht auf Grund der Gleichgewichtsbeziehungen d) auf S. 89 die übrigen Anschlußmomente (siehe die untere Hälfte der Tafel 3), um den Verlauf der Momente übersichtlich darstellen zu können. Das Momentendiagramm ist in Abb. 70 ersichtlich gemacht[1]).

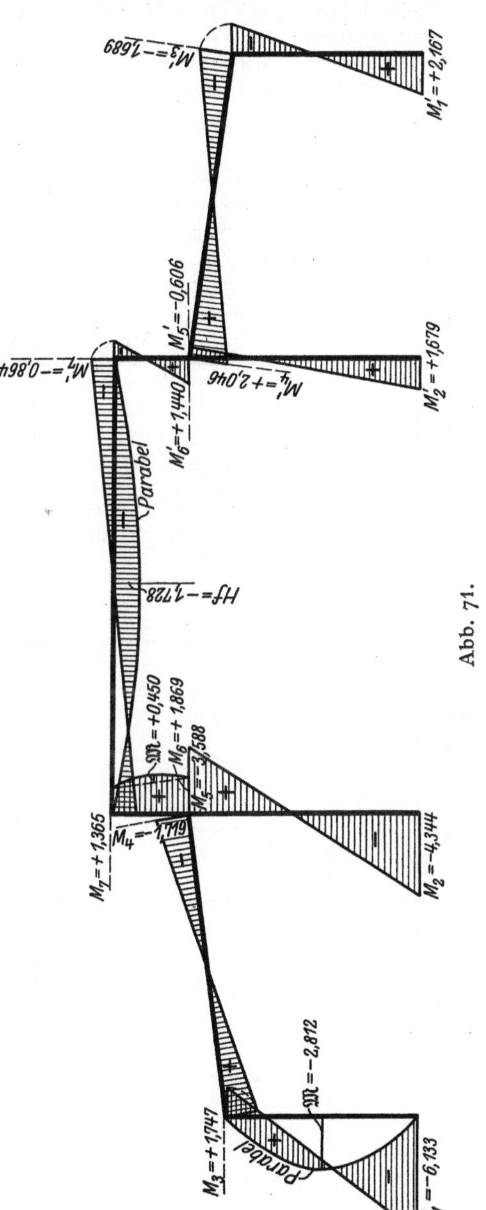

---

[1]) Beim Mittelbalken darf nicht der Einfluß der Sehnenkraft H auf die Momente übersehen werden. Für die Bogenmitte ist z. B.:

$$M_{mitte} = M_7 + {}^1/_8\, p''\, l_2^2 + Hf = -15{,}348 + 36 - 5{,}409 = +15{,}243 \text{ mt.}$$

2. **Schneebelastung.**

Diese Belastung sei ebenfalls über die ganze Dachfläche gleichförmig verteilt angenommen. Da $s = 0{,}075$ t/qm ist, so ergibt sich für die Berechnung $p' = p'' = 6 \cdot 0{,}075 = 0{,}45$ t/m.

Man erhält die Zahlenwerte der Kolonne 4, wenn man die der Kolonne 3 mit $\dfrac{0{,}45}{2{,}0} = 0{,}225$ multipliziert.

3. **Winddruck auf die Wände.**

Der Berechnung wurde ein Winddruck von $w = 0{,}150$ t/qm zugrunde gelegt; dies liefert $w = 6 \cdot 0{,}150 = 0{,}900$ t/m. Mit diesem Werte wurde auf Grund der Formeln j), j') und j''), in denen p', p'' und N_t Null gesetzt wurden, die Reihe 5 in Tafel 3 berechnet und der Verlauf der Momente in Abb. 71 eineingetragen.

Tafel 3.   Momentenwerte in mt.

| Moment | Bleibende Last $p' = p'' = 2$ t/m | | | Schneelast $p' = p'' = 0{,}45$ t/m | Winddruck auf die Seitenwände (Wind von links) $w = 0{,}9$ t/m | Temperatur-änderung $t = \pm 20^\circ$C |
	Belastung des linken Seitendaches und der linken Hälfte des Mitteldaches	Belastung des rechten Seitendaches und der rechten Hälfte des Mitteldaches	Gesamt-belastung (Summe 1 und 2)			
	1	2	3	4	5	6
	mt	mt	mt	mt	mt	mt
M_1	$+ 4{,}591$	$+ 2{,}481$	$+ 7{,}072$	$+ 1{,}591$	$- 6{,}133$	$\pm 2{,}305$
M_2	$- 0{,}535$	$+ 3{,}065$	$+ 2{,}530$	$+ 0{,}569$	$- 4{,}344$	$\pm 0{,}211$
M_2'	$+ 3{,}065$	$- 0{,}535$	$+ 2{,}530$	$+ 0{,}569$	$+ 1{,}679$	$\pm 0{,}211$
M_1'	$+ 2{,}481$	$+ 4{,}591$	$+ 7{,}072$	$+ 1{,}591$	$+ 2{,}167$	$\pm 2{,}305$
M_3	$- 7{,}349$	$- 1{,}700$	$- 9{,}049$	$- 2{,}036$	$+ 1{,}747$	$\mp 1{,}607$
M_4	$- 9{,}597$	$+ 1{,}222$	$- 8{,}375$	$- 1{,}884$	$- 1{,}719$	$\pm 1{,}269$
M_4'	$+ 1{,}222$	$- 9{,}597$	$- 8{,}375$	$- 1{,}884$	$+ 2{,}046$	$\pm 1{,}269$
M_3'	$- 1{,}700$	$- 7{,}349$	$- 9{,}049$	$- 2{,}036$	$- 1{,}689$	$\mp 1{,}607$
$H_{in\,t}$	$- 1{,}803$	$- 1{,}803$	$- 3{,}606$	$- 0{,}811$	$- 1{,}152$	$\mp 0{,}783$
M_5			$+ 0{,}239$	$+ 0{,}054$	$+ 3{,}588$	$\pm 0{,}207$
M_6			$- 8{,}136$	$- 1{,}831$	$+ 1{,}869$	$\pm 1{,}476$
M_7			$- 15{,}348$	$- 3{,}453$	$+ 1{,}365$	$\mp 0{,}090$
M_7'			$- 15{,}348$	$- 3{,}453$	$- 0{,}864$	$\mp 0{,}090$
M_6'			$- 8{,}136$	$- 1{,}831$	$+ 1{,}440$	$\pm 1{,}476$
M_5'			$+ 0{,}239$	$+ 0{,}054$	$- 0{,}606$	$\pm 0{,}207$

4. **Einfluß einer Temperaturänderung.**
Es ist:

$$\varrho\, N_t = 6\, E J\, \frac{l_1}{h_1}\, \alpha_t\, t.$$

Wir wählen $E J = 15\,000$ tm² und $t = 20^\circ$, dann wird mit $\alpha_t = 1 : 80\,000$:

$$\varrho\, N_t = 6 \cdot 15\,000\, \frac{8}{5} \cdot \frac{20}{80\,000} = 36.$$

Die berechneten Momentenwerte sind in der Vertikalreihe 6 der Tafel 3 angeführt.

Den Schluß dieses Beispieles möge die Ermittlung der Knotenverschiebungen infolge Windbelastung der Wände (Wind von links) machen.

Wir haben auf S. 88 gefunden:

$$\varrho\,\vartheta_3 = -\,2\,M_2\,h_2' - M_5\,h_2',$$
$$\varrho\,\vartheta_3' = 2\,M_2'\,h_2' + M_5'\,h_2';$$

daraus ergibt sich unmittelbar:

$$\vartheta_3 = -\,\frac{h_2'}{\varrho}\,(2\,M_2 + M_5),$$

$$\vartheta_3' = \frac{h_2}{\varrho}\,(2\,M_2' + M_5').$$

Mit
$$h_2' = 12 \text{ m}$$
und
$$\varrho = 6\,E\,J = 90\,000 \text{ tm}^2$$

erhält man unter Benutzung der Momentenwerte der Reihe 5 in Tafel 3:

$$\vartheta_3 = +\,0{,}000\,680,$$
$$\vartheta_3' = +\,0{,}000\,367.$$

Damit ist auch ϑ_1 und ϑ_1' gegeben, und zwar:

$$\vartheta_1 = k_1\,\vartheta_3 = +\,0{,}000\,816,$$
$$\vartheta_1' = k_1\,\vartheta_3' = +\,0{,}000\,440.$$

Weiter findet man aus den Momentengleichungen des Mittelfeldes (siehe die Gleichungen auf S. 85):

$$6\,E\,J\,(\vartheta_3 - \vartheta_4) = M_2\,h_2' + 2\,M_5\,h_2' + 2\,M_6\,h_3' + M_7\,h_3' - N_4,$$
$$6\,E\,J\,(\vartheta_4' - \vartheta_3') = M_7'\,h_3' + 2\,M_6'\,h_3' + 2\,M_5'\,h_2' + M_2'\,h_2'.$$

Nach dem Einsetzen der Zahlenwerte der Momente aus Tafel 3, Reihe 5 erhält man:

$$6\,E\,J\,(\vartheta_3 - \vartheta_4) = +\,58{,}00,$$
$$6\,E\,J\,(\vartheta_4' - \vartheta_3') = +\,13{,}67\,[1]$$

somit unter Benutzung der oben errechneten Werte von ϑ_3 und ϑ_3':

$$\vartheta_4 = \vartheta_3 - \frac{58{,}00}{6\,E\,J} = +\,0{,}000\,036,$$

$$\vartheta_4' = \vartheta_3' + \frac{13{,}67}{6\,E\,J} = +\,0{,}000\,519.$$

Alle übrigen Stabdrehwinkel sind Null. Die Knotenpunkte erleiden sonach nur wagerechte Verschiebungen δ, die wir mit dem kleinsten Momentenzeiger des betreffenden Knotens bezeichnen, und zwar:

$$\delta_3 = h_1\,\vartheta_1 = 0{,}000\,816 \cdot 500 = 0{,}408 \text{ cm}$$
$$\delta_4 = h_2\,\vartheta_3 = 0{,}000\,680 \cdot 600 = 0{,}408 \text{ cm}$$
$$\delta_7 = \delta_4 + h_3\,\vartheta_4 = 0{,}408 + 0{,}000\,036 \cdot 200 = 0{,}415 \text{ cm}$$
$$\delta_3' = h_1\,\vartheta_1' = 0{,}000\,440 \cdot 500 = 0{,}220 \text{ cm}$$
$$\delta_4' = h_2\,\vartheta_3' = 0{,}000\,367 \cdot 600 = 0{,}220 \text{ cm}$$
$$\delta_7' = \delta_4' + h_3\,\vartheta_4' = 0{,}220 + 0{,}000\,519 \cdot 200 = 0{,}324 \text{ cm}.$$

---

[1] Das positive Vorzeichen der Drehwinkel ϑ besagt, daß die Verdrehung derart erfolgt, daß die Winkel α der Winkelgleichungen verkleinert werden.

Benutzt man diese Verschiebungswerte und die Anhaltspunkte, die das Momentdiagramm, Abb. 71, für die Lage der Inflexionspunkte (Momentennullpunkte) und für die Richtung der Verbiegung bietet, dann läßt sich ein an-

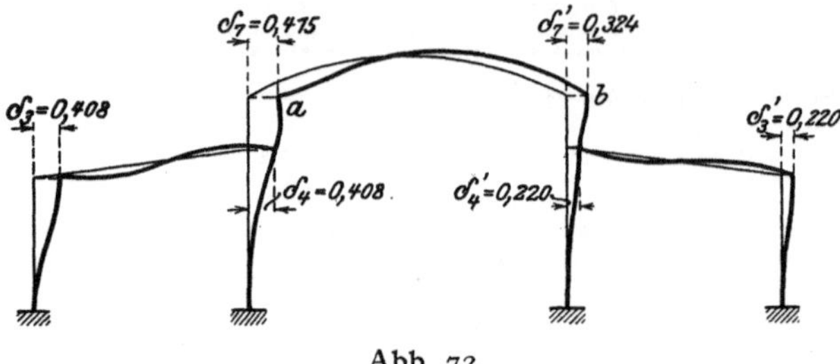

Abb. 72.

schauliches Bild von dem Verzerrungszustand des Tragwerkes herstellen, ohne daß es notwendig wäre, die genaue Form der elastischen Linien zwischen je zwei Knoten rechnerisch festzulegen. Abb. 72 zeigt die Verzerrungsfigur in 200-facher Übertreibung.

Die eben ermittelten Verschiebungswerte wollen wir benutzen, um die eingangs gemachte Voraussetzung, daß der Einfluß der Längskräfte auf die Form-änderungen gering sei und daher vernachlässigt werden könne, zu überprüfen. Zu diesem Zwecke betrachten wir den Binderstab l_2 des Mittelschiffes. Seine Sehnenkraft wurde für Windbelastung mit:

$$H = -1,152 \text{ t (Druck)}$$

bestimmt. (Siehe Reihe 5 in Tafel 3.)

Nimmt man im Zusammenhange mit dem oben gewählten EJ-Betrage $EF = 300\,000$ t an, so ergibt sich die Zusammendrückung des Stabes l_2, wenn man die Längskraft, genau genug, überall gleich H setzt.

$$\varDelta l = \frac{1,152 \cdot 12,00}{300\,000} = 0,0000461 \text{ m} = 0,00461 \text{ cm}.$$

Um diesen Betrag hat sich der Stab ab (Abb. 72) verkürzt. Denkt man sich die Wirkung dieser Verkürzung nur bei Punkt b zum Ausdruck kommend, welche Annahme die ungünstigste ist, die wir machen können, so ist die Verschiebung in Abb. 72 um den Betrag 0,0046 cm zu groß angegeben. Der Fehler beträgt in Hundertteilen

$$f = \frac{100 \cdot 0,00461}{0,324} = 1,42 \text{ v. H.}$$

Der angegebene Verschiebungszustand des Systems ist demnach im Punkte b mit einem Fehler behaftet, dessen obere Grenze 1,4 v. H. beträgt.

Macht man eine ähnliche Berechnung für die beiden Binderstäbe der Außenfelder, so findet man die betreffenden Fehler (mit $EF = 200\,000$ t gerechnet) mit

$$f_1 = 0,66 \text{ v. H.} \qquad \text{und} \qquad f_2 = 1,40 \text{ v. H.}$$

Die Fehler der aus dem angenähert bestimmten Verschiebungszustand ermittelten statisch unbestimmbaren Größen werden sich in der gleichen Größenordnung bewegen.

12. Beispiel. Die Berechnung des bekannten Lohseträgers, dessen Überzähligen meist mittels Näherungsverfahren bestimmt werden, gestaltet sich selbst bei beliebiger Form und Querschnittsanordnung der beiden Gurtbogen verhältnismäßig einfach und übersichtlich. Das Tragsystem ist in Abb. 73 dargestellt. Die Berechnung wird hier für den Fall von n gleich breiten Feldern durchgeführt, unter der Annahme, daß Lasten nur in den Knotenpunkten übertragen werden.

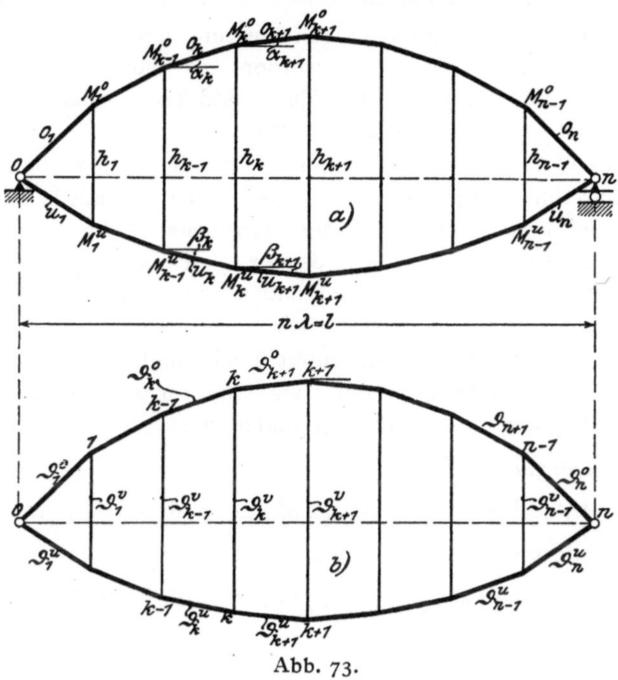

Abb. 73.

Bei n Feldern ist das System n-fach statisch unbestimmt. Die Momente in den Obergurtknotenpunkten werden mit M^o, die in den Untergurtknoten mit M^u bezeichnet. Die Neigungswinkel der Obergurtstäbe gegen die Verbindungslinie $o - n$ nennen wir α, die des Untergurtes β.

Da die Pfosten gelenkig angeschlossen sind, so kommen sie für die Momentengleichungen nicht in Betracht, wir denken sie uns bei der Aufstellung derselben weggehoben. Man hat es daher beim Ansatz der Momentengleichungen nur mit einem einfachen geschlossenen Rahmen aus $2\,n$ Stäben, der in o und n Gelenke hat, zu tun. Es sind somit $2\,(n-1)$ ausgezeichnete Punkte vorhanden, denen $2\,n-2$ Dreimomentengleichungen entsprechen. Wir beginnen bei Punkt o und schreiten im Obergurt nach rechts fort. Den Untergurt sollten wir dann der Regel gemäß von n gegen o durchschreiten. Da aber beide Hälften durch Gelenke getrennt und auch sonst keine gemeinsamen Stäbe vorhanden sind, das System der Dreimomentengleichungen des Obergurtes also vollständig unabhängig von dem des Untergurtes ist, so steht es frei, für den Untergurt eine andere Reihenfolge zu wählen. Wir werden demnach auch den Untergurt von links nach rechts durchschreiten. Für beide Gurte sind dann positive Momente solche, welche die Stäbe nach unten zu wölben trachten.

Außer den $2n - 2$ Momentengleichungen können bei n Feldern $2n$ Winkelgleichungen aufgestellt werden, so daß zur Berechnung sämtlicher Unbekannten, d. s. n Überzählige und $3n - 2$ Stabdrehwinkel, $4n - 2$ Gleichungen zur Verfügung stehen.

Den Einfluß der Längenänderungen der Gurtstäbe infolge der Stablängskräfte und Temperaturänderungen wollen wir mit in Rechnung ziehen. Es ist nun nicht notwendig, sämtliche Dreimomenten- und Winkelgleichungen anzuschreiben, da sie gesetzmäßigen Bau haben und sich nur durch die aufeinanderfolgenden Zeiger ihrer Glieder unterscheiden.

Wir wählen einen beliebigen Punkt k aus und stellen für diesen Punkt die Dreimomentengleichung des Ober- bzw. Untergurtes auf. Mit den Bezeichnungen der Abb. 73 finden wir:

für den Obergurt:

für den Untergurt:

$$\left. \begin{array}{l} M^o_{k-1}\, o'_k + 2\, M^o_k\, (o'_k + o'_{k+1}) + M^o_{k+1}\, o'_{k+1} - \varrho\,(\vartheta^o_k - \vartheta^o_{k+1}) = 0 \\[2ex] M^u_{k-1}\, u'_k + 2\, M^u_k\, (u'_k + u_{k+1}) + M^u_{k+1}\, u_{k+1} - \varrho\,(\vartheta^u_k - \vartheta^u_{k+1}) = 0 \end{array} \right\} \quad \text{a)}$$

Hierin ist

$$\varrho = 6\, E J_c,$$

wobei J_c ein beliebig gewähltes Trägheitsmoment bedeutet, mit dem die Werte o' und u' in der bekannten Weise berechnet werden. Setzt man in den Gleichungen a) der Reihe nach $k = 1, 2 \ldots n - 1$, so erhält man die sämtlichen $2n - 2$ Dreimomentengleichungen.

Wir stellen nun die Winkelgleichungen für das k-te und $k + 1$-ste Feld auf, wobei die Längenänderungen der Pfosten als unerheblich vernachlässigt werden. Die Gleichungen lauten für das k-te Feld:

$$\varDelta o_k \cos \alpha_k - \varDelta u_k \cos \beta_k + h_{k-1}\, \vartheta^v_{k-1} + \vartheta^o_k\, o_k \sin \alpha_k - h_k\, \vartheta^v_k$$
$$+ \vartheta^u_k\, u_k \sin \beta_k = 0,$$
$$\varDelta o_k \sin \alpha_k + \varDelta u_k \sin \beta_k - \vartheta^o_k\, o_k \cos \alpha_k + \vartheta^u_k\, u_k \cos \beta_k = 0;$$

und das für $k+1$-ste Feld:

$$\Delta o_{k+1} \cos \alpha_{k+1} - \Delta u_{k+1} \cos \beta_{k+1} + h_k \vartheta_k^{v} + \vartheta_{k+1}^{o} o_{k+1} \sin \alpha_{k+1}$$
$$- h_{k+1} \vartheta_{k+1}^{v} + \vartheta_{k+1}^{u} u_{k+1} \sin \beta_{k+1} = 0,$$

$$\Delta o_{k+1} \sin \alpha_{k+1} + \Delta u_{k+1} \sin \beta_{k+1} - \vartheta_{k+1}^{o} o_{k+1} \cos \alpha_{k+1}$$
$$+ \vartheta_{k+1}^{u} u_{k+1} \cos \beta_{k+1} = 0.$$

Wir setzen nun:

$$o \cos \alpha = u \cos \beta = \lambda,$$

$$o \sin \alpha = \lambda \operatorname{tg} \alpha \qquad \text{und} \qquad u \sin \beta = \lambda \operatorname{tg} \beta$$

und erhalten, wenn wir die Gleichungen in etwas anderer Reihenfolge schreiben:

$$\left. \begin{aligned} &\Delta o_k \cos \alpha_k - \Delta u_k \cos \beta_k' - (h_k \vartheta_k^{v} - h_{k-1} \vartheta_{k-1}^{v}) \\ &\qquad\qquad + \lambda (\vartheta_k^{o} \operatorname{tg} \alpha_k + \vartheta_k^{u} \operatorname{tg} \beta_k) = 0, \\ &\Delta o_{k+1} \cos \alpha_{k+1} - \Delta u_{k+1} \cos \beta_{k+1} - (h_{k+1} \vartheta_{k+1}^{v} - h_k \vartheta_k^{v}) \\ &\qquad\qquad + \lambda (\vartheta_{k+1}^{o} \operatorname{tg} \alpha_{k+1} + \vartheta_{k+1}^{u} \operatorname{tg} \beta_{k+1}) = 0, \end{aligned} \right\} \quad \ldots \ldots \text{b)}$$

$$\left. \begin{aligned} &\Delta o_k \sin \alpha_k + \Delta u_k \sin \beta_k - \lambda (\vartheta_k^{o} - \vartheta_k^{u}) = 0, \\ &\Delta o_{k+1} \sin \alpha_{k+1} + \Delta u_{k+1} \sin \beta_{k+1} - \lambda (\vartheta_{k+1}^{o} - \vartheta_{k+1}^{u}) = 0. \end{aligned} \right\} \quad \ldots \ldots \text{c)}$$

Wir ziehen nun die beiden Momentengleichungen a) voneinander ab

$$M_{k-1}^{o} o_k' - M_{k-1}^{u} u_k' + 2 [M_k^{o}(o_k' + o_{k+1}') - M_k^{u}(u_k' + u_{k+1}')]$$
$$+ M_{k+1}^{o} o_{k+1}' - M_{k+1}^{u} u_{k+1}' - \varrho (\vartheta_k^{o} - \vartheta_k^{u}) + \varrho (\vartheta_{k+1}^{o} - \vartheta_{k+1}^{u}) = 0.$$

Ebenso subtrahieren wir die Winkelgleichungen c) voneinander

$$\Delta o_k \sin \alpha_k - \Delta o_{k+1} \sin \alpha_{k+1} + \Delta u_k \sin \beta_k - \Delta u_{k+1} \sin \beta_{k+1}$$
$$- \lambda (\vartheta_k^{o} - \vartheta_k^{u}) + \lambda (\vartheta_{k+1}^{o} - \vartheta_{k+1}^{u}) = 0.$$

Die beiden letzten Glieder der so erhaltenen neuen Gleichungen stimmen, wenn man von den Faktoren λ und ϱ absieht, miteinander überein, wir gewinnen daher aus beiden Gleichungen die Beziehung

$$M_{k-1}^{o} o_k' - M_{k-1}^{u} u_k' + 2 [M_k^{o}(o_k' + o_{k+1}') - M_k^{u}(u_k' + u_{k+1}')]$$
$$+ M_{k+1}^{o} o_{k+1}' - M_{k+1}^{u} u_{k+1}' - r_k = 0, \ldots \ldots \ldots \text{d)}$$

wo

$$r_k = \frac{\varrho}{\lambda} [\Delta o_k \sin \alpha_k - \Delta o_{k+1} \sin \alpha_{k+1} + \Delta u_k \sin \beta_k - \Delta u_{k+1} \sin \beta_{k+1}] \ \text{d')}$$

bedeutet.

Gleichung d) enthält keine Drehwinkel mehr, sie ist demnach eine Bestimmungsgleichung. Da für k der Reihe nach $1, 2 \ldots n-1$ gesetzt werden kann, so stehen $n-1$ Gleichungen der Form d) zur Verfügung. Um die letzte noch fehlende Beziehung zu bestimmen, geht man folgendermaßen vor:

Aus der ersten der Winkelgleichungen c) berechnet man

$$\lambda \vartheta_k^{u} = \lambda \vartheta_k^{o} - (\varDelta o_k \sin \alpha_k + \varDelta u_k \sin \beta_k).$$

Nach Einführung dieses Ausdruckes für $\lambda \vartheta_k^{u}$ in die erste der Winkelgleichungen b) entsteht

$$(\varDelta o_k \cos \alpha_k - \varDelta u_k \cos \beta_k) - (\varDelta o_k \sin \alpha_k + \varDelta u_k \sin \beta_k)\,\mathrm{tg}\,\beta_k$$
$$+ \lambda \vartheta_k^{o}(\mathrm{tg}\,\alpha_k + \mathrm{tg}\,\beta_k) - (h_k \vartheta_k^{v} - h_{k-1} \vartheta_{k-1}^{v}) = 0.$$

Derartige Gleichungen können in der Zahl n aufgestellt werden. Die erste enthält bloß $h_1 \vartheta_1^{v}$, die zweite die Differenz $h_2 \vartheta_2^{v} - h_1 \vartheta_1^{v}$, die dritte $h_3 \vartheta_3^{v} - h_2 \vartheta_2^{v}$ usf. Addiert man diese n Gleichungen, so heben sich sämtliche Glieder $h \vartheta^v$ weg und die Summengleichung erhält die Form

$$\sum_{k=1}^{n} [\varDelta o_k (\cos \alpha_k - \sin \alpha_k\,\mathrm{tg}\,\beta_k) - \varDelta u_k (\cos \beta_k + \sin \beta_k\,\mathrm{tg}\,\beta_k)]$$
$$= -\sum_{k=1}^{n} \vartheta_k^{o}\,\lambda\,(\mathrm{tg}\,\alpha_k + \mathrm{tg}\,\beta_k).$$

Da nun $\lambda\,(\mathrm{tg}\,\alpha_k + \mathrm{tg}\,\beta_k) = h_k - h_{k-1}$ ist, so nimmt die obige Gleichung, wenn noch auf der linken Seite $\mathrm{tg}\,\beta$ durch $\dfrac{\sin \beta}{\cos \beta}$ ersetzt und auf gemeinsamem Nenner gebracht wird, folgende Gestalt an:

$$\sum_{k=1}^{n} \vartheta_k^{o}\,(h_k - h_{k-1}) = - t, \qquad \ldots \ldots \ldots \text{e)}$$

wobei

$$t = \sum_{k=1}^{n} \left[\varDelta o_k \frac{\cos (\alpha_k + \beta_k)}{\cos \beta_k} - \varDelta u_k \frac{1}{\cos \beta_k} \right] \quad \ldots \ldots \text{e')}$$

ist.

Wir multiplizieren jetzt die Momentengleichungen des Obergurtes in der Gruppe a) der Reihe nach mit h_1, $h_2 \ldots h_{n-1}$ und addieren sodann.

Man erhält:

$$\sum_{k=1}^{n-1} [M_{k-1}^{o}\,o_k' + 2 M_k^{o}(o_k' + o_{k+1}') + M_{k+1}^{o}\,o_{k+1}']\,h_k$$
$$- \varrho \sum_{k=1}^{n-1} (\vartheta_k^{o} - \vartheta_{k+1}^{o})\,h_k = 0.$$

Nun schreiben wir das zweite Summenglied, in seine Elemente zerlegt, in übersichtlicher Form an:

$$\vartheta_1^{\,o}\,h_1 - \vartheta_2^{\,o}\,h_1$$
$$+\,\vartheta_2^{\,o}\,h_2 - \vartheta_3^{\,o}\,h_2$$
$$+\,\vartheta_3^{\,o}\,h_3 - \vartheta_4^{\,o}\,h_3$$

$$+\,\vartheta_{n-2}^{\,o}\,h_{n-2} - \vartheta_{n-1}^{\,o}\,h_{n-2}$$
$$+\,\vartheta_{n-1}^{\,o}\,h_{n-1} - \vartheta_n^{\,o}\,h_{n-1}.$$

Nun ist, wenn man je zwei übereinander stehende Glieder zusammenfaßt,

$$\vartheta_1^{\,o}\,(h_1 - h_0) + \vartheta_2^{\,o}\,(h_2 - h_1) + \vartheta_3^{\,o}\,(h_3 - h_2) + \cdots + \vartheta_{n-1}^{\,o}\,(h_{n-1} - h_{n-2})$$
$$+\,\vartheta_n^{\,o}\,(h_n - h_{n-1}) = \sum_{k=1}^{n} \vartheta_k^{\,o}\,(h_k - h_{k-1}),$$

wobei zur Vervollständigung des Zahlenbildes das erste und letzte Glied durch h_o und h_n, die beide Null sind, ergänzt wurden. Der so gewonnene Summenwert ist aber bereits durch Gleichung e) bestimmt und man gelangt somit zur letzten Elastizitätsbedingung:

$$\sum_{k=1}^{n-1} [M_{k-1}^{\,o}\,o_k' + 2\,M_k^{\,o}(o_k' + o_{k+1}') + M_{k+1}^{\,o}\,o_{k+1}']\,h_k + \varrho\,t = 0.$$

Wir formen den linksstehenden Summenausdruck noch um. Zu diesem Zwecke schreiben wir drei aufeinander folgende Glieder der Summe ausführlich an, nämlich

$$M_{k-2}^{\,o}\,o_{k-1}'\,h_{k-1} + 2\,M_{k-1}^{\,o}(o_{k-1}' + o_k')\,h_{k-1} + M_k^{\,o}\,o_k'\,h_{k-1}$$
$$+\,M_{k-1}^{\,o}\,o_k'\,h_k \qquad\qquad + 2\,M_k^{\,o}(o_k' + o_{k+1}')\,h_k + M_{k+1}^{\,o}\,o_{k+1}'\,h_k$$
$$+\,M_k^{\,o}\,o_{k+1}'\,h_{k+1} \qquad\qquad + \cdots$$

Somit treten immer drei Glieder von M^o mit gemeinsamem Zeiger auf; der voranstehenden Gleichung kann daher folgende endgültige Form gegeben werden:

$$\sum_{k=1}^{n-1} M_k^{\,o}\,[o_k'\,(h_{k-1} + 2\,h_k) + o_{k+1}'\,(2\,h_k + h_{k+1})] + \varrho\,t = 0. \quad . \text{ f)}$$

Es bleibt noch übrig, die in den Elastizitätsbedingungen d) und f) vorkommenden Momente M und die Längenänderungen $\varDelta l$ in den Ausdrücken r und t durch die n Überzähligen, die tunlichst zweckmäßig auszuwählen sind, zu ersetzen, um zu den Bestimmungsgleichungen zu gelangen. Mit Rücksicht auf die einfachen statischen Beziehungen, die zwischen Obergurt- und Untergurtknotenmomenten bestehen, wähle man die eine Hälfte dieser Momente, z. B. die Obergurtknotenmomente, als $n - 1$ Überzählige. In der Gleichung f) sind dann, wenn man zunächst vom Gliede ϱt absehen will, keine Änderungen mehr vorzunehmen. In den $n-1$ Elastizitätsbedingungen d) ist der Ersatz des M^u durch das M^o desselben Feldes sehr einfach, es wird auch hierdurch die Zahl der Glieder in den Gleichungen nicht vermehrt, was für die Auflösung der Gleichungen wichtig ist. Als letzte Überzählige nehme man die Horizontalkraft H, die in den Verbindungspunkten o und n vom Oberteil auf den Unterteil übertragen wird, weil sich durch diese Kraft alle Stablängskräfte und somit die in den Gliedern r und t enthaltenen Längenänderungen $\varDelta o$ und $\varDelta u$ einfach ausdrücken lassen. Der Vorteil, den unsere Methode durch Feststellung der Elastizitätsbedingungen vor der Wahl der Überzähligen bietet, ist hier, wo es sich um die Auflösung einer großen Zahl von Gleichungen handelt, besonders einleuchtend. Wollte man z. B. die Hängestangenkräfte als Überzählige benutzen, so würde man sofort nach Aufstellung der statischen Beziehungen erkennen, daß sich die Zahl der Gleichungsglieder bedeutend vermehren und hierdurch die Arbeit der Ermittlung der Unbekannten aus den Gleichungen vervielfachen würde.

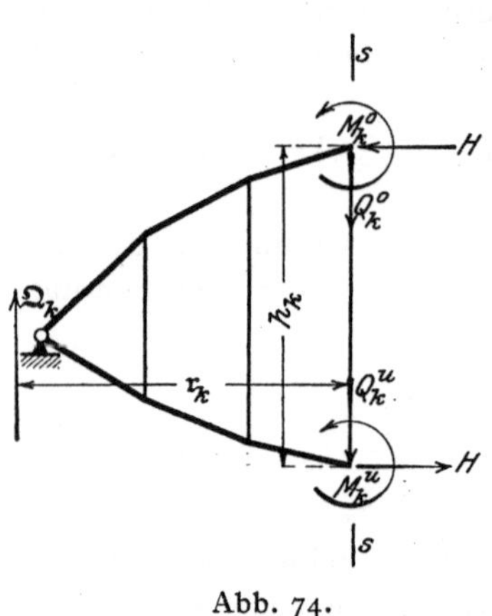

Abb. 74.

Behufs Aufstellung der Gleichgewichtsbeziehungen betrachten wir Abb. 74, die die linke Hälfte des in einem beliebigen Felde knapp neben den Knoten k entzwei geschnittenen Tragwerkes darstellt. Die im Ober- und Untergurt übertragenen Schnittkräfte sind die Momente M_k^o und M_k^u, die Knotenmomente unserer Momentengleichungen, ferner die wagerechte Schubkraft H, welche im Ober- und Untergurt gleich ist, nachdem wir nur lotrechte äußere Kräfte voraussetzen wollen, und schließlich die Querkräfte Q_k^o und Q_k^u. Das Moment aller links vom Schnitte liegenden äußeren Kräfte, bezogen auf einen Punkt der unendlich nahe neben den Knoten k geführten Schnittlinie $s-s$, sei $\mathfrak{Q}_k \mathfrak{r}_k = \mathfrak{M}_k$. Die einzige in Betracht kommende Gleichgewichtsbeziehung lautet daher, wenn sämtliche Momente auf den Obergurtschwerpunkt in der Schnittlinie bezogen werden:

$$M_k^o + M_k^u + H h_k - \mathfrak{M}_k = 0 \,^1)$$

und daraus

$$M_k^u = - M_k^o - H h_k + \mathfrak{M}_k \quad . \quad . \quad . \quad . \quad . \quad \text{g)}$$

---

¹) Die Momente M_k^o und M_k^u sind in Abb. 74 gemäß den Festsetzungen am Beginn dieses Beispiels positiv drehend angenommen.

Es ist hierbei gleichgültig, wo die äußeren Kräfte angreifen, ob an dem Obergurt, Untergurt oder zwischen beiden Gurten an den Hängestangen. Führt man sämtliche M^u gemäß Gleichung g) ein, so nehmen die Elastizitätsbedingungen d) und f) zunächst die Form an

$$M_{k-1}(o_k' + u_k') + 2 M_k(o_k' + u_k' + o_{k+1}' + u_{k+1}') + M_{k+1}(o_{k+1}' + u_{k+1}')$$
$$+ H\left[u_k'(h_{k-1} + 2 h_k) + u_{k+1}'(2 h_k + h_{k+1})\right] - r_k$$
$$= \mathfrak{M}_{k-1} u_k' + 2 \mathfrak{M}_k (u_k' + u_{k+1}') + \mathfrak{M}_{k+1} u_{k+1}'$$

$$\sum_{k=1}^{n-1} M_k\left[o_k'(h_{k-1} + 2 h_k) + o_{k+1}'(2 h_k + h_{k+1})\right] + \varrho t = 0.$$

Da eine Verwechslung zwischen Obergurt und Untergurt nicht mehr möglich ist, so haben wir den oberen Zeiger o weggelassen, bemerken aber ausdrücklich, daß nnter M_k das Moment im Knoten k des Obergurtes verstanden wird. Gleichung f), die wir hier nochmals eingestellt haben, ist unverändert geblieben.

Nun haben wir noch die Aufgabe, die Ausdrücke r und t zu berechnen. Zu diesem Behufe müssen die Längenänderungen $\varDelta o$ und $\varDelta u$ durch die Überzähligen ausgedrückt werden. Da der Einfluß dieser Glieder auf die Unbekannten verhältnismäßig gering ist, so genügt es, die Stablängskräfte O und U durch die Gleichungen

$$O = -H\cos\alpha, \qquad U = H\cos\beta$$

zu beschreiben[1]. Hierbei ist der Einfluß der Querkräfte des Tragwerkes auf die Stablängskräfte vernachlässigt. Mit Rücksicht auf die in Abb. 74 angenommenen Richtungen der Schnittkräfte H ergibt sich O als Druckspannung, U als Zugspannung, was wir durch Vorsetzen des $-$-Zeichen vor O berücksichtigt haben. Es ist somit

$$\varDelta o = -H\frac{o\cos\alpha}{EF^o}, \qquad\qquad \varDelta u = H\frac{u\cos\beta}{EF^u}.$$

Da $o\cos\alpha = u\cos\beta = \lambda$ ist, so wird

$$\varDelta o = -H\frac{\lambda}{EF^o} \qquad \text{und} \qquad \varDelta u = H\frac{\lambda}{EF^u}.$$

Mit diesen Werten geht r_k über in

$$r_k = 6H\left[-\frac{J_c}{F_k^{\,o}}\sin\alpha_k + \frac{J_c}{F_{k+1}^{\,o}}\sin\alpha_{k+1} + \frac{J_c}{F_k^{\,u}}\sin\beta_k - \frac{J_c}{F_{k+1}^{\,u}}\sin\beta_{k+1}\right] \text{h)}$$

und ϱt in

$$\varrho t = -6H\lambda \sum_{k=1}^{n}\left[\frac{J_c}{F_k^{\,o}}\frac{\cos(\alpha_k + \beta_k)}{\cos\beta_k} + \frac{J_c}{F_k^{\,u}}\frac{1}{\cos\beta_k}\right]. \quad \ldots \ldots \text{i)}$$

---

[1] Genauere Näherungswerte wären: $-H\sec\alpha$ und $H\sec\beta$.

Wie man erkennt, sind r und t nur von H abhängig und stellen Zusatzglieder der Beiwerte dieser Unbekannten vor. Die Bestimmungsgleichungen für die statisch unbestimmbaren Größen M_1, $M_2 \ldots M_{n-1}$ und H nehmen daher die folgende endgültige Gestalt an:

$$M_{k-1}(o_k' + u_k') + 2 M_k (o_k' + u_k' + o_{k+1}' + u_{k+1}') + M_{k+1}(o_{k+1}' + u_{k+1}')$$

$$+ H \left[u_k'(h_{k-1} + 2 h_k) + u_{k+1}'(2 h_k + h_{k+1}) \right.$$

$$\left. + 6\left(\frac{J_c}{F_k^o} \sin \alpha_k - \frac{J_c}{F_{k+1}^o} \sin \alpha_{k+1} - \frac{J_c}{F_k^u} \sin \beta_k + \frac{J_c}{F_{k+1}^u} \sin \beta_{k+1}\right)\right]$$

$$= \mathfrak{M}_{k-1} u_k' + 2 \mathfrak{M}_k (u_k' + u_{k+1}') + \mathfrak{M}_{k+1} u_{k+1}' \quad \cdots \cdots \text{k)}$$

$$\sum_{k=1}^{n-1} M_k \left[o_k'(h_{k-1} + 2 h_k) + o_{k+1}'(2 h_k + h_{k+1}) \right]$$

$$- 6 H \lambda \sum_{k=1}^{n} \left[\frac{J_c}{F_k^o} \frac{\cos(\alpha_k + \beta_k)}{\cos \beta_k} + \frac{J_c}{F_k^u} \frac{1}{\cos \beta_k} \right] = 0 \quad \cdots \text{1)}$$

Beachtet man, daß $\frac{J_c}{F}$ als Quadrat eines Trägheitshalbmessers i aufgefaßt werden kann, so erkennt man, daß das Zusatzglied im Beiwert von H in den Gleichungen k) klein gegen das Hauptglied ist und in der Regel vernachlässigt werden kann, da das Schlankheitsverhältnis der Gurtstäbe kaum kleiner als 20 sein wird. Man ist hierzu um so mehr berechtigt als $\sin \alpha$ und $\sin \beta$ meist kleine Brüche sind und außerdem nur die Differenzen zweier aufeinanderfolgenden Brüche zu berücksichtigen sind. Der von den Stabquerschnitten abhängige Beiwert von H in Gleichung 1) darf dagegen nicht vernachlässigt werden.

Die Berechnung des Lohseträgers ist somit auf ein System von $n-1$ Dreimomentengleichungen mit H-Glied der Form k) und auf eine Gleichung 1), die alle Unbekannten enthält, zurückgeführt. Die Berechnung der Unbekannten erfolgt am zweckmäßigsten durch schrittweise Elimination. Da $M_o = 0$ ist, so enthält die erste der Gleichungen k) nur die Unbekannten M_1, M_2 und H. Drückt man M_2 durch M_1 und H aus und führt den Wert hiervon in die folgende Gleichung ein, so kann man aus dieser M_3 durch M_1 und H darstellen. Auf diese Weise kann man aus jeder Gleichung eine Unbekannte durch M_1 und H bestimmen, bis auf die $n-1$-te Gleichung, aus der dann M_1 unmittelbar als Funktion von H hervorgeht. Mit dieser Beziehung zwischen M_1 und H können die sämtlichen unbekannten Momente durch H definiert werden. In die Gleichung 1) eingesetzt, liefern sie endlich H und somit alle übrigen Unbekannten.

Da es sich fast immer um die Ermittlung der Einflußlinien der überzähligen Größen handelt, so empfiehlt sich die Einhaltung des folgenden Vorganges:

Man berechnet zunächst die Beiwerte der Unbekannten nach den Vorschriften der Gleichungen k) und l), am besten in Form einer Tafel, da sich aus einer solchen die Summenausdrücke leicht bestimmen lassen. Bei symmetrisch gebauten Tragwerken, die meistens vorliegen werden, genügt natürlich die Berechnung der Beiwerte für eine Trägerhälfte, nur ist etwas Vorsicht bei Ermittlung der Summenausdrücke geboten, damit kein Glied verloren gehe, oder zweimal berücksichtigt erscheine. Nun denkt man sich die Last 1 der Reihe nach in jedem Knoten angebracht und bestimmt rechnerisch oder durch Zeichnung die zugehörigen Momentendreiecke der $\mathfrak{M}$-Linien. In einer zweiten Tafel werden nun mit Hilfe der gerechneten oder der Zeichnung entnommenen $\mathfrak{M}$-Werte die dreigliedrigen Ausdrücke der rechten Seiten der Gleichungen k) ermittelt. Für jede Laststellung werden derartige $n - 1$ Zahlen in einer Tafel zusammengestellt. Bei symmetrischen Trägern genügt es, nur die halbe Zahl der Laststellungen zu berücksichtigen, indem nur die Knoten der einen Trägerhälfte einschließlich eines bei gerader Felderzahl vorhandenen Mittelknotens der Reihe nach mit $P = 1$ belastet werden.

Bei der Auflösung der Gleichung geht man nun so vor, daß man für die Beiwerte der Unbekannten die berechneten Zahlenwerte einführt, die rechten Gleichungsseiten aber zunächst mit Buchstaben bezeichnet und diese Buchstaben während der Auflösung beibehält. Die Gleichungen sehen daher folgendermaßen aus:

$$\beta_1 M_1 + \gamma_1 M_2 + \delta_1 H = a_1$$
$$\alpha_2 M_1 + \beta_2 M_2 + \gamma_2 M_3 + \delta_2 H = a_2$$
$$\cdots \cdots \cdots \cdots \cdots \cdots$$

$\alpha, \beta \ldots$ sind hierin Zahlenwerte. Man erhält nach Auflösung der Gleichungen die Unbekannten in der Form

$$M = \mu_1 a_1 + \mu_2 a_2 + \mu_3 a_3 + \cdots + \mu_{n-1} a_{n-1}$$

$\mu_1, \mu_2 \ldots$ sind ebenfalls Zahlen. Nun erst setzt man für $a_1, a_2 \ldots$ der Reihe nach die Zahlenreihen ein, die der Belastung der einzelnen Knotenpunkte entsprechen und bestimmt in einer Tafel die Produkte und Summen. Aus den so errechneten Ordinaten lassen sich die Einflußlinien der Unbekannten mit Hilfe des Satzes von der Gegenseitigkeit der Verschiebungen einfach zusammenstellen.

Die Auflösung der Gleichungen wird bedeutend erleichtert, wenn man die Elimination von zwei Seiten beginnt, das heißt von der ersten und $n - 1$-sten Gleichung aus und wenn man gegen die Mitte fortschreitet. Man gewinnt durch diesen Eliminationsvorgang schließlich zwei Gleichungen, die außer H noch zwei unbekannte Momente enthalten, die sich somit als Funktionen von H darstellen lassen. Der weitere Vorgang ist genau der gleiche, wie er oben beschrieben wurde. Ist das Tragwerk symmetrisch zur Mitte gebaut, dann genügt die zahlenmäßige Durchführung der Elimination in der einen Hälfte der Gleichungen. Man erhält die Ergebnisse für die zweite Hälfte, wenn man in den ersterrechneten Resultaten M_1 gegen M_{n-1}, M_2 gegen M_{n-2} usw., ebenso a_1 gegen a_{n-1}, a_2 gegen a_{n-2} usw. vertauscht. Im übrigen sei auf das Zahlenbeispiel in § 10 hingewiesen.

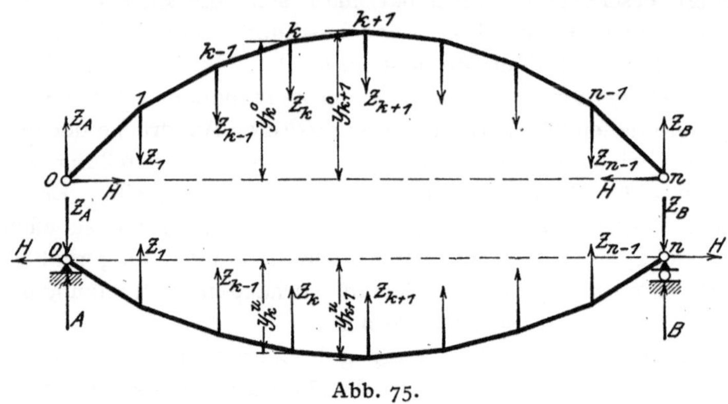

Abb. 75.

Sind die statisch nicht bestimmbaren Größen einmal bekannt, dann lassen sich auf Grund einfacher statischer Beziehungen die Momente (Kernmomente) für einen beliebigen Gurtpunkt ableiten.

Um auch die Pfostenkräfte zu bestimmen, denken wir uns das Tragwerk, wie dies in Abb. 75 dargestellt wurde, in zwei Hälften zerlegt und die Schnittkräfte angebracht. Für das Moment im Knoten k des Obergurtes gilt, wenn die äußeren Lasten am Untergurt wirkend angenommen werden,

$$M_k = m_k - H y_k^{\,o}.$$

Hier ist m_k das Moment der Hängestangenkräfte links von k, bezogen auf den Punkt k.

Nun ist bei der Feldweite λ

$$m_{k+1} = m_k + \lambda Q_k^{\,z},$$

wenn $Q_k^{\,z}$ die Mittelkraft aller links von $k+1$ gelegenen Hängestangenkräfte, einschließlich der Schnittkraft Z_A, bezeichnet.

Es ist also

$$Q_k^{\,z} = \frac{m_{k+1} - m_k}{\lambda}$$

und daher

$$- Z_k = Q_k{}^z - Q_k{}^z{}_{-1} = \frac{m_{k+1} - m_k}{\lambda} - \frac{m_k - m_{k-1}}{\lambda}$$

$$= \frac{1}{\lambda}(m_{k+1} - 2m_k + m_{k-1}).$$

Drückt man zum Schluß die Hilfsmomente m durch die Überzähligen M und H gemäß der erstangeführten Gleichung aus, so entsteht

$$Z_k = -\frac{1}{\lambda}(M_{k+1} - 2M_k + M_{k-1}) - \frac{H}{\lambda}(y_k{}^o{}_{+1} - 2y_k{}^o + y_k{}^o{}_{-1}) \quad . \quad . \text{ m)}$$

---

13. Beispiel. Ein bemerkenswertes Beispiel für die Vorteile, die das in diesem Buche dargestellte Berechnungsverfahren bei der Untersuchung vielfach statisch unbestimmter Systeme bietet, liefert der Fall des vielfeldrigen Rahmens mit eingespannten Ständern und steifen Ecken, wie er in Abb. 76 dargestellt ist. Die große Zahl der statisch

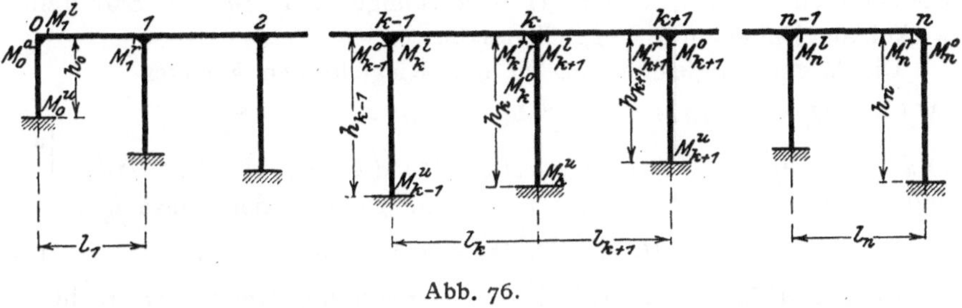

Abb. 76.

nicht bestimmbaren Größen gestaltet die Untersuchung dieses Tragsystems nach der Methode der Formänderungsarbeit sehr schwierig, weshalb vielfach Näherungsverfahren eingeschlagen wurden. Wir werden zeigen, daß sich bei zweckmäßiger Ausnutzung der durch die Methode des Viermomentensatzes gebotenen Hilfsmittel, insbesondere durch die Einführung der Hilfsgrößen Γ, die Berechnung derartiger Tragwerke verhältnismäßig einfach gestaltet. Da bei n Feldern $n + 1$ mehrstäbige Knoten vorhanden sind und die Ersatzfigur (siehe § 7) einfache Bewegungsmöglichkeit besitzt, so kann die Ermittlung der überzähligen Größen auf die Lösung von $n + 2$ Gleichungen zurückgeführt werden.

Folgende Bezeichnungsweise wird sich als zwecktunlich erweisen:

Die Riegelknoten werden von links nach rechts mit 0, 1, 2 ... n beziffert. Der Zeiger des rechten Riegelendpunktes gibt den Zeiger für den Riegel ab. Es wird also der Stab $k - 1$ bis k, l_k genannt. Die Stützen erhalten den Zeiger des oberen Anschlußpunktes. Ist dieser k, so heißt die Stütze h_k. Die Momente in den Anschlußpunkten eines Riegels bezeichnen wir mit dem gleichen unteren Zeiger, wie die zugehörige Stablänge, und unterscheiden die beiden zu einem Stab gehörenden Anschlußmomente durch die oberen Zeiger r und l. $M_k{}^r$ ist demnach das Moment am rechten Stabende des Riegels l_k, $M_k{}^l$ das Moment am linken Stabende des gleichen Riegels. Für das obere Anschlußmoment und das untere Einspannungsmoment der Stütze h_k schreiben wir $M_k{}^o$ und $M_k{}^u$. Der Stabdrehwinkel des Riegels l_k wird mit ϑ_k, der der Stütze h_k mit $\vartheta_k{}^v$ bezeichnet.

Für jeden Riegelknoten werden nun die Momentengleichungen angesetzt. Die Punkte o und n liefern je eine Gleichung, die Zwischenpunkte je zwei Gleichungen. Außerdem gibt jeder Stützenfußpunkt der Einspannung wegen je eine weitere Viermomentengleichung, wenn man sich die einzelnen Felder durch einen Schlußstab mit unendlich großem Querschnitt zu geschlossenen Rahmen ergänzt denkt.

Im ganzen verfügen wir über $3n + 1$ Viermomentengleichungen, zu denen noch $2n$ Winkelgleichungen hinzukommen, so daß das System der Elastizitätsbedingungen, von dem wir ausgehen, aus $5n + 1$ Gleichungen besteht, denen $3n$ Überzählige und $2n + 1$ Stabdrehwinkel als Unbekannte gegenüberstehen.

Die Momentengleichungen für den Riegelknoten k lauten:

$$\left.\begin{aligned}
(M_k{}^l + 2 M_k{}^r)\, l_k{}' + (2 M_k{}^o + M_k{}^u)\, h_k{}' - \varrho\,(\vartheta_k - \vartheta_k{}^v) &= N_k{}^l, \\
(M_k{}^l + 2 M_k{}^r)\, l_k{}' + (2 M_{k+1}{}^l + M_{k+1}{}^r)\, l_{k+1}{}' - \varrho\,(\vartheta_k - \vartheta_{k+1}) &= N_k{}^l + N_{k+1}{}^r
\end{aligned}\right\} \quad \text{a)}$$

und für den darunterliegenden Einspannungspunkt der Stütze l_k

$$(M_k{}^o + 2 M_k{}^u)\, h_k{}' - \varrho\, \vartheta_k{}^v = 0. \quad \ldots \ldots \ldots \text{b)}$$

Einiger Erläuterung bedarf die Bezeichnungsweise der rechten Gleichungsseiten. Wir setzen nur die Riegelstäbe als belastet voraus, die Stützen aber, seien zwischen Kopf- und Fußpunkt unbelastet. Die rechte Seite jeder Viermomentengleichung besteht im allgemeinen aus zwei Teilen, von denen der erste den Einfluß der Belastung des linken Feldes, wenn man beim Anschreiben der Momentengleichung von links nach rechts fortschreitet, der zweite den Einfluß des folgenden rechts liegenden Feldes angibt. Wir bezeichnen hier jeden Teil mit N. Der Fußzeiger k gibt an, von welcher Feldbelastung das Glied herrührt, und der obere Zeiger l oder r, ob das betreffende Feld für diese Momentengleichung linkes oder rechtes Feld ist, da $N_k{}^l$ und $N_k{}^r$ im allgemeinen voneinander verschieden sind.

Wir fassen nun die in den Klammern stehenden Momentensummen samt den Faktoren l' oder h' in Übereinstimmung mit den Darlegungen in § 7 als neue Unbekannte (Hilfsgrößen $\varGamma$) auf und setzen

$$\left.\begin{aligned}
(M_k{}^l + 2 M_k{}^r)\, l_k{}' = X_k{}^r \qquad (M_k{}^u + 2 M_k{}^o)\, h_k{}' = Y_k{}^o \\
(M_k{}^r + 2 M_k{}^l)\, l_k{}' = X_k{}^l \qquad (M_k{}^o + 2 M_k{}^u)\, h_k{}' = Y_k{}^u
\end{aligned}\right\} \quad \ldots \ldots \text{c)}$$

Der untere Zeiger von X und Y steht im Einklang mit dem unteren Zeiger der Momente, gibt also den Stab an, auf den sich diese Hilfsgrößen beziehen. X_k gilt somit für den k-ten Riegel, Y_k für die k-te Stütze. Der obere Zeiger stimmt jeweils überein mit dem oberen Zeiger jenes Momentes, das mit dem Faktor 2 versehen ist. Die Anzahl der Hilfsgrößen X und Y ist gleich der Anzahl der in unseren Momentengleichungen vorkommenden Momente.

Nach Einführung der Größen X und Y in die Momentengleichungen a) und b) nehmen diese folgende Gestalt an:

$$
\left.
\begin{aligned}
X_k{}^r + Y_k{}^o - \varrho\,(\vartheta_k - \vartheta_k{}^v) &= N_k{}^l, \\
X_k{}^r + X_{k+1}{}^l - \varrho\,(\vartheta_k - \vartheta_{k+1}) &= N_k{}^l + N_{k+1}{}^r, \\
Y_k{}^u - \varrho\,\vartheta_k{}^v &= 0.
\end{aligned}
\right\} \quad \dots \dots \text{ d)}
$$

Wie man erkennt, gewinnen die Elastizitätsbedingungen nach Einführung der Unbekannten X und Y sehr einfache und übersichtliche Form, die die Ausscheidung einzelner Unbekannten und eine hierdurch bewirkte Verringerung der Zahl der Bestimmungsgleichungen leicht ermöglicht. Zur Beseitigung der Drehwinkel aus den Gleichungen d) benützen wir die Winkelgleichungen, die für ein beliebiges Feld lauten:

$$
\left.
\begin{aligned}
\varDelta l_k + h_{k-1}\,\vartheta_{k-1}{}^v - h_k\,\vartheta_k{}^v &= 0, \\
\varDelta h_{k-1} - \varDelta h_k - l_k\,\vartheta_k &= 0.
\end{aligned}
\right\} \quad \dots \dots \dots \dots \text{ e)}
$$

Wir setzen fest, daß die Stabdehnungen $\varDelta l$ und $\varDelta h$ nur dann berücksichtigt werden sollen, wenn sie von Temperaturänderungen herrühren; der Einfluß der Stablängenänderungen infolge der Längskräfte soll als geringfügig vernachlässigt werden. Sind die Stützen gleich hoch oder in der Länge nur wenig verschieden, so ist der Ausdehnungsunterschied $\varDelta h_{k-1} - \varDelta h_k$ Null oder doch sehr klein, weshalb er gleichfalls unberücksichtigt bleiben kann. Somit finden wir aus der zweiten Winkelgleichung

$$
\vartheta_1 = \vartheta_2 = \dots = \vartheta_k \dots = \vartheta_n = 0 \quad \dots \dots \dots \text{ f)}
$$

Die erste der Gleichungen e) liefert, da $\varDelta l_k$, die Dehnung des Stabes l_k infolge der Temperaturänderung, als gegebene Größe betrachtet wird, einen Zusammenhang zwischen zwei aufeinanderfolgenden Stützendrehwinkeln. Da bei $n+1$ Stützen n derartige Gleichungen vorhanden sind, so können sämtliche Stützendrehwinkel durch einen von ihnen ausgedrückt werden. Wir wählen hierzu $\vartheta_0{}^v$; es erscheinen daher diese Drehwinkel durch die folgenden Gleichungen mit $\vartheta_0{}^v$ verknüpft.

$$\left.\begin{aligned}
h_1\,\vartheta_1{}^v &= h_0\,\vartheta_0{}^v + \varDelta l_1 \\
h_2\,\vartheta_2{}^v &= h_0\,\vartheta_0{}^v + \varDelta l_1 + \varDelta l_2 \\
&\cdots\cdots\cdots\cdots \\
h_k\,\vartheta_k{}^v &= h_0\,\vartheta_0{}^v + \sum_1^k \varDelta l \\
&\cdots\cdots\cdots\cdots \\
h_n\,\vartheta_n{}^v &= h_0\,\vartheta_0{}^v + \sum_1^n \varDelta l
\end{aligned}\right\} \quad \cdots\cdots\cdots\cdots \text{g)}$$

Die Gleichungen f) und g) gestatten die Beseitigung sämtlicher Stabdrehwinkel aus den Elastizitätsbedingungen d) bis auf den Winkel $\vartheta_0{}^v$. Die Beziehungen d) nehmen mithin die Gestalt an

$$\left.\begin{aligned}
X_k{}^r + Y_k{}^o + \varrho\,\frac{h_0}{h_k}\,\vartheta_0{}^v &= N_k{}^l - \frac{\varrho}{h_k}\sum_1^k \varDelta l^t, \\[2mm]
X_k{}^r + X_{k+1}{}^l &= N_k{}^l + N_{k+1}{}^r, \\[2mm]
Y_k{}^u - \varrho\,\frac{h_0}{h_k}\,\vartheta_0{}^v &= \frac{\varrho}{h_k}\sum_1^k \varDelta l^t.
\end{aligned}\right\} \quad \cdots\cdots\cdots \text{h)}$$

Die Dehnungen $\varDelta l$ wurden mit dem Zeiger t versehen, um anzudeuten, daß es sich um Längenänderungen der Riegel infolge Wärmeschwankungen handelt.

Die Zahl der Gleichungen h) beträgt, wie wir bereits oben festgestellt haben, $3n + 1$. Die Zahl der in diesen Gleichungen auftretenden Unbekannten X und Y ist bei $2n + 1$ Stäben, $4n + 2$; hierzu kommt noch der Drehwinkel $\vartheta_0{}^v$, so daß die Gesamtzahl der Unbekannten $4n + 3$ beträgt. Da aber die Gleichungen h) die Gesamtheit der Elastizitätsbedingungen, die nach Verwendung der Winkelgleichungen übrigbleibt, darstellt, so müssen zwischen den Größen X und Y noch $n + 2$ statische Beziehungen bestehen, die wir zur weiteren Berechnung heranziehen und mit den Elastizitätsgleichungen in Verbindung bringen[1]). Zur Erlangung dieser Beziehungen benützen wir folgende Gleichgewichtsbedingungen:

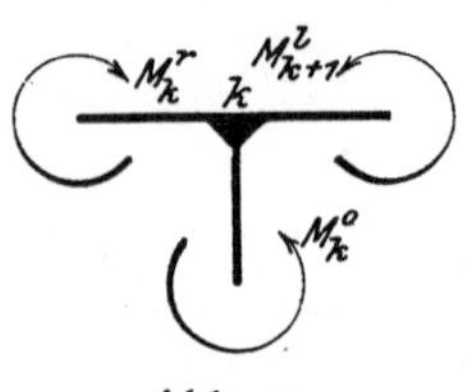

Abb. 77.

1. Die Summe aller in einem Riegelknoten angreifenden Momente ist Null.

2. Die Summe aller auf das Tragwerk wirkenden wagerechten äußeren Kräfte ist Null.

Bedingung 1 gibt bei $n + 1$ Riegelknoten $n + 1$ Gleichungen,

[1]) Man erinnere sich der allgemeinen Ausführungen über diese Frage in § 7.

Bedingung 2 eine Gleichung, womit die fehlenden $n + 2$ Zusammenhänge aufgestellt erscheinen.

Aus 1 gewinnen wir unter Hinweis auf Abb. 77 Gleichungen von der Form

$$- M_k{}^o + M_k{}^r - M_k{}^l{}_{+1} = 0 \quad \ldots \ldots \ldots \quad \text{i)}$$

Aus den Definitionsgleichungen c) folgt gleichzeitig

$$\left.\begin{aligned}
M_k{}^l &= \frac{1}{3\,l_k{}'}\left(2\,X_k{}^l - X_k{}^r\right) \\[2mm]
M_k{}^r &= \frac{1}{3\,l_k{}'}\left(2\,X_k{}^r - X_k{}^l\right) \\[2mm]
M_k{}^o &= \frac{1}{3\,h_k{}'}\left(2\,Y_k{}^o - Y_k{}^u\right) \\[2mm]
M_k{}^u &= \frac{1}{3\,h_k{}'}\left(2\,Y_k{}^u - Y_k{}^o\right).
\end{aligned}\right\} \quad \ldots \ldots \ldots \quad \text{k)}$$

Die Verknüpfung der Gleichungen i) mit den Formeln k) liefert die Gleichgewichtsbedingungen in der Form

$$- \frac{1}{h_k{}'}\left(2\,Y_k{}^o - Y_k{}^u\right) + \frac{1}{l_k{}'}\left(2\,X_k{}^r - X_k{}^l\right) - \frac{1}{l_{k+1}'}\left(2\,X_k{}^l{}_{+1} - X_k{}^r{}_{+1}\right) = 0. \quad \text{l)}$$

Nun ergeben die Gleichungen h) für jeden Knoten die folgenden einfachen Zusammenhänge:

$$\left.\begin{aligned}
X_k{}^r &= - Y_k{}^o - \varrho\,\frac{h_0}{h_k}\,\vartheta_0{}^v + N_k{}^l - \frac{\varrho}{h_k}\sum_1^k \varDelta\,l^t, \\[3mm]
X_k{}^l &= Y_k{}^o{}_{-1} + \varrho\,\frac{h_0}{h_{k-1}}\,\vartheta_0{}^v + N_k{}^r + \frac{\varrho}{h_{k-1}}\sum_1^{k-1} \varDelta\,l^{t\,1}), \\[3mm]
Y_k{}^u &= \varrho\,\frac{h_0}{h_k}\,\vartheta_0{}^v + \frac{\varrho}{h_k}\sum_1^k \varDelta\,l^t.
\end{aligned}\right\} \quad \ldots \ldots \quad \text{m)}$$

Sämtliche Unbekannten X und Y sind somit durch die Größen Y^o und $\vartheta_0{}^v$ ausgedrückt. Wir führen die Beziehungen m) in die Gleichgewichtsbedingungen l) ein, multiplizieren mit der beliebig gewählten reduzierten Länge $l_c{}'$ und gelangen zu nachstehendem Gleichungssystem:

---

[1]) Aus den Gleichungen h) wird zunächst $X_k{}^l{}_{+1}$ gefunden. Durch Verringerung die Zeigerziffern um 1 wird daraus $X_k{}^l$ abgeleitet.

$$\left.\begin{aligned}
& Y_{k-1}^{o}\,\frac{l_c'}{l_k'} + 2\,Y_k^{\,o}\left(\frac{l_c'}{l_k'} + \frac{l_c'}{h_k'} + \frac{l_c''}{l_{k+1}'}\right) + Y_{k+1}^{\,o}\,\frac{l_c'}{l_{k+1}'} \\
& \quad + D\left[\frac{h_0}{h_{k-1}}\,\frac{l_c'}{l_k'} + \frac{h_0}{h_k}\left(2\,\frac{l_c'}{l_k'} - \frac{l_c'}{h_k'} + 2\,\frac{l_c'}{l_{k+1}'}\right) + \frac{h_0}{h_{k+1}}\,\frac{l_c'}{l_{k+1}'}\right] \\
& = \frac{l_c'}{l_k'}\left(2\,N_k^{\,l} - N_k^{\,r}\right) - \frac{l_c'}{l_{k+1}'}\left(2\,N_{k+1}^{\,r} - N_{k+1}^{\,l}\right) \\
& \quad - \varrho\,\alpha_t\,t\left[\frac{L_{k-1}}{h_{k-1}}\,\frac{l_c'}{l_k'} + \frac{L_k}{h_k}\left(2\,\frac{l_c'}{l_k'} - \frac{l_c'}{h_k'} + 2\,\frac{l_c'}{l_{k+1}'}\right) + \frac{L_{k+1}}{h_{k+1}}\,\frac{l_c'}{l_{k+1}'}\right].
\end{aligned}\;\right\} \quad \text{n)}$$

Für den ϱ-fachen Drehwinkel $\vartheta_0^{\,v}$ wurde D gesetzt; demnach ist

$$D = 6\,E\,J_c\,\vartheta_0^{\,v}.$$

An Stelle von $\varDelta\,l^t$ wurde $\alpha_t\,t\,l$ eingeführt, somit wird

$$\sum_1^k \varDelta\,l^t = \alpha_t\,t\,\sum_1^k l = \alpha_t\,t\,L_k.$$

L_k bedeutet die Summe der Riegellängen von o bis zum Punkte k.

Das vollständige Gleichungssystem wird aus der für das k-te Feld gültigen Gleichung n) erhalten, indem man k der Reihe nach 0, 1, 2, ..., n setzt. Für $k = o$ und $k = n$ denke man sich einen o vorangehenden bzw. n nachfolgenden Stab hinzu, setze aber alle auf diese Stäbe bezüglichen $l_k' = \infty$. Im Temperaturgliede dieser beiden Gleichungen sind innerhalb der eckigen Klammer die ersten bzw. die letzten beiden Summanden Null zu setzen. Die zweite und vorletzte Gleichung ist bis auf den Klammerwert des Temperaturgliedes vollständig. In diesem Klammerwert entfällt bei der zweiten Gleichung das erste Glied, bei der vorletzten Gleichung das letzte Glied.

Die Gleichungen n) haben die Form von Dreimomentengleichungen, doch unterscheiden sie sich von diesen durch das von $\vartheta_0^{\,v}$ herrührende Zusatzglied. Sie können kurz in der Form geschrieben werden:

$$\alpha_{k-1}\,Y_{k-1}^{\,o} + 2\,\beta_k\,Y_k^{\,o} + \alpha_{k+1}\,Y_{k+1}^{\,o} + \gamma_k\,D = N_k + \tau_k\,\varrho\,\alpha_t\,t.$$

N_k ist der von der Feldbelastung, $\tau_k\,\varrho\,\alpha_t\,t$ der von der Temperaturänderung der Riegel abhängige Teil der rechten Gleichungsseite. Die $n+1$ Gleichungen n) enthalten $n+1$ Unbekannte Y^o und den Stützendrehwinkel $\vartheta_0^{\,v}$.

Die noch fehlende Gleichung leiten wir aus der Gleichgewichtsbedingung 2 ab. Diese lautet:

$$\sum_{k=0}^n H_k + \sum_{k=1}^n P_k^{\,h} = o.$$

H ist die wagerechte Auflagerkraft in den Stützenfußpunkten, $P_k^{\,h}$ die Summe aller in der Riegelachse des k-ten Feldes wirkenden wagerechten äußeren Kräfte.

Zwischen H_k und den Stützenmomenten besteht, wenn man die Abb. 78 beachtet, die Beziehung

$$+ M_k{}^o - M_k{}^u - H_k h_k = 0.$$

Mithin ist

$$H_k = \frac{1}{h_k}\left(M_k{}^o - M_k{}^u\right),$$

oder nach Einführung der Hilfsgrößen Y durch die Formeln k)

$$H_k = \frac{1}{h_k h_k'}\left(Y_k{}^o - Y_k{}^u\right).$$

Nun ist nach Gleichung m)

$$Y_k{}^u = \varrho\,\frac{h_0}{h_k}\,\vartheta_0{}^v + \frac{\varrho}{h_k}\sum_1^k \varDelta\,l^t = \varrho\,\frac{h_0}{h_k}\,\vartheta_0{}^v + \alpha_t t \varrho\,\frac{L_k}{h_k},$$

somit

$$H_k = \frac{1}{h_k h_k'}\left[Y_k{}^o - \frac{h_0}{h_k}\,D - \alpha_t t \varrho\,\frac{L_k}{h_k}\right].$$

Die Gleichgewichtsbedingung nimmt daher die Form an

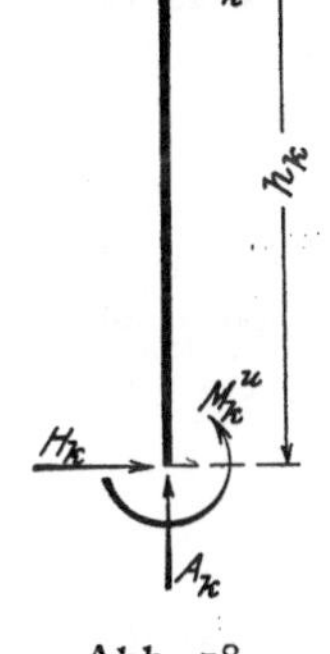

Abb. 78.

$$\sum_{k=0}^n \frac{Y_k{}^o}{h_k h_k'} - D \sum_{k=0}^n \frac{h_0}{h_k{}^2 h_k'} = -\sum_{k=1}^n P_k{}^h + \alpha_t t \varrho \sum_{k=0}^n \frac{L_k}{h_k{}^2 h_k'}.\quad\ldots\ldots \text{o)}$$

Mit dieser Gleichung haben wir die letzte noch fehlende Bestimmungsgleichung zur Ermittlung der Größen Y^o und des Drehwinkels $\vartheta_0{}^v$ gefunden. Unsere Aufgabe ist somit im Grunde genommen gelöst.

Die Gleichungen n) und o) weisen den gleichen Bau auf, wie die Bestimmungsgleichungen für den Lohseträger. Ihre Auflösung kann daher nach dem gleichen Eliminationsverfahren erfolgen, wie dort.

Einflußlinien der Größen Y^o und $\vartheta_0{}^v$.

In der Mehrzahl der Fälle wird es notwendig sein, Einflußlinien zur Untersuchung des Tragwerks heranzuziehen. Ihre Darstellung auf Grund der allgemeinen Lösungen der Bestimmungsgleichungen macht keine Schwierigkeiten.

Bezeichnet man die rechte Seite der Gleichungen n) mit a_0, a_1, a_2, ... a_n, die der Gleichung o) mit a_D und behält man diese allgemeinen Zahlen bei der Auflösung bei, während für die Beiwerte der Unbekannten die tatsächlichen Zahlenwerte eingeführt werden, so nehmen die allgemeinen Lösungen der Bestimmungsgleichungen n) und o) die Form an:

$$\left.\begin{aligned} Y_k^o &= \mu_0^{\ k} a_0 + \mu_1^{\ k} a_1 + \cdots + \mu_{i-1}^{\ k} a_{i-1} + \mu_i^{\ k} a_i + \cdots \\ &\qquad\qquad\qquad + \mu_n^{\ k} a_n + \mu_D^{\ k} a_D, \\ D &= \nu_0 a_0 + \nu_1 a_1 + \cdots + \nu_{i-1} a_{i-1} + \nu_i a_i + \cdots + \nu_n a_n + \nu_D a_D. \end{aligned}\right\} \text{ p)}$$

μ und ν sind Zahlenwerte, die aus den Beiwerten der Gleichungen n) und o) entstehen.

Zwecks Ermittlung des Einflußlinienzweiges im i-ten Riegelfelde denken wir uns dieses Feld mit der Einzellast $P=1$ an beliebiger Stelle belastet. Da die übrigen Felder unbelastet sind, so sind alle N-Werte unserer Gleichungen mit Ausnahme von N_i^l und N_i^r Null. Für die Belastung mit $P=1$ ist aber

$$N_i^l = - f_2\, l_i\, l_i',$$
$$N_i^r = - f_1\, l_i\, l_i',$$

wenn f_1 und f_2 die Stammfunktionen sind.

Nun ist

$$a_{i-1} = - \frac{l_c'}{l_i'}\,(2\,N_i^r - N_i^l),$$

$$a_i = \frac{l_c'}{l_i'}\,(2\,N_i^l - N_i^r)$$

und daher

$$a_{i-1} = l_i\,(2\,f_1 - f_2)\,l_c',$$
$$a_i = - l_i\,(2\,f_2 - f_1)\,l_c',$$

während alle anderen a-Werte einschließlich a_D Null werden. Die Lösungen p) vereinfachen sich daher bedeutend und lauten jetzt:

$$\left.\begin{aligned} Y_k^o &= \mu_{i-1}^{\ k} a_{i-1} + \mu_i^{\ k} a_i, \\ D &= \nu_{i-1} a_{i-1} + \nu_i a_i. \end{aligned}\right\} \ \ldots\ldots\ldots\ldots\ \text{p)}'$$

Mit den vorangehend dargestellten Werten von a_{i-1} und a_i gehen die Gleichungen p$'$) über in

$$Y_k^o = l_i\,[\mu_{i-1}^{\ k}\,(2\,f_1 - f_2) - \mu_i^{\ k}\,(2\,f_2 - f_1)]\,l_c',$$
$$D = l_i\,[\nu_{i-1}\,(2\,f_1 - f_2) - \nu_i\,(2\,f_2 - f_1)]\,l_c'.$$

Wir setzen

$$2\,f_1 - f_2 = \Phi_1 \qquad \text{und} \qquad 2\,f_2 - f_1 = \Phi_2$$

und erhalten die Gleichungen der Einflußlinien der Überzähligen in der endgültigen Form

$$Y_k^o = \mu_{i-1}^{\ k}\,l_i\,l_c'\,\Phi_1 - \mu_i^{\ k}\,l_i\,l_c'\,\Phi_2, \ \ldots\ldots\ldots\ \text{r)}$$
$$D = \nu_{i-1}\,l_i\,l_c'\,\Phi_1 - \nu_i\,l_i\,l_c'\,\Phi_2. \ \ldots\ldots\ldots\ \text{s)}$$

Setzt man der Reihe nach $k = 0, 1, 2, \ldots, n$ und bei festgehaltenem k jedesmal $i = 1, 2, \ldots, n$ und wählt man aus den allgemeinen Lösungen, die den Zeigern k und i entsprechenden Zahlenwerte der μ aus, so können nach Formel r) alle Einflußlinienzweige sämtlicher Unbekannten Y_k^o berechnet werden. Gleichung s) liefert, wenn man der Reihe nach $i = 1, 2, \ldots, n$ setzt, die Zweige der D-Linie, falls man die zugehörigen ν-Beträge den allgemeinen Lösungen entnimmt. Die Funktionen Φ_1 und Φ_2 sind in allen Unbekannten und in allen Zweigen dieselben. Sie werden mittels der Tafelwerte von f_1 und f_2 für die ausgewählten Zwischenpunkte berechnet. Die Ermittlung sämtlicher Einflußlinienordinaten ist somit auf die Berechnung von Ausdrücken der Form $A\,\Phi_1 + B\,\Phi_2$ zurückgeführt.

Mit Hilfe der Y^o- und D-Linien können alle übrigen Einflußlinien leicht abgeleitet werden. Aus den Formeln k) und m) findet man

$$M_k^l = \frac{1}{3\,l_k{}'}\left[\left(2\,Y_{k-1}^o + Y_k^o\right) + \left(2\frac{h_0}{h_{k-1}} + \frac{h_0}{h_k}\right)D + \left(2\,N_k^r - N_k^l\right)\right]\Bigg]$$

oder

$$M_k^l = \frac{1}{3\,l_k{}'}\left[\left(2\,Y_{k-1}^o + Y_k^o\right) + \left(2\frac{h_0}{h_{k-1}} + \frac{h_0}{h_k}\right)D\right] - \left(\frac{l_k}{3}\,\Phi_1\right)\Bigg\} \quad \cdot \text{ t)}$$

und ebenso

$$M_k^r = -\frac{1}{3\,l_k{}'}\left[\left(2\,Y_k^o + Y_{k-1}^o\right) + \left(2\frac{h_0}{h_k} + \frac{h_0}{h_{k-1}}\right)D\right] - \left(\frac{l_k}{3}\,\Phi_2\right).$$

Hierbei ist das Schlußglied $\left(\dfrac{l_k}{3}\,\Phi_1\right)$ bzw. $\left(\dfrac{l_k}{3}\,\Phi_2\right)$ nur beim k-ten Zweig der Einflußlinie hinzufügen.

Ferner besteht

$$M_k^o = \frac{1}{3\,h_k{}'}\left[2\,Y_k^o - \frac{h_0}{h_k}D\right]\Bigg\}$$
$$M_k^u = \frac{1}{3\,h_k{}'}\left[2\frac{h_0}{h_k}D - Y_k^o\right]\Bigg\} \quad \cdots \cdots \cdots \text{ u)}$$

und schließlich

$$H_k = \frac{1}{h_k\,h_k{}'}\left[Y_k^o - \frac{h_0}{h_k}D\right]. \quad \cdots \cdots \cdots \text{ v)}$$

Rahmenträger mit Fußgelenken.

Die Gleichungen für Rahmenträger mit gelenkig aufgesetzten Stützen lassen sich an der Hand des voranstehend Dargelegten sehr einfach ableiten. Da die Momente M_k^u Null sind, so entfallen die Viermomentengleichungen b), außerdem gewinnt man aus den Definitionsformeln c) eine einfache Beziehung zwischen Y_k^o und Y_k^u. Es ist nämlich, wenn man in c) $M_k^u = 0$ setzt,

$$2 M_k^o h_k' = Y_k^o \qquad \text{und} \qquad M_k^o h_k' = Y_k^u$$

und daher

$$Y_k^u = \frac{1}{2} Y_k^o.$$

Im übrigen bleiben die Zusammenhänge zwischen den Größen X und Y und zwischen den Riegelmomenten unverändert.

Die Einführung von Y_k^o in die Gleichgewichtsbedingungen liefert jetzt folgende Bestimmungsgleichungen:

$$Y_{k-1}^o \frac{l_c'}{l_k'} + 2 Y_k^o \left(\frac{l_c'}{l_k'} + \frac{3}{4} \frac{l_c'}{h_k'} + \frac{l_c'}{l_{k+1}'} \right) + Y_{k+1}^o \frac{l_c'}{l_{k+1}'}$$

$$+ D \left[\frac{h_0}{h_{k-1}} \frac{l_c'}{l_k'} + 2 \frac{h_0}{h_k} \left(\frac{l_c'}{l_k'} + \frac{l_c'}{l_{k+1}'} \right) + \frac{h_0}{h_{k+1}} \frac{l_c'}{l_{k+1}'} \right]$$

$$= \frac{l_c'}{l_k'} (2 N_k^l - N_k^r) - \frac{l_c'}{l_{k+1}'} (2 N_{k+1}^r - N_{k+1}^l)$$

$$- \varrho \, \alpha_t \, t \left[\frac{L_{k-1}}{h_{k-1}} \frac{l_c'}{l_k'} + 2 \frac{L_k}{h_k} \left(\frac{l_c'}{l_k'} + \frac{l_c'}{l_{k+1}'} \right) + \frac{L_{k+1}}{h_{k+1}} \frac{l_c'}{l_{k+1}'} \right] \text{n')}$$

und da

$$H_k = \frac{1}{2 \, h_k \, h_k'} Y_k^o$$

ist, so folgt

$$\frac{1}{2} \sum_{k=0}^{n} \frac{Y_k^o}{h_k \, h_k'} = - \sum_{k=1}^{n} P_k^h \quad \ldots \ldots \ldots \ldots \text{o')}$$

Die Gleichungen n') enthalten nur in den Beiwerten der Unbekannten Y_k^o und D, sowie im Temperaturgliede unwesentliche Abweichungen gegenüber den Gleichungen n). Ihre Gestalt ist die gleiche geblieben. In o') entfallen im Vergleiche zu o) die von D und den Temperaturschwankungen abhängigen Glieder. Da in den Formeln n') die Lastglieder die gleichen sind wie in n), so erfahren auch die Formeln für die Einflußlinien der Y^o und D keine Änderungen. Ebenso unverändert bleiben die Gleichungen für die M_k^l- und M_k^r-Linien.

Für M_k^o gilt jetzt

$$M_k^o = \frac{Y_k^o}{2 \, h_k'}$$

und für H_k die bereits vorangehend angeführte Formel.

Zahlenbeispiel.

Das zu untersuchende Tragwerk ist in Abb. 79, S. 122 ersichtlich gemacht. Es besitzt fünf Öffnungen mit den Stützweiten 15, 15, 20, 15, 15 m. Die Stützenhöhe beträgt durchwegs 8 m. Die Querschnittsmaße sind in der Skizze auf S. 122 eingeschrieben.

Die erste Aufgabe ist die Ermittlung der Beiwerte in den Bestimmungs-gleichungen n). Sie wurde in Tafelform (Tafel 4, unten) durchgeführt. Die der Berechnung zugrunde gelegten, reduzierten Längen sind:

$$l_1' = l_2' = l_4' = l_5' = 3 \cdot 15 = 45 \text{ m},$$
$$l_3' = 1 \cdot 20 = 20 \text{ m},$$
$$h_0' = h_1' = h_2' = h_3' = h_4' = h_5' = h' = 5 \cdot 8 = 40 \text{ m}.$$

Als l_c' wählen wir h' und finden damit die Verhältniszahlen

$$\frac{l_c'}{l_1'} = \frac{l_c'}{l_2'} = \frac{l_c'}{l_4'} = \frac{l_c'}{l_5'} = \frac{40}{45} = 0{,}889,$$

$$\frac{l_c'}{l_3'} = \frac{40}{20} = 2,$$

$$\frac{l_c'}{h'} = 1.$$

Sämtliche Verhältnisse $\dfrac{h_0}{h_k}$ sind 1.

Tafel 4. Beiwerte der Unbekannten Y_k^0 und D.

$$\beta_k = \frac{l_c'}{l_k'} + \frac{l_c'}{h_k'} + \frac{l_c'}{l_{k+1}'}, \qquad \gamma_k = 3\frac{l_c'}{l_k'} - \frac{l_c'}{h_k'} + 3\frac{l_e'}{l_{k+1}'}.$$

k	$\dfrac{l_c'}{l_k'}$	$\dfrac{l_c'}{h_k'}$	β_k	γ_k
0	—	1	1,889	1,667
1	0,889	1	2.778	4,333
2	0,889	1	3,889	7,667
3	2,000	1	3 889	7,667
4	0,889	1	2,778	4,333
5	0,889	1	1,889	1,667

Um die durch die Symmetrie des Tragwerks hervorgerufenen Gesetzmäßig-keiten im Bau der Bestimmungsgleichungen n) ausnützen zu können, vereinigen wir das Glied $\gamma_k D$ mit der rechten Seite der Gleichung und setzen

$$a_k' = a_k - \gamma_k D,$$

so daß die Gleichungen die einfache Form annehmen

$$3{.}778\, Y_0^0 + 0{,}889\, Y_1^0 = a_0'$$
$$0{,}899\, Y_0^0 + 5{,}556\, Y_1^0 + 0{,}889\, Y_2^0 = a_1'$$
$$0{,}889\, Y_1^0 + 7{,}778\, Y_2^0 + 2{,}000\, Y_3^0 = a_2'$$
$$2{,}000\, Y_2^0 + 7{,}778\, Y_3^0 + 0{,}889\, Y_4^0 = a_3'$$
$$0{,}889\, Y_3^0 + 5{,}556\, Y_4^0 + 0{,}889\, Y_5^0 = a_4'$$
$$0{,}889\, Y_4^0 + 3{,}778\, Y_5^0 = a_5'$$

Die Auflösung dieses symmetrischen Systems durch Elimination macht wenig Mühe[1]), wir finden

$$Y_0^0 = \quad 0{,}27526\, a_0' - 0{,}04493\, a_1' + 0{,}00551\, a_2' - 0{,}00144\, a_3'$$
$$+ 0{,}00024\, a_4' - 0{,}00005\, a_5'$$
$$Y_1^0 = -\, 0{,}04493\, a_0' + 0{,}19089\, a_1' - 0{,}02340\, a_2' + 0{,}00613\, a_3'$$
$$- 0{,}00102\, a_4' + 0{,}00024\, a_5'$$
$$Y_2^0 = \quad 0{,}00551\, a_0' - 0{,}02340\, a_1' + 0{,}14073\, a_2' - 0{,}03689\, a_3'$$
$$+ 0{,}00613\, a_4' - 0{,}00144\, a_5'$$

---

[1]) Man sehe darüber die ausführlichen Erörterungen auf S. 145 nach.

Die weiteren Unbekannten $Y_3{}^0$, $Y_4{}^0$ und $Y_5{}^0$ erhält man aus den vorstehenden Ausdrücken, indem man bei den Größen Y^0 und a' die Zeiger derart vertauscht, daß an Stelle von o, 1, 2, ..., 5 die Zeiger 5, 4, 3, ..., o treten.

Nun führen wir für a_k' den Ausdruck $a_k - \gamma_k D$ wieder ein und erhalten nach Durchführung der Zahlenrechnung:

$$Y_0{}^0 = 0{,}27526\,a_0 - 0{,}04493\,a_1 + 0{,}00551\,a_2 - 0{,}00144\,a_3$$
$$+\,0{,}00024\,a_4 - 0{,}00005\,a_5 - 0{,}29622\,D$$

$$Y_1{}^0 = -\,0{,}04493\,a_0 + 0{,}19089\,a_1 - 0{,}02340\,a_2 + 0{,}00613\,a_3$$
$$-\,0{,}00102\,a_4 + 0{,}00024\,a_5 - 0{,}61587\,D$$

$$Y_2{}^0 = 0{,}00551\,a_0 - 0{,}02340\,a_1 + 0{,}14073\,a_2 - 0{,}03689\,a_3$$
$$+\,0{,}00613\,a_4 - 0{,}00144\,a_5 - 0{,}72805\,D$$

$$Y_3{}^0 = -\,0{,}00144\,a_0 + 0{,}00613\,a_1 - 0{,}03689\,a_2 + 0{,}14073\,a_3$$
$$-\,0{,}02340\,a_4 + 0{,}00551\,a_5 - 0{,}72805\,D$$

$$Y_4{}^0 = 0{,}00024\,a_0 - 0{,}00102\,a_1 + 0{,}00613\,a_2 - 0{,}02340\,a_3$$
$$+\,0{,}19089\,a_4 - 0{,}04493\,a_5 - 0{,}61587\,D$$

$$Y_5{}^0 = -\,0{,}00005\,a_0 + 0{,}00024\,a_1 - 0{,}00144\,a_2 + 0{,}00551\,a_3$$
$$-\,0{,}04493\,a_4 + 0{,}27526\,a_5 - 0{,}29622\,D$$

$$\sum_{k=0}^{5} Y_k{}^0 = 0{,}23457\,a_0 + 0{.}12791\,a_1 + 0{,}09064\,a_2 + 0{,}09064\,a_3$$
$$+\,0{,}12791\,a_4 + 0{,}23457\,a_5 - 3{,}28028\,D$$

Die Bestimmungsgleichung o) lautet, wenn man h_k und h_k' als von k unabhängig vor die Summenzeichen setzt, die Gleichung mit h_k^2 multipliziert, und wenn man weiter

$$\frac{h_k}{h_k'} = \frac{h_0}{h_k'} = \frac{1}{5}$$

einführt,

$$\frac{1}{5}\sum_{k=0}^{5} Y_k{}^0 - \frac{6}{5}\,D = a_D\,.$$

Wir multiplizieren mit 5 und gewinnen die einfache Gleichung:

$$\sum_{k=0}^{5} Y_k{}^0 - 6\,D = 5\,a_D\,.$$

Die Summe $\sum_{k=0}^{5} Y_k{}^0$ wurde oben durch Addition der Lösungen Y^0 bestimmt. Nach Einsetzen des Summenwertes gelangt man zur allgemeinen Lösung von D, nämlich:

$$D = 0{,}025277\,a_0 + 0{,}013783\,a_1 + 0{,}009767\,a_2 + 0{,}009767\,a_3$$
$$+\,0{,}013783\,a_4 + 0{,}025277\,a_5 - 0{,}53878\,a_D \quad \ldots\ldots \text{I)}$$

Mit Hilfe dieser Gleichung kann man schließlich die allgemeinen Formeln für die Y^0 angeben, und zwar:

$$\left.\begin{aligned}
Y_0^{\,0} =\ &0{,}26778\,a_0 - 0{,}04901\,a_1 + 0{,}00262\,a_2 - 0{,}00433\,a_3 \\
&- 0{,}00384\,a_4 - 0{,}00753\,a_5 + 0{,}15960\,a_D \\[4pt]
Y_1^{\,0} =\ &-0{,}06050\,a_0 + 0{,}18240\,a_1 - 0{,}02941\,a_2 + 0{,}00012\,a_3 \\
&- 0{,}00951\,a_4 - 0{,}01534\,a_5 + 0{,}33182\,a_D \\[4pt]
Y_2^{\,0} =\ &-0{,}01290\,a_0 - 0{,}03344\,a_1 + 0{,}13362\,a_2 - 0{,}04400\,a_3 \\
&- 0{,}00391\,a_4 - 0{,}01985\,a_5 + 0{,}39226\,a_D \\[4pt]
Y_3^{\,0} =\ &-0{,}01985\,a_0 - 0{,}00391\,a_1 - 0{,}04400\,a_2 + 0{,}13362\,a_3 \\
&- 0{,}03344\,a_4 - 0{,}01290\,a_5 + 0{,}39226\,a_D \\[4pt]
Y_4^{\,0} =\ &-0{,}01534\,a_0 - 0{,}00951\,a_1 + 0{,}00012\,a_2 - 0{,}02941\,a_3 \\
&+ 0{,}18240\,a_4 - 0{,}06050\,a_5 + 0{,}33182\,a_D \\[4pt]
Y_5^{\,0} =\ &-0{,}00753\,a_0 - 0{,}00384\,a_1 - 0{,}00433\,a_2 + 0{,}00262\,a_3 \\
&- 0{,}04901\,a_4 + 0{,}26778\,a_5 + 0{,}15960\,a_D
\end{aligned}\right\} \quad \dots \text{ II)}$$

In den allgemeinen Lösungen I) und II) liegen sämtliche Zahlenwerte μ und ν, die zur Darstellung der Einflußlinien nach den oben abgeleiteten Formeln benötigt werden, als Beiwerte der a-Größen vor.

Wir wollen die Ordinaten der Einflußlinien für je 9 Zwischenpunkte eines Feldes berechnen, weshalb es noch notwendig ist, die Werte der Funktionen Φ_1 und Φ_2 für diese Zwischenpunkte zu ermitteln. Wir bedienen uns hierzu der Tafel der Stammfunktionen f_1 und f_2 im Anhange und finden:

Tafel 5. Werte der Funktionen Φ_1 und Φ_2.

$\dfrac{a}{l}$	0	0,1	0,2	0,3	0,4	0,5	0,6	0,7	0,8	0,9	1,0
Φ_1	0	0,243	0,384	0,441	0,432	0,375	0,288	0,189	0,096	0,027	0
Φ_2	0	0,027	0,096	0,189	0,288	0,375	0,432	0,441	0,384	0,243	0

In der Tafel 6, S. 123 ist die Berechnung der Einflußlinie von D dargestellt. Da diese Linie spiegelsymmetrisch ist, so sind nur die Ordinaten bis zur Mitte des Mittelfeldes ausgewiesen. Die vollständige Linie zeigt Abb. 79 b.

In gleicher Weise berechnet man die Ordinaten der Einflußlinien für $Y_0^{\,0}$, $Y_1^{\,0}$, $Y_2^{\,0}$, aber weil diese Linien unsymmetrisch sind, für sämtliche fünf Felder. $Y_3^{\,0}$, $Y_4^{\,0}$, $Y_5^{\,0}$ sind die Spiegelfelder dieser Linien.

Gleichung r) liefert unter Benutzung der Beiwerte μ aus den allgemeinen Lösungen folgende Formeln für die Einflußlinienzweige:

Feld	$Y_0^{\,0}$	$Y_1^{\,0}$	$Y_2^{\,0}$
1	$160{,}68\,\Phi_1 + 29{,}40\,\Phi_2$	$-36{,}30\,\Phi_1 - 109{,}44\,\Phi_2$	$-7{,}74\,\Phi_1 + 20{,}04\,\Phi_2$
2	$-29{,}40\,\Phi_1 - 1{,}57\,\Phi_2$	$109{,}44\,\Phi_1 + 17{,}64\,\Phi_2$	$-20{,}04\,\Phi_1 - 80{,}16\,\Phi_2$
3	$2{,}10\,\Phi_1 + 3{,}46\,\Phi_2$	$-23{,}52\,\Phi_1 - 0{,}10\,\Phi_2$	$106{,}88\,\Phi_1 + 35{,}20\,\Phi_2$
4	$-2{,}60\,\Phi_1 + 2{,}30\,\Phi_2$	$0{,}07\,\Phi_1 + 5{,}71\,\Phi_2$	$-26{,}40\,\Phi_1 + 2{,}35\,\Phi_2$
5	$-2{,}30\,\Phi_1 + 4{,}52\,\Phi_2$	$-5{,}71\,\Phi_1 + 9{,}20\,\Phi_2$	$-2{,}35\,\Phi_1 + 11{,}88\,\Phi_2$

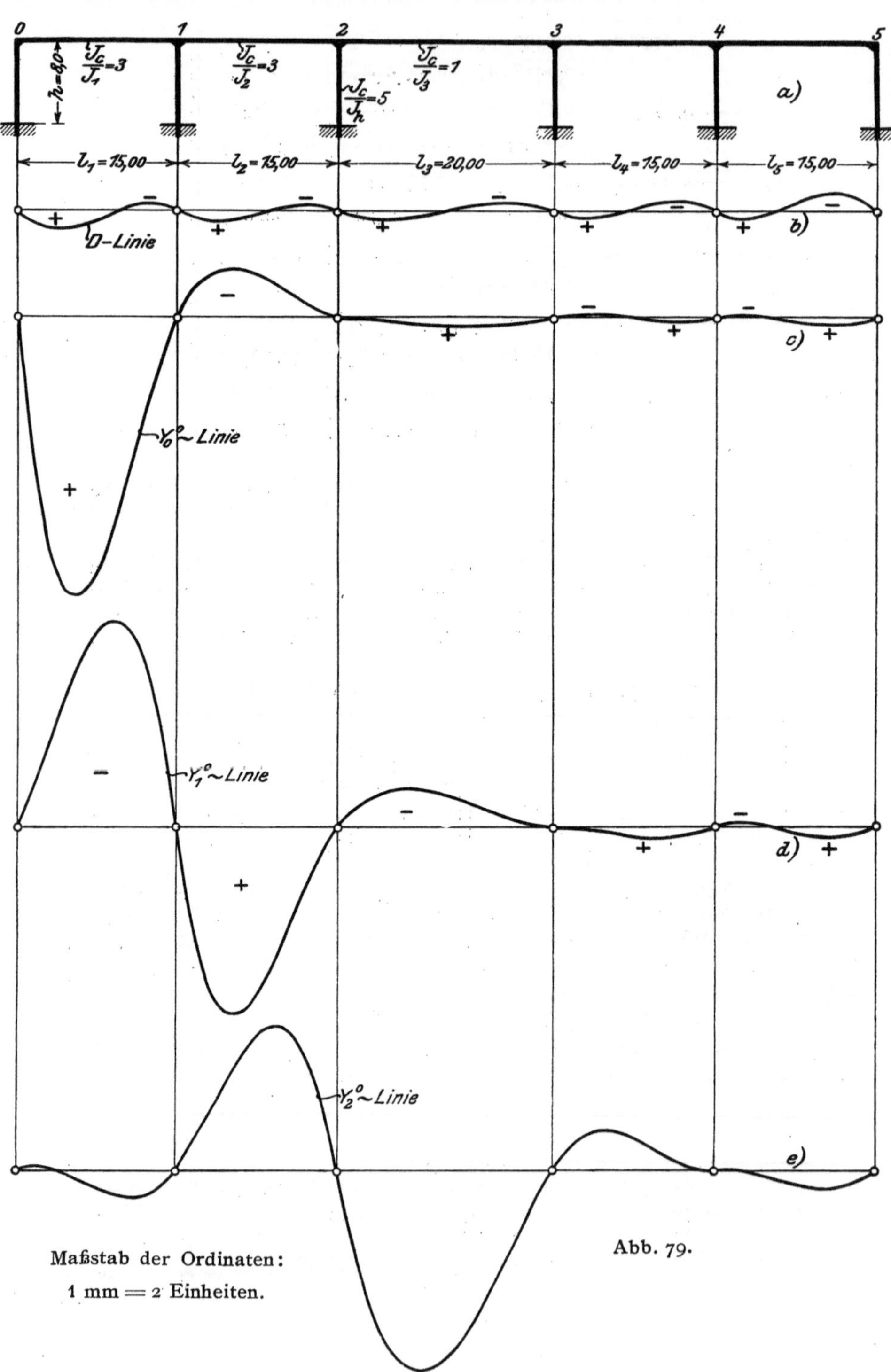

Maßstab der Ordinaten:
1 mm = 2 Einheiten.

Abb. 79.

Tafel 6. Berechnung der Einflußlinie D.

$$D = A\,\Phi_1 - B\,\Phi_2, \qquad A = v_{i-1}\,l_i\,l_c', \qquad B = v_i\,l_i\,l_c'.$$

i	$l_i\,l_c'$	v_{i-1}	v_i	A	B	$\dfrac{a}{l}$	D
1	600	0,02528	0,01378	15,168	8,268	0,1	$+\,3,463$
						0,2	$+\,5,031$
						0,3	$+\,5,126$
						0,4	$+\,4,171$
						0,5	$+\,2,588$
						0,6	$+\,0,797$
						0,7	$-\,0,779$
						0,8	$-\,1,719$
						0,9	$-\,1,600$
2	600	0,01378	0,00977	8,268	5,862	0,1	$+\,1,851$
						0,2	$+\,2,612$
						0,3	$+\,2,538$
						0,4	$+\,1,884$
						0,5	$+\,0,902$
						0,6	$-\,0,151$
						0,7	$-\,1,022$
						0,8	$-\,1,457$
						0,9	$-\,1,201$
3	800	0,00977	0,00977	7,816	7,816	0,1	$+\,1,688$
						0,2	$+\,2.251$
						0,3	$+\,1,970$
						0,4	$+\,1,126$
						0,5	0

Die Y^0-Linien sind in Abb. 79c) bis e) ersichtlich gemacht. Ein Vergleich der Ordinatenwerte der D- und Y^0-Linien zeigt, daß die Werte von D verhältnismäßig klein gegenüber den Beträgen von Y^0 sind. Der Einfluß von D auf die Momente ist daher nicht groß. Bei ersten Annäherungen wird man sonach D und somit $\vartheta_0 v$ Null setzen können, wodurch die Rechnung einigermaßen vereinfacht wird. Bei einer genaueren Berechnung aber ist die Berücksichtigung von D meist unerläßlich, insbesondere dann, wenn einseitige Belastung eines Feldes in Frage kommen kann. Bei Totalbelastung der Felder oder bei Anordnung der Lasten symmetrisch zur Mitte des mittleren Riegels ist die Wirkung von D Null. Sie nimmt von den Enden gegen die Mitte rasch ab, was eine Betrachtung der Einflußlinie von D sofort lehrt.

Bei der praktischen Anwendung des hier dargelegten Rechnungsganges ist es nicht notwendig, die Y^0-Linien abzutragen — es geschah hier nur, um den Einfluß von D zu veranschaulichen, — sondern man berechnet unmittelbar mit Hilfe der Zahlenformeln für die verschiedenen Y^0 auf S. 121 unten und mittels der Gleichungen t), u) und v) die Zahlenausdrücke für die Einflußlinienzweige der Momente und Auflagerkräfte H, die sich alle auf die Form $A\,\Phi_1 + B\,\Phi_2$ bringen lassen.

Die allgemeinen Gleichungen n) und o) sollen noch verwendet werden, um die Größen D und Y^0 für Fall zu bestimmen, daß die Riegel infolge einer Temperaturschwankung ihre Längen ändern. Wir wählen $t = \pm\,35^0$ C.

Die rechte Seite der Gleichung o), die mit a_D bezeichnet wurde, nimmt folgenden Wert an:

$$a_D = \alpha_t\, t\, \varrho \sum_{k=0}^{n} \frac{L_k}{h_k'} = \pm \frac{35}{80000} \cdot \frac{1}{40} (15 + 30 + 50 + 65 + 80)\, \varrho$$

$$= \pm \frac{35 \cdot 240}{80000 \cdot 40}\, \varrho\,.$$

Für ϱ setzen wir

$$\varrho = 6\,E J_c = 4 \cdot 10^5 \text{ tm}^2$$

und finden damit

$$a_D = \pm 1050 \text{ tm}^2.$$

Die Werte a_0 bis a_5 [rechte Seite der Gleichungen n)] haben, falls nur die Wärmewirkung berücksichtigt wird, die Form:

$$a_k = -\,\varrho\,\alpha_t\, t \left[\frac{L_{k-1}}{h_{k-1}} \frac{l_c'}{l_k'} + \frac{L_k}{h_k} \left(2\,\frac{l_c'}{l_k'} - \frac{l_c'}{h_k'} + 2\,\frac{l_c'}{l_{k+1}'} \right) + \frac{L_{k+1}}{h_{k+1}} \frac{l_c'}{l_{k+1}'} \right].$$

Nach Einsetzen der Zahlenwerte erhält man

$$a_0 = -\;\;0{,}833\,\varrho\,\alpha_t\, t \;\;= \mp\;\;\;145{,}8 \text{ tm}^2$$
$$a_1 = -\;\;4{,}063\,\varrho\,\alpha_t\, t \;\;= \mp\;\;\;711{,}0 \;\;\text{„}$$
$$a_2 = -\,16{,}042\,\varrho\,\alpha_t\, t \;\;= \mp\;2807{,}4 \;\;\text{„}$$
$$a_3 = -\,16{,}042\,\varrho\,\alpha_t\, t \;\;= \mp\;2807{,}4 \;\;\text{„}$$
$$a_4 = -\,17{,}604\,\varrho\,\alpha_t\, t \;\;= \mp\;3080{,}7 \;\;\text{„}$$
$$a_5 = -\;\;7{,}500\,\varrho\,\alpha_t\, t \;\;= \mp\;1312{,}5 \;\;\text{„}$$

Mit den ermittelten Werten von a_k kann man unter Benutzung der allgemeinen Lösungen I) und II) S. 120 und 121 die Beträge von D und Y^0 und somit auch die Werte der Momente und Auflagerkräfte infolge der Wärmeschwankungen berechnen.

Wir bestimmen hier nur D. Nach Einbringung der Zahlenwerte der a in I) berechnet man

$$D = \mp 709{,}7 \text{ tm}^2.$$

Da $D = \varrho\,\vartheta_0^v$ ist, so wird

$$\vartheta_0^v = \frac{D}{\varrho} = \mp \frac{709{,}7}{400\,000} = \mp 0{,}001774\,,$$

mithin die Verschiebung des Punktes o in wagerechter Richtung

$$\delta_0 = h_0\,\vartheta_0^v = 800 \cdot 0{,}001\,774 = 1{,}42 \text{ cm}.$$

Das negative Vorzeichen von ϑ_0^v bedeutet, daß der Winkel, den die Stütze h_0 mit der Schlußlinie durch die Stützenfußpunkte einschließt, bei Temperaturerhöhung vergrößert wird, die Stütze bewegt sich sonach nach außen. Die große Verschiebung von 1,42 cm läßt natürlich bedeutende Momente in Stützen und Balken erwarten. Der Einfluß der Wärmeschwankungen ist bei derartigen Systemen bedeutend. Er wächst mit der Felderzahl.

§ 1o. Berechnung des Vierendeelträgers.

Die Umrißlinie des Trägers sei beliebig gestaltet, nur die Querschnittsausbildung der Gurte sei zunächst an die einschränkende Bedingung geknüpft, daß in jedem Felde die reduzierte Länge des Obergurtstabes gleich der reduzierten Länge des Untergurtstabes sei. Im übrigen kann der Querschnitt der Gurtstäbe beliebig wechseln. Die Querschnittsgestaltung der Pfosten unterliege keiner Einschränkung.

Für die Gurtstäbe eines Feldes gilt demnach

$$o' = u',$$

also

$$o\,\frac{J_c}{J_o} = u\,\frac{J_c}{J_u}$$

oder

$$\frac{J_o}{J_u} = \frac{o}{u};\quad \ldots \ldots \text{ a)}$$

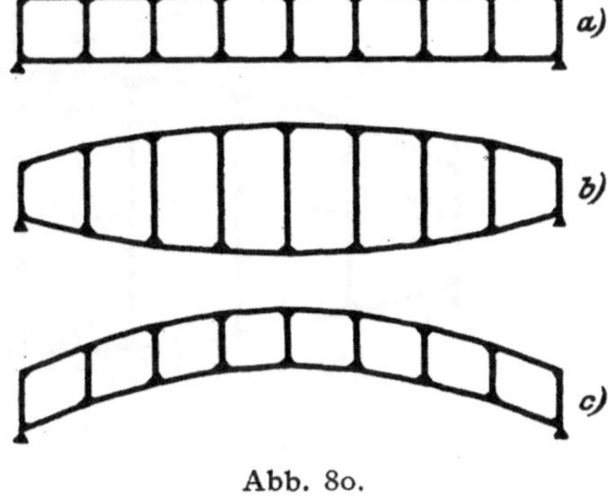

Abb. 80.

d. h. die Trägheitsmomente der Gurtstäbe eines Feldes verhalten sich so wie die zugehörenden Stablängen. Längeren Stäben entspricht demnach ein größeres Trägheitsmoment; gleichlange Stäbe eines Feldes haben gleiches Trägheitsmoment. Diese Verhältnisse treffen bei ausgeführten Tragwerken der Vierendeelbauart in der Regel gut zu, falls nicht besondere Gründe für die stärkere Ausbildung eines Gurtes vorliegen.

Die in den Abb. 80a, b, c dargestellten Tragwerkformen, die in jedem Felde gleiche Obergurt- und Untergurtlänge aufweisen, müssen unserer Voraussetzung gemäß auch im Ober- und Untergurt eines Feldes gleiches Trägheitsmoment besitzen. Bei den Tragwerken der Abb. 81a, b, c, die durch verschiedene Gurtlängen in einem Felde gekennzeichnet sind, sind nach Wahl der aufeinanderfolgenden Trägheitsmomente eines Gurtes die Trägheitsmomente des zweiten Gurtes durch die Forderung a) festgelegt. Für alle Stäbe gilt, daß der Querschnitt zwischen zwei Knotenpunkten unveränderlich sei.

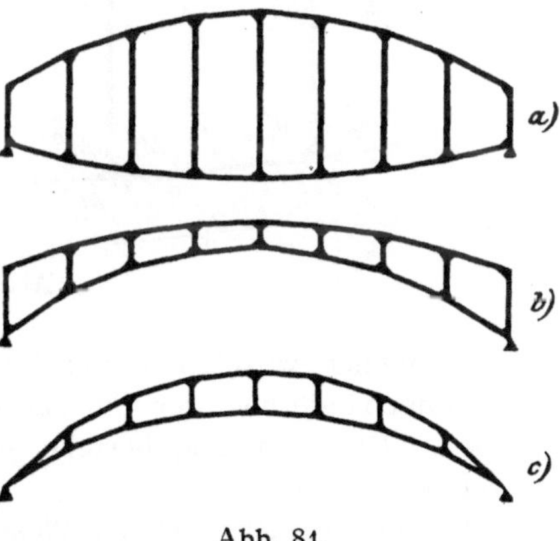

Abb. 81.

Da das n-feldrige Tragwerk aus n einfachen Grundsystemen entstanden ist, so ist es bei statisch bestimmter Lagerung, die wir zu nächst voraussetzen wollen, $3\,n$-fach statisch unbestimmt. Wie bereits in § 3, S. 23 gezeigt wurde, können $6\,n$ Elastizitätsbedingungen zur Ermittlung der $3\,n$ Überzähligen und $3\,n$ Drehwinkel aufgestellt werden. Den Einfluß der Längenänderungen der Gurtstäbe wollen wir, da er

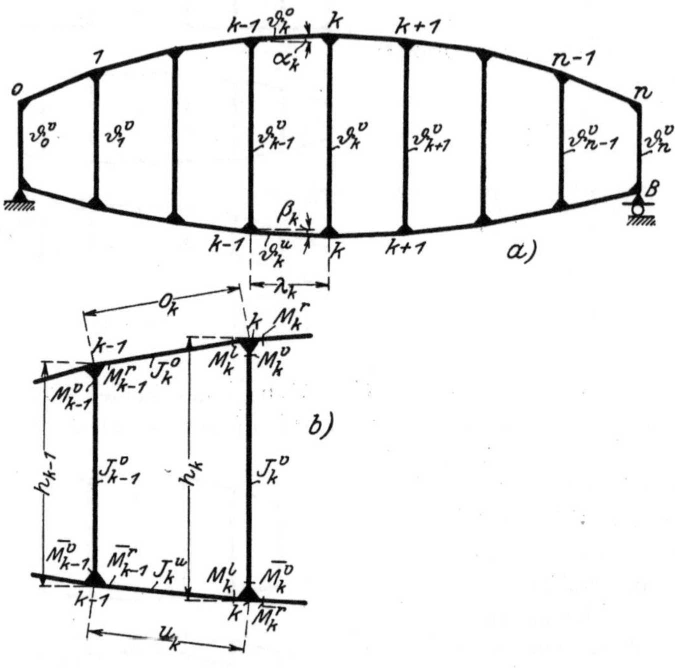

Abb. 82.

u. U. erheblich wird, in der nachfolgenden Rechnung berücksichtigen. Die Längenänderung der Pfosten kann in jedem Falle vernachlässigt werden. Die Belastung bestehe aus Einzellasten, die in den Knotenpunkten angreifen.

Die aufeinanderfolgenden Pfosten werden von links nach rechts mit $0, 1, 2, \ldots, n$ bezeichnet (Abb. 82). Die zwischen den Pfosten $k-1$ und k gelegenen Gurtstäbe erhalten den Zeiger k.

Es bedeuten ferner:

M_k^l und M_k^r die Gurtmomente unmittelbar links bzw. rechts vom Obergurtknoten k,

$\overline{M}_k^l$ und $\overline{M}_k^r$ die Gurtmomente unmittelbar links bzw. rechts vom Untergurtknoten k,

M_k^v und $\overline{M}_k^v$ die Momente im oberen bzw. unteren Anschlußpunkte des Pfostens k,

o_k und u_k die wahren Längen des Ober- bzw. Untergurtes zwischen den Pfosten $k-1$ und k,

s_k' die reduzierte Länge der Gurtstäbe dieses Feldes,

h_k und h_k' die wahre und die reduzierte Länge des Pfostens $k-k$,

α_k den Neigungswinkel des Obergurtstabes o_k gegen die Auflagerverbindungslinie,

β_k den Neigungswinkel des Untergurtstabes u_k gegen die Auflagerverbindungslinie,

$\varDelta o_k$ und $\varDelta u_k$ die Stablängenänderungen der Gurtstäbe o_k und u_k infolge der Längskräfte und Temperaturänderungen,

$\vartheta_k^{\,o}$, $\vartheta_k^{\,u}$, $\vartheta_k^{\,v}$ die Stabdrehwinkel der Stäbe o_k, u_k und h_k.

Da jedes Feld vier ausgezeichnete Punkte aufweist, so können je vier Momentengleichungen angesetzt werden. Es genügt, wenn die Aufschreibung für ein Feld, z. B. für das zwischen den Pfosten h_{k-1} und h_k liegende, durchgeführt wird. Wir durchschreiten die Stäbe dieses Feldes, bei Punkt $k-1$ des Untergurtes beginnend, im Sinne der Uhrzeigerbewegung und gewinnen folgende Viermomentengleichungen:

$$\left.\begin{aligned}
&-\overline{M}_{k-1}^{v}\,h_{k-1}' - 2M_{k-1}^{v}\,h_{k-1}' + 2M_{k-1}^{r}\,s_k' + M_k^{l}\,s_k' \\
&\hspace{6cm} - \varrho\,(\vartheta_{k-1}^{\,v} - \vartheta_k^{\,o}) = 0^{1}), \\
&M_{k-1}^{r}\,s_k' + 2M_k^{l}\,s_k' + 2M_k^{v}\,h_k' + \overline{M}_k^{v}\,h_k' - \varrho\,(\vartheta_k^{\,o} - \vartheta_k^{\,v}) = 0, \\
&M_k^{v}\,h_k' + 2\overline{M}_k^{v}\,h_k' + 2\overline{M}_k^{l}\,s_k' + \overline{M}_{k-1}^{r}\,s_k' - \varrho\,(\vartheta_k^{\,v} - \vartheta_k^{\,u}) = 0, \\
&\overline{M}_k^{l}\,s_k' + 2\overline{M}_{k-1}^{r}\,s_k' - 2\overline{M}_{k-1}^{v}\,h_{k-1}' - M_{k-1}^{v}\,h_{k-1}' \\
&\hspace{6cm} - \varrho\,(\vartheta_k^{\,u} - \vartheta_{k-1}^{\,v}) = 0.
\end{aligned}\right\} \;\text{b)}$$

Hierbei wurde für

$$6EJ_c = \varrho$$

geschrieben. Die rechten Seiten sind Null, da wir nur Knotenbelastung vorausgesetzt haben. Addiert man je zwei Gleichungen des Systems b), die gleiche Pfostenmomente enthalten, also je die erste und vierte, und je die zweite und dritte, so erhält man zunächst zwei neue Gleichungen:

$$\begin{aligned}
&-3\,(M_{k-1}^{v} + \overline{M}_{k-1}^{v})\,h_{k-1}' + 2\,(M_{k-1}^{r} + \overline{M}_{k-1}^{r})\,s_k' + (M_k^{l} + \overline{M}_k^{l})\,s_k' \\
&\hspace{5cm} + \varrho\,(\vartheta_k^{\,o} - \vartheta_k^{\,u}) = 0, \\
&3\,(M_k^{v} + \overline{M}_k^{v})\,h_k' + 2\,(M_k^{l} + \overline{M}_k^{l})\,s_k' + (M_{k-1}^{r} + \overline{M}_{k-1}^{r})\,s_k' \\
&\hspace{5cm} - \varrho\,(\vartheta_k^{\,o} - \vartheta_k^{\,u}) = 0.
\end{aligned}$$

---

[1]) Die Pfostenmomente $\overline{M}_{k-1}^{v}$ und M_{k-1}^{v} wurden negativ eingeführt, da man sich das Vorzeichen dieser Momente durch die Momentengleichungen des links vorangehenden Feldes bei entgegengesetzter Durchschreitungsrichtung des Stabes h_{k-1} als positiv festgelegt denken muß.

Zur Beseitigung der Drehwinkel aus den vorstehenden Beziehungen benützen wir die Winkelgleichungen, die wir aus dem vorangehenden Beispiele des Lohseträgers unverändert übernehmen können, da das Stabnetz, geometrisch aufgefaßt, dasselbe ist. Die Gleichungen lauten für das k-te Feld (siehe Gleichungen b) und c), S. 101:

$$\left. \begin{aligned} \varDelta o_k \cos \alpha_k - \varDelta u_k \cos \beta_k - (h_k \vartheta_k^{\,v} - h_{k-1} \vartheta_{k-1}^{\,v}) & \\ + \lambda (\vartheta_k^{\,o} \operatorname{tg} \alpha_k + \vartheta_k^{\,u} \operatorname{tg} \beta_k) = 0, & \\ \varDelta o_k \sin \alpha_k + \varDelta u_k \sin \beta_k - \lambda (\vartheta_k^{\,o} - \vartheta_k^{\,u}) = 0. & \end{aligned} \right\} \quad . \text{ c)}$$

Man könnte nun für die Differenz $(\vartheta_k^{\,o} - \vartheta_k^{\,u})$ in den obigen Momentengleichungen den Wert aus der zweiten Winkelgleichung einführen. Nun ist aber der Einfluß des Gliedes $\varDelta o_k \sin \alpha_k + \varDelta u_k \sin \beta_k$ auf die Größe der Überzähligen praktisch so geringfügig, daß wir es, ohne nennenswerten Fehler zu begehen, vernachlässigen und

$$\vartheta_k^{\,o} - \vartheta_k^{\,u} = 0 \quad . \quad . \quad . \quad . \quad . \quad . \quad . \quad . \quad . \text{ d)}$$

setzen können. Gleichung d) ist für die in Abb. 80a und b dargestellten Tragwerksformen bei lotrechter Belastung strenge richtig.

Um die Anzahl der Unbekannten zu verringern, berücksichtigen wir die statischen Beziehungen, die zwischen den drei Momenten eines Knotens bestehen. Aus der Bedingung, daß die Summe der Momente an einem herausgeschnittenen Knoten Null ist. folgt für jeden Obergurt- bzw. Untergurtknoten:

$$M^v = M^l - M^r \quad \text{und} \quad \overline{M}^v = \overline{M}^l - \overline{M}^r,$$

womit die voranstehenden Gleichungen übergehen in

$$\left. \begin{aligned} -3 (M_{k-1}^l + \overline{M}_{k-1}^l) h_{k-1}' + (M_{k-1}^r + \overline{M}_{k-1}^r)(3 h_{k-1}' + 2 s_k') & \\ + (M_k^l + \overline{M}_k^l) s_k' = 0, & \\ (M_{k-1}^r + \overline{M}_{k-1}^r) s_k' + (M_k^l + \overline{M}_k^l)(3 h_k' + 2 s_k') & \\ - 3 (M_k^r + \overline{M}_k^r) h_k' = 0. & \end{aligned} \right\} \quad . \text{ e)}$$

Derartige Gleichungen können in der Zahl $2n$ aufgestellt werden. Faßt man die in den Klammern stehenden Momentensummen als Unbekannte auf, so ist leicht zu erkennen, daß nur $2n$ verschiedene Momentensummen möglich sind, daher können diese $2n$ Größen aus den Gleichungen e) ermittelt werden. Ihre Berechnung ist sehr einfach. Da die rechten Seiten durchwegs Null sind, so verschwinden die Zählerdeterminanten sämtlicher Unbekannten, und es folgt:

$$M_k^l + \overline{M}_k^l = 0 \quad \text{und} \quad M_k^r + \overline{M}_k^r = 0$$

oder

$$M_k^l = -\overline{M}_k^l \quad \text{und} \quad M_k^r = -\overline{M}_k^r \quad . \quad . \quad . \quad . \quad . \text{ f)}$$

Wir gelangen damit zu $2n$ sehr einfachen Beziehungen zwischen den Gurtmomenten. **Die Gleichungen f) besagen, daß Ober- und Untergurtmomente eines Feldes paarweise der Größe nach gleich sind und, vom Innern des Feldes gesehen, entgegengesetzten Drehsinn haben.** Von den $3n$ Bestimmungs- gleichungen zur Ermittelung der Überzähligen haben wir somit $2n$ in den Gleichungen f) gefunden. Es bleibt daher nur noch die Auf- stellung von n weiteren Gleichungen übrig.

Wir gehen zu diesem Zwecke nochmals auf die Ausgangsglei- chungen b) zurück, um durch eine neue Verbindung eine weitere Gruppe von winkelfreien Gleichungen zu gewinnen. Wir benutzen hierzu die ersten zwei Gleichungen, die mit h_{k-1} und h_k multipliziert und sodann addiert werden. Es entsteht:

$$-\left(\overline{M}_{k-1}^{v}+2M_{k-1}^{v}\right)h_{k-1}'\,h_{k-1}+\left(\overline{M}_{k}^{v}+2M_{k}^{v}\right)h_{k}'\,h_{k}$$
$$+M_{k-1}^{r}s_{k}'\left(2h_{k-1}+h_{k}\right)+M_{k}^{l}s_{k}'\left(h_{k-1}+2h_{k}\right)$$
$$-\varrho\left[-\left(h_k\vartheta_k^{v}-h_{k-1}\vartheta_{k-1}^{v}\right)+\vartheta_k^{o}\left(h_k-h_{k-1}\right)\right]=0.$$

Die erste Winkelgleichung kann in der Form geschrieben werden:

$$-\left(h_k\vartheta_k^{v}-h_{k-1}\vartheta_{k-1}^{v}\right)+\vartheta_k^{o}\left(h_k-h_{k-1}\right)=-\left(\varDelta o_k\cos\alpha_k-\varDelta u_k\cos\beta_k\right)$$

wenn man beachtet, daß nach Gleichung d) $\vartheta_k^{o}=\vartheta_k^{u}$ ist, und daß die Beziehung besteht:

$$\lambda\left(\operatorname{tg}\alpha_k+\operatorname{tg}\beta_k\right)=h_k-h_{k-1}.$$

Aus Momenten- und Winkelgleichungen folgt die winkelfreie Beziehung:

$$-\left(\overline{M}_{k-1}^{v}+2M_{k-1}^{v}\right)h_{k-1}'\,h_{k-1}+\left(\overline{M}_{k}^{v}+2M_{k}^{v}\right)h_{k}'\,h_{k}$$
$$+M_{k-1}^{r}s_{k}'\left(2h_{k-1}+h_{k}\right)+M_{k}^{l}s_{k}'\left(h_{k-1}+2h_{k}\right)$$
$$+\varrho\left(\varDelta o_k\cos a_k-\varDelta u_k\cos\beta_k\right)=0.$$

Wir beseitigen noch die Pfostenmomente, indem wir sie wie oben durch die benachbarten Gurtmomente ersetzen, und erhalten:

$$-\left(\overline{M}_{k-1}^{l}+2M_{k-1}^{l}\right)h_{k-1}'\,h_{k-1}+\left(\overline{M}_{k-1}^{r}+2M_{k-1}^{r}\right)h_{k-1}'\,h_{k-1}$$
$$+M_{k-1}^{r}s_{k}'\left(2h_{k-1}+h_{k}\right)+\left(\overline{M}_{k}^{l}+2M_{k}^{l}\right)h_{k}'\,h_{k}+M_{k}^{l}s_{k}'\left(h_{k-1}+2h_{k}\right)$$
$$-\left(\overline{M}_{k}^{r}+2M_{k}^{r}\right)h_{k}'\,h_{k}+\varrho\left(\varDelta o_k\cos\alpha_k-\varDelta u_k\cos\beta_k\right)=0\quad\ldots\ldots\text{g)}$$

Da n derartige Gleichungen aufgestellt werden können, so haben wir in den Gleichungen f) und g) die $3n$ Bestimmungsgleichungen gefunden, die die Ermittlung der Überzähligen ermöglichen.

Unsere Aufgabe ist es nun, die $4n$ Gurtmomente dieser Gleichungen durch die äußeren Lasten und die zweckmäßig zu wählenden Über- zähligen auszudrücken. Wir betrachten zu diesem Zwecke Abb. 83.

In der oberen Abbildung sind die Schnittkräfte für einen Schnitt unendlich nahe links vom Knoten k eingetragen. Das Moment der äußeren Kräfte sei durch $\mathfrak{D}_k \mathfrak{r}_k = \mathfrak{M}_k$ gegeben. Da zunächst nur lotrechte in die Pfostenrichtung fallende Knotenlasten und Auflagerkräfte

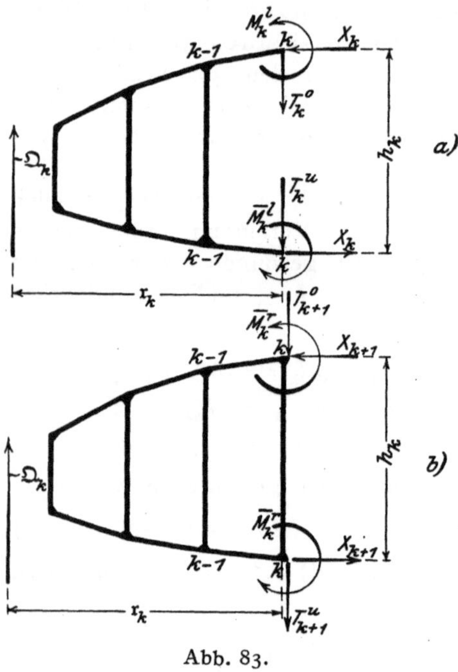

Abb. 83.

vorausgesetzt werden, so ist die wagerechte Komponente der Schnittkraft im Obergurt gleich der wagerechten Komponente der Schnittkraft im Untergurt desselben Feldes. Wir bezeichnen diese Teilkraft mit X_k. T_k^o und T_k^u sind die lotrechten Komponenten der Schnittkräfte an den Schnittstellen beider Gurte. Die Gesamtkraft aus X_k und T_k nennen wir die Feldkraft im k-ten Felde des Ober- bzw. Untergurtes. Sie ist nicht zu verwechseln mit der Längskraft des Ober- bzw. Untergurtes, da die Feldkraft keineswegs in die Gurtrichtung fällt.

Die Momentengleichung für den Obergurtknoten k lautet somit (Abb. 83a):

$$-M_k^l + \overline{M}_k^l + \mathfrak{M}_k - X_k h_k = 0.$$

Unter Benutzung der Gleichungen f) erhält man daraus:

$$M_k^l = \frac{\mathfrak{M}_k}{2} - \frac{X_k h_k}{2} \quad\ldots\ldots\ldots \text{h)}$$

In derselben Weise findet man M_k^r, wenn man einen Schnitt unendlich nahe rechts vom Knoten k in Betracht zieht (Abb. 83b). Die Momentengleichung wird jetzt

$$-M_k^r + \overline{M}_k^r + \mathfrak{M}_k - X_{k+1} h_k = 0$$

und daraus bei Benutzung der vereinfachenden Beziehungen f):

$$M_k^r = \frac{\mathfrak{M}_k}{2} - \frac{X_{k+1} h_k}{2} \quad\ldots\ldots\ldots \text{h')}$$

Es ist also gelungen, die Obergurtmomente M^l und M^r durch die äußeren Momente $\mathfrak{M}$ und durch die Feldkraftkomponenten X auszudrücken, somit sind auch die Untergurtmomente durch diese Größen bestimmbar, und wir finden daher

$$\overline{M}_k{}^l = - M_k{}^l = - \frac{\mathfrak{M}_k}{2} + \frac{X_k h_k}{2},$$
$$\overline{M}_k{}^r = - M_k{}^r = - \frac{\mathfrak{M}_k}{2} + \frac{X_{k+1} h_k}{2}.$$
$$\left. \vphantom{\begin{array}{c} a \\ a \end{array}} \right\} \quad \cdots \cdots \cdots \text{ i)}$$

Ebenso können die in der Gleichung g) vorkommenden Längenänderungen leicht durch die Größen X dargestellt werden, nämlich:

$$\Delta o_k \cos \alpha_k = \frac{O_k \cos \alpha_k \cdot o_k}{E F_k{}^o} \pm \alpha_t t o_k \cos \alpha_k = - \frac{X_k o_k}{E F_k{}^o} \pm \alpha_t t \lambda_k,$$

$$\Delta u_k \cos \beta_k = \frac{U_k \cos \beta_k \cdot u_k}{E F_k{}^u} = \frac{X_k u_k}{E F_k{}^u},$$

wobei $\pm t$ die Temperaturdifferenz des Obergurtes gegen den Untergurt bezeichnet. Somit ist

$$\varrho \left(\Delta o_k \cos \alpha_k - \Delta u_k \cos \beta_k \right) = - 6 X_k \left[o_k \frac{J_c}{F_k{}^o} + u_k \frac{J_c}{F_k{}^u} \right] \pm 6 E J_c \alpha_t t \lambda_k. \text{ . k)}$$

Bei der Aufstellung der Ausdrücke für die Längenänderungen wurde stillschweigend vorausgesetzt, daß die Feldkraft gleich der Gurtlängskraft ist, was, wie schon oben bemerkt wurde, nicht richtig ist. Gewöhnlich ist aber die Neigung der Feldkraft gegen die Gurtrichtung nicht allzu groß, so daß es erlaubt erscheint, bei der Ermittlung des an sich nicht beträchtlichen Gliedes, das den Einfluß der Längenänderungen darstellt, die oben benutzte Vereinfachung einzuführen[1]).

Sämtliche Momente und Längenänderungen der Bestimmungsgleichungen g) können daher als Funktionen der n Größen X, die wir als Überzählige wählen wollen, dargestellt werden. Die Gleichung g) nimmt nach Einführung der Werte aus den Formeln h), i), k) die endgültige Form an:

$$X_{k-1} h_{k-1}' h_{k-1}{}^2 - X_k \left[h_{k-1}' h_{k-1}{}^2 + 2 s_k' \left(h_{k-1}{}^2 + h_{k-1} h_k + h_k{}^2 \right) + h_k' h_k{}^2 \right.$$
$$\left. + 12 \left(o_k \frac{J_c}{F_k{}^o} + u_k \frac{J_c}{F_k{}^u} \right) \right] + X_{k+1} h_k' h_k{}^2$$
$$= - \left[\mathfrak{M}_{k-1} s_k' (2 h_{k-1} + h_k) + \mathfrak{M}_k s_k' (h_{k-1} + 2 h_k) \right] \mp 12 E J_c \alpha_t t \lambda_k. \text{ 1)}$$

Hierbei ist k der Reihe nach $1, 2, \ldots, n$ zu setzen. Die rechten Seiten

---

[1]) Es steht natürlich nichts im Wege, die Berechnung dieses Einflusses genau durchzuführen. Für die Gurtkraft S ist dann zu setzen

$$S = X \cos \alpha + T \sin \alpha,$$

wenn α die Neigung des Gurtes gegen die Wagerechte bedeutet. T kann man ebenfalls durch X ausdrücken und erhält ein Zusatzglied im Beiwert von X_k wie oben, außerdem ein weiteres von $\mathfrak{M}$ abhängiges Glied auf der rechten Seite.

der ersten und letzten Gleichung des Systems 1) weichen etwas von der allgemeinen Form ab.

Die erste Gleichung lautet:

$$\ldots = -\left[\mathfrak{M}_0\left(h_0{}'h_0 + s_1{}'(2h_0 + h_1)\right) + \mathfrak{M}_1 s_1{}'(h_0 + 2h_1)\right]$$

und die letzte Gleichung:

$$\ldots = -\left[\mathfrak{M}_{n-1}s_n{}'(2h_{n-1} + h_n) + \mathfrak{M}_n\left(s_n{}'(2h_n + h_{n-1}) + h_n h_n{}'\right)\right].$$

Ist $\mathfrak{M}_0$ und $\mathfrak{M}_n$ wie beim frei aufliegenden Balken mit lotrechter Belastung Null, dann fällt diese Unterscheidung fort.

Die n Gleichungen 1) reichen aus, um die Größen X und somit alle anderen Werte zu bestimmen. Die Ermittelung der Überzähligen ist damit auf die Auflösung eines Systems dreigliedriger Gleichungen der Form 1) zurückgeführt.

Wir hätten den Rechnungsgang insofern abkürzen können, als wir nach Feststellung der Gleichungen f) diese einfachen Zusammenhänge zwischen Ober- und Untergurtmomenten in die beiden ersten Gleichungen b), die zur Ableitung der dritten Gruppe der Bestimmungsgleichungen benutzt wurden, eingeführt hätten. Die etwas längere Darstellung wurde gewählt, um den Eliminationsvorgang, der zu den $3n$ Bestimmungsgleichungen führt, klarer zum Ausdruck zu bringen.

Für den Parallelträger nehmen die Gleichungen 1) besonders einfache Form an. Wir setzen $h_{k-1} = h_k = h$ und $s_k{}' = \lambda_k{}'$, der reduzierten Feldweite, weiter $F_k^o = F_k^u = F_k$ und erhalten

$$X_{k-1}h'_{k-1} - X_k\left[h'_{k-1} + 6\lambda_k{}' + h_k{}' + 24\frac{\lambda_k}{h^2}\frac{J_c}{F_k}\right] + X_{k+1}h_k{}'$$

$$= -3\frac{\lambda_k{}'}{h}(\mathfrak{M}_{k-1} + \mathfrak{M}_k) \mp 12EJ_c\alpha_t t\frac{\lambda_k}{h^2}. \quad \ldots \ldots \text{ m)}$$

Das Glied $24\dfrac{\lambda_k}{h^2}\dfrac{J_c}{F_k}$ ist gewöhnlich klein und kann wenigstens bei vorläufigen Berechnungen vernachlässigt werden.

Der Vorgang der Auflösung des Gleichungssystems ist derselbe wie bei der Auflösung der Gleichungen des Lohseträgers. Nur liegt hier die Sache insofern einfacher, als kein von H abhängiges Glied vorhanden ist. Wir enthalten uns hier weiterer Erörterungen, da der Rechnungsgang an einem Zahlenbeispiel weiter unten ausführlich dargestellt werden wird.

In den vorangehenden Darlegungen wurden die äußeren Kräfte als lotrecht gerichtet vorausgesetzt. Nun wollen wir noch untersuchen, welche Änderungen die Bestimmungsgleichungen 1) erleiden, wenn in den Knotenpunkten wagerechte Kräfte angreifen.

Solange die äußeren Lasten in die Pfostenrichtung fallen, sind die wagerechten Teilkräfte X der Feldkraft für Ober- und Untergurt gleich groß. Es ist in diesem Falle auch für die Größe des äußeren Momentes $\mathfrak{M}_k$ gleichgültig, ob der Bezugspunkt k im Ober- oder Untergurt gelegen ist. All dies ist nicht mehr der Fall, wenn wagerechte äußere Kräfte hinzutreten.

Wir haben die Gleichungen h) und h') in der Weise bestimmt, daß wir die Momentensumme in

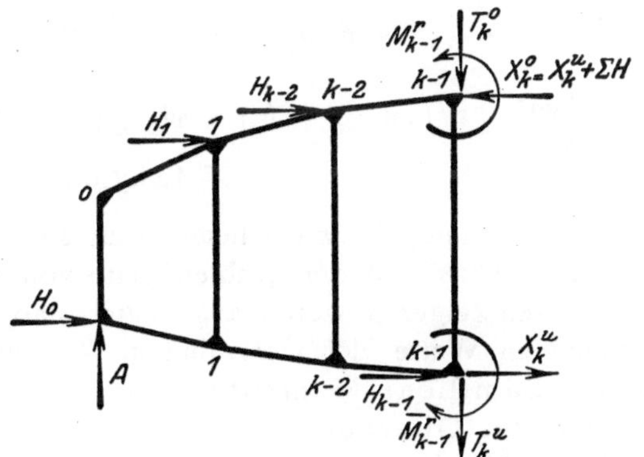

Abb. 84.

bezug auf den Obergurtknoten k als Momentenpunkt gebildet haben. Die in diesen Gleichungen auftretenden X-Kräfte sind demnach die wagerechten Komponenten der Feldkräfte des Untergurtes. Halten wir das fest, dann ergibt sich unter Hinweis auf Abb. 84 die wagerechte Komponente der Obergurtfeldkraft im k-ten Felde mit

$$X_k^{\,o} = X_k^{\,u} - \sum_0^{k-1} H.$$

Da nun $X_k^{\,o}$ und $X_k^{\,u}$ ihrem absoluten Werte nach nicht mehr gleich sind, so ändert sich hierdurch das unter dieser Voraussetzung abgeleitete, von den Gurtlängskräften herrührende Zusatzglied der Gleichung l).

Es ist jetzt

$$\Delta o_k \cos \alpha_k = \frac{O_k \cos \alpha_k \cdot o_k}{E F_k^{\,o}} \pm \alpha_t t o_k \cos \alpha_k = -\frac{\left(X_k^{\,u} + \sum_0^{k-1} H\right) o_k}{E F_k^{\,o}} \pm \alpha_t t \lambda_k,$$

$$\Delta u_k \cos \beta_k = \frac{U_k \cos \beta_k \cdot u_k}{E F_k^{\,u}} = \frac{X_k^{\,u} u_k}{E F_k^{\,u}},$$

somit folgt

$$\varrho \left(\Delta o_k \cos \alpha_k - \Delta u_k \cos \beta_k\right)$$

$$= -6 X_k^{\,u} \left[o_k \frac{J_c}{F_k^{\,o}} + u_k \frac{J_c}{F_k^{\,u}}\right] - 6 o_k \frac{J_c}{F_k^{\,o}} \sum_0^{k-1} H \pm 6 E J_c \alpha_t t \lambda_k. \quad\ldots\ldots \text{k')}$$

Mit diesem Gliede nehmen die Bestimmungsgleichungen die Form an:

$$X_{k-1}^{u}\, h_{k-1}'\, h_{k-1}^{2} - X_{k}^{u}\left[h_{k-1}'\, h_{k-1}^{2} + 2\,s_{k}'(h_{k-1}^{2} + h_{k-1} h_{k} + h_{k}^{2}) \right.$$

$$\left. + h_{k}'\, h_{k}^{2} + 12\left(o_{k}\, \frac{J_{c}}{F_{k}^{o}} + u_{k}\, \frac{J_{c}}{F_{k}^{u}} \right) \right] + X_{k+1}^{u}\, h_{k+1}'\, h_{k+1}^{2}$$

$$= -\left[\mathfrak{M}_{k-1}\, s_{k}'(2\,h_{k-1} + h_{k}) + \mathfrak{M}_{k}\, s_{k}'(h_{k-1} + 2\,h_{k}) - 12\, o_{k}\, \frac{J_{c}}{F_{k}^{o}} \sum_{0}^{k-1} H \right]$$

$$\mp 12\,E J_{c}\, \alpha_{t}\, t\, \lambda_{k}. \qquad \dots \dots \dots \dots \text{1}')$$

Die Gleichung 1') unterscheidet sich somit nur durch das von ΣH abhängige Glied auf der rechten Seite von der Gleichung 1). Durch den oberen Zeiger u wurde angedeutet, daß die aus dieser Gleichung errechneten Werte der Überzähligen X sich auf den Untergurt be. ziehen. **Sämtliche Momente $\mathfrak{M}$ beziehen sich auf die Knotenpunkte des Obergurtes.**

Vernachlässigt man, was unter Umständen erlaubt ist, die Wirkung der Gurtlängskräfte, dann fällt auf der rechten Seite das unterscheidende Zusatzglied weg, und die Gleichung 1') geht in die Gleichung 1) über.

Einflußlinien der Überzähligen.

Nach der Auflösung der Bestimmungsgleichungen erhält man die Unbekannten X in der Gestalt

$$X = \mu_{1} a_{1} + \mu_{2} a_{2} + \mu_{3} a_{3} + \cdots + \mu_{k} a_{k} + \cdots + \mu_{n} a_{n} \quad \dots \text{n)}$$

$\mu_{1}\,\mu_{2}\dots$ sind Zahlenwerte, die sich aus den Beiwerten der Unbekannten im Gleichungssysteme ergeben. Die $a_{1}\,a_{2}\dots$ sind die zunächst unbestimmt gelassenen rechten Seiten der Gleichungen 1).

Um nun die Einflußlinien der Überzähligen zu finden, belastet man der Reihe nach die einzelnen Knoten mit $P = 1$, bestimmt hierfür die Werte a und mit Hilfe der Lösungen n) die Einzelwerte der Unbekannten X, aus denen dann die Einflußlinien zusammengestellt werden. Bei symmetrischen Trägern genügt natürlich die Berechnung für eine Trägerhälfte.

Aus der Tatsache, daß der Beiwert der mittleren Unbekannten in den Gleichungen 1) bedeutend größer ist als die Beiwerte der rechts und links stehenden Gleichungsglieder, folgt, daß in dem Ausdrucke n) der Unbekannten X_{k} der Beiwert μ_{k} weitaus größer ist als alle übrigen Zahlenwerte. Die Beiwerte μ nehmen vom Gliede $\mu_{k} a_{k}$ rasch nach beiden Seiten ab. In erster Annäherung kann daher auch

$$X_{k} = \mu_{k} a_{k}$$

gesetzt werden. Für genaue Berechnungen genügt die Berücksichtigung je zweier Glieder vor und hinter $\mu_{k} a_{k}$, alle anderen Glieder können Null gesetzt werden. Mit dieser Eigenschaft der Lösungen n) hängt in weiterer Folge auch die bemerkenswerte Form der Einflußlinien der Überzähligen X zusammen. In Abb. 85 ist eine solche Einfluß-linie dargestellt. Scharf betont sind nur die Punkte a und b, während die Knicke c und d nur wenig merklich sind. Die Teile $0 - c$ und $d - n$ weichen so wenig von der geraden Linie ab, daß selbst bei größerem Zeichnungsmaßstab die Krümmung dieser Zweige

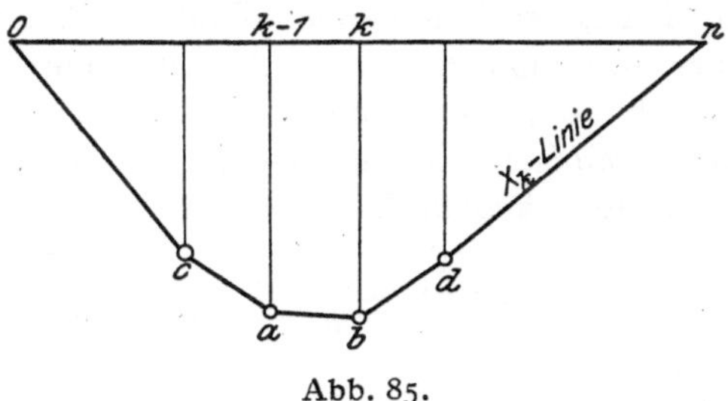

Abb. 85.

nicht zum Ausdruck kommt. Für Vorberechnungen genügt daher die Ermittlung der zwei Punkte a und b der Einflußlinie, die dann mit 0 und n geradlinig verbunden werden. Für genauere Berechnungen empfiehlt es sich, auch noch die Punkte c und d zu bestimmen.

Näherungsverfahren.

Obwohl die Auflösung des Gleichungssystems 1) selbst bei vielen Gliedern keine besonderen Schwierigkeiten macht, ist es doch zweckmäßig, für Vorberechnungen einfache Bestimmungsgleichungen für die Überzähligen X zur Hand zu haben. Diese können nach dem Vorbilde Engessers[1]) in der Weise gewonnen werden, daß man den Einfluß der Verbiegung der Pfosten vernachlässigt, deren Trägheitsmoment also unendlich groß annimmt; dementsprechend werden die reduzierten Längen h_k' Null, und in den Gleichungen 1) verschwinden die Außenglieder. Die Gleichungen nehmen jetzt die einfache Form an:

$$2X_k s_k'[h_{k-1}^2 + h_{k-1}h_k + h_k^2] = s_k'[\mathfrak{M}_{k-1}(2h_{k-1}+h_k) + \mathfrak{M}_k(h_{k-1}+h_k)]$$

und daraus

$$X_k = \frac{\mathfrak{M}_{k-1}(2h_{k-1}+h_k) + \mathfrak{M}_k(h_{k-1}+2h_k)}{2(h_{k-1}^2 + h_{k-1}h_k + h_k^2)} \quad \ldots \ldots \text{o)}$$

Die so berechneten Werte entsprechen den Stammwerten Engessers. Sie weichen allerdings manchmal nicht unerheblich von den genauen Werten ab, doch sind sie, wie man sieht, unabhängig von der Querschnittsgestaltung der aufeinanderfolgenden Gurtstäbe, weshalb sie für eine Vorberechnung, um vorläufige Anhaltspunkte für die Querschnittsgestaltung zu erhalten, sehr gut zu verwenden sind. Um die Einflußlinien zu bestimmen, genügt es, zwei Werte von X_k nach Formel o) zu berechnen, indem man die Last 1 im Knoten $k-1$ und hierauf im Knoten k aufstellt und die zugehörigen $\mathfrak{M}$-Werte ermittelt

---

[1]) Prof. Dr.-Ing. Fr. Engesser: Die Berechnung der Rahmenträger. Berlin 1913.

Parallelträger in Vierendeelbauart.

Wir benützen die Gleichungen m) von S. 132, um für den im Hochbau häufig vorkommenden Fall gleicher Feldweite und unveränderlicher Gurt- und Pfostenquerschnitte eine geschlossene Formel für die Überzählige X abzuleiten. Da alle λ' und h' jetzt einander gleich sind, vereinfacht sich die Gleichung m) bei Vernachlässigung des Einflusses der Längskraft zu

$$X_{k-1} - 2\left(1 + \frac{3\lambda'}{h'}\right) X_k + X_{k+1} = -3\frac{\lambda'}{hh'}\left(\mathfrak{M}_{k-1} + \mathfrak{M}_k\right).$$

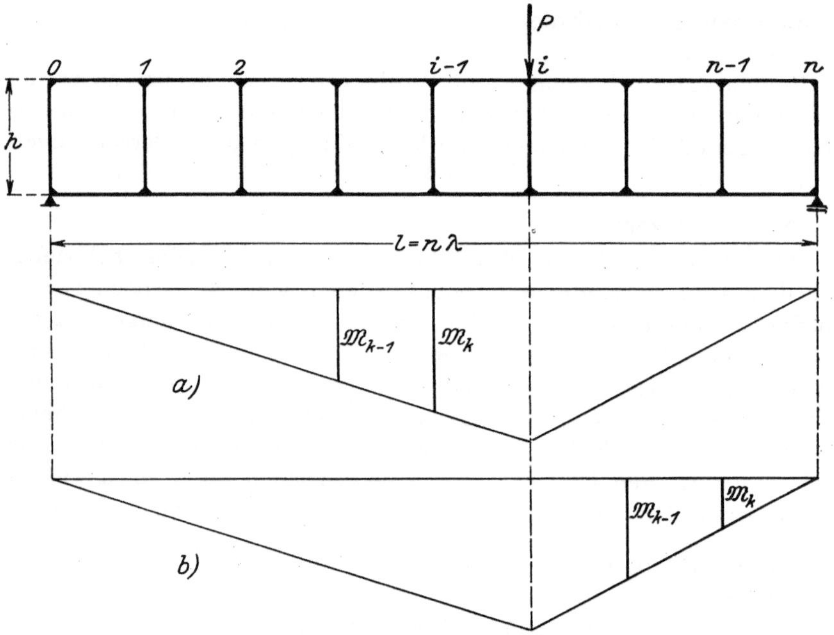

Abb. 86.

Ist der Knoten i mit P belastet, so gilt für Knotenpunkte links von i, Abb. 86a:

$$\mathfrak{M}_{k-1} = P\frac{n-i}{n}(k-1)\lambda \quad \text{und} \quad \mathfrak{M}_k = P\frac{n-i}{n}k\lambda,$$

somit

$$\mathfrak{M}_{k-1} + \mathfrak{M}_k = P\frac{n-i}{n}(2k-1)\lambda.$$

Für Knotenpunkt rechts von i, Abb. 86b

$$\mathfrak{M}_{k-1} = P\frac{i}{n}(n-k+1)\lambda \quad \text{und} \quad \mathfrak{M}_k = P\frac{i}{n}(n-k)\lambda,$$

daher

$$\mathfrak{M}_{k-1} + \mathfrak{M}_k = P\frac{i}{n}(2n - 2k + 1)\lambda.$$

Mit $c = 1 + \dfrac{3\lambda'}{h'}$ und $\mu = 3P\dfrac{\lambda'}{hh'}$ nehmen daher die Gleichungen für X folgende Form an:

für $k \leq i$

$$X_{k-1} - 2c\,X_k + X_{k+1} = -\mu\frac{n-i}{n}(2k-1)\lambda;$$

für $k > i$

$$X_{k-1} - 2c\,X_k + X_{k+1} = -\mu\frac{i}{n}(2n - 2k + 1)\lambda.$$

Faßt man die voranstehenden Gleichungen als Differenzengleichungen auf, so werden sie durch die nachstehenden Lösungen befriedigt:

für $k \leq i$

$$X_k = C_1\xi_1{}^k + C_2\xi_2{}^k + \mu\frac{n-i}{n}\frac{2k-1}{2(c-1)}\lambda;$$

für $k > i$

$$\overline{X}_k = C_3\xi_1{}^k + C_4\xi_2{}^k + \mu\frac{i}{n}\frac{2n-2k+1}{2(c-1)}\lambda.$$

Hierin bedeuten ξ_1 und ξ_2 die Wurzeln der quadratischen Gleichung

$$\xi^2 - 2c\xi + 1 = 0,$$

nämlich

$$\xi_1 = c + \sqrt{c^2 - 1} \quad \text{und} \quad \xi_2 = c - \sqrt{c^2 - 1}.$$

Führt man wieder für c und μ die ausführlichen Werte ein, so nehmen die Lösungen mit $\lambda' = \lambda$ die Gestalt an:

für $k \leq i$

$$X_k = C_1\xi_1{}^k + C_2\xi_2{}^k + P\frac{\lambda}{2h}\frac{n-i}{n}(2k-1);$$

für $k > i$

$$\overline{X}_k = C_3\xi_1{}^k + C_4\xi_2{}^k + P\frac{\lambda}{2h}\frac{i}{n}(2n - 2k + 1).$$

Die Festwerte C_1 bis C_4 bestimmen sich aus den Grenzbedingungen

$$X_0 = 0, \quad X_{n+1} = 0, \quad X_i = \overline{X}_i, \quad X_{i+1} = \overline{X}_{i+1}.$$

Man erhält daher folgende Gleichungen zur Ermittlung der Festwerte:

$$C_1 + C_2 = P\frac{\lambda}{2h}\frac{n-i}{n},$$

$$C_3\xi_1{}^{n+1} + C_4\xi_2{}^{n+1} = P\frac{\lambda}{2h}\frac{i}{n},$$

$$(C_1 - C_3)\xi_1{}^{i} + (C_2 - C_4)\xi_2{}^{i} = P\frac{\lambda}{2h},$$

$$(C_1 - C_3)\xi_1{}^{i+1} + (C_2 - C_4)\xi_2{}^{i+1} = -P\frac{\lambda}{2h}.$$

Aus Gründen der Symmetrie findet man, wie wir unten noch ausführen werden, mit einer der beiden Lösungen das Auslangen. Wir berechnen daher bloß C_1 und C_2 aus dem Gleichungssystem der C und finden

$$C_1 = \frac{P\lambda}{2h(\xi_1{}^{n+1} - \xi_2{}^{n+1})}\left[\frac{i}{n} - \frac{n-i}{n}\xi_2{}^{n+1} + \frac{\xi_1{}^{n-i}(1+\xi_1) - \xi_2{}^{n-i}(1+\xi_2)}{\xi_2 - \xi_1}\right],$$

$$C_2 = \frac{-P\lambda}{2h(\xi_1{}^{n+1} - \xi_2{}^{n+1})}\left[\frac{i}{n} - \frac{n-i}{n}\xi_1{}^{n+1} + \frac{\xi_1{}^{n-i}(1+\xi_1) - \xi_2{}^{n-i}(1+\xi_2)}{\xi_2 - \xi_1}\right].$$

Im Nenner kann man $\xi_2{}^{n+1}$ gegen $\xi_1{}^{n+1}$, da ξ_2 klein gegen ξ_1 ist, in der Regel vernachlässigen. X_k nimmt schließlich, wenn man die Verknüpfung $\xi_1\cdot\xi_2 = 1$ beachtet, die Form an

$$X_k = \frac{P\lambda}{2h}\left[\frac{i}{n}(\xi_2{}^{n-k+1} - \xi_2{}^{n+k+1}) + \frac{n-i}{n}(\xi_2{}^{k} - \xi_2{}^{2n-k+2})\right.$$

$$- \frac{1}{1-\xi_2}(\xi_2{}^{i-k+1} - \xi_2{}^{i+k+1} + \xi_2{}^{2n-i+k+2} - \xi_2{}^{2n-i-k+2})$$

$$\left.+ \frac{n-i}{n}(2k-1)\right] \quad \ldots \ldots \ldots \ldots \text{p)}$$

ξ_2 ist hierbei die kleinere der beiden Wurzeln ξ_1 und ξ_2. Da ξ_2 eine kleine Zahl ist (meist $< 0{,}4$), so können die höheren Potenzen je nach dem angestrebten Genauigkeitsgrad unterdrückt werden, wodurch die Rechnung sehr vereinfacht wird.

Die Gleichung p) gilt nur solange $k \leq i$ ist, wenn i der Lastpunkt ist. Ist $k > i$, so denke man sich die Wirkung im Felde $n-k$ also X_{n-k} für die symmetrische Laststellung, d. i. also Last P im Punkt $n-i$ stehend, ermittelt. In diesem Falle ist, wie eine einfache Überlegung lehrt, X_{n-k} gleich dem gesuchten X_k.

Auch zur Ermittlung der Einflußlinien genügt die Gleichung p). Diese Formel gibt die Feldkräfte X an in jenen Feldern, die links vom belasteten Knoten i liegen, sie liefert also die Ordinaten der

Einflußlinienteile rechts von k, d. i. von k bis n. Da nun die Einflußlinie von X_k spiegelbildlich gleich ist der Einflußlinie von X_{n-k}, so ermittle man auch diese Linie von $n-k$ bis n und setze aus beiden Hälften die X_k-Linie zusammen.

Zahlenbeispiel.

Es ist die Einflußlinie X_3 für einen achtfeldrigen Träger von 20 m Stützweite darzustellen. Die Trägerhöhe betrage 2,50 m. Das Trägheitsmoment des Gurtes sei zweimal so groß als das der Pfosten. Sonach ist

$$\lambda' = \lambda = \frac{20}{8} = 2,50 \text{ m}, \qquad h' = 2,50 \frac{2}{1} = 5,00 \text{ m}.$$

Damit erhält man

$$c = 1 + \frac{3\lambda'}{h'} = 1 + \frac{3 \cdot 2,50}{5,00} = \frac{5}{2}$$

und die kleinere Wurzel

$$\xi = \frac{5}{2} - \sqrt{\frac{25}{4} - 1} = 0,2087.$$

Wir berechnen noch:

$$\xi^2 = 0,0436, \qquad \xi^3 = 0,0091, \qquad \xi^4 = 0,0019, \qquad \xi^5 = 0,0004.$$

Höhere Potenzen von ξ sollen vernachlässigt werden. Nun setzt man in Gleichung p) $k = 3$ und i der Reihe nach 3 und 4 und gewinnt so die Ordinaten

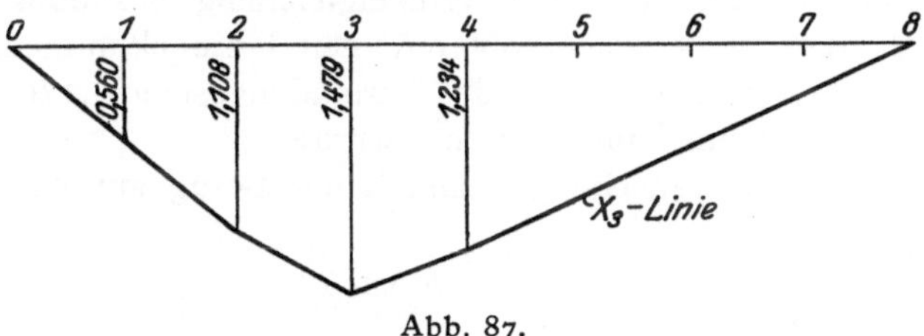

Abb. 87.

der Einflußlinien von X_3 für die Punkte 3, 4. Für die weiteren Punkte 5 bis 8 ist die Errechnung der Ordinaten, wenn man sich des auf S. 135 über die Einflußlinien Gesagten erinnert, nicht notwendig.

$$X_3^{(3)} = \frac{1}{2}\left[\frac{3}{8}(\xi^6 - \xi^{12}) + \frac{5}{8}(\xi^3 - \xi^{15}) - \frac{1}{1-\xi}(\xi - \xi^7 + \xi^{18} - \xi^{12}) + \frac{5}{8} \cdot 5\right] = 1,479,$$

$$X_4^{(4)} = \frac{1}{2}\left[\frac{4}{8}(\xi^6 - \xi^{12}) + \frac{5}{8}(\xi^3 - \xi^{15}) - \frac{1}{1-\xi}(\xi^2 - \xi^8 + \xi^{17} - \xi^{11}) + \frac{4}{8} \cdot 5\right] = 1,234.$$

Setzt man nun $k' = n - k = 5$ und $i' = n - i = 6$ bzw. 7, so erhält man die Einflußlinienordinaten für $i = 2$ bzw. 1.

$$X_3^{(2)} = \frac{1}{2}\left[\frac{6}{8}(\xi^4 - \xi^{14}) + \frac{2}{8}(\xi^5 - \xi^{13}) - \frac{1}{1-\xi}(\xi^2 - \xi^{12} + \xi^{17} - \xi^7) + \frac{2}{8} \cdot 9\right] = 1,108,$$

$$X_3^{(1)} = \frac{1}{2}\left[\frac{7}{8}(\xi^4 - \xi^{14}) + \frac{1}{8}(\xi^5 - \xi^{13}) - \frac{1}{1-\xi}(\xi^3 - \xi^{13} + \xi^{16} - \xi^6) + \frac{1}{8} \cdot 9\right] = 0,560.$$

In Abb. 87 ist die X_3-Linie zur Darstellung gebracht.

Bogenträger der Vierendeelbauart.

Es soll noch der Fall untersucht werden, daß das Vierendeeltragwerk statisch unbestimmt gelagert ist. Als Beispiel wählen wir den Zweigelenkbogen (Abb. 88). Die Lasten greifen mittels Hängestangen am Untergurt an.

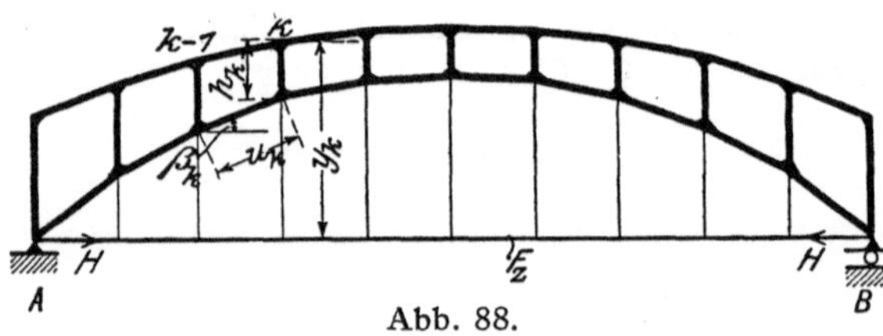

Abb. 88.

Zu den $3\,n$ Unbekannten des Balkenträgers tritt noch eine weitere Unbekannte, der Bogenschub H, hinzu. Dementsprechend benötigen wir auch eine weitere Elastizitätsbedingung. Die festen Kämpfergelenke denken wir uns durch einen Stab mit unendlich großem Querschnitt, der die Auflagerpunkte verbindet, ersetzt. Da kein neuer ausgezeichneter Punkt hinzutritt, so können auch keine weiteren Momentengleichungen aufgestellt werden. Dafür aber können zwei neue Winkelgleichungen, die sich über das Stabeck erstrecken, das vom Untergurt und dem Zusatzstab gebildet wird, angesetzt werden. Die eine Winkelgleichung bestimmt das unbekannte H, die zweite einen weiteren, neu hinzugekommenen Stabdrehwinkel, da durch Hinzutreten des Verbindungsstabes AB die Zahl der Stabdrehwinkel um Eins vermehrt wurde.

Die beiden Winkelgleichungen lauten mit Bezug auf Abb. 88:

$$\left.\begin{array}{l} \sum\limits_{k=1}^{n} \varDelta\,u_k \cos\beta_k + \sum\limits_{k=1}^{n} u_k\,\vartheta_k \sin\beta_k = 0\,, \\[2mm] \sum\limits_{k=1}^{n} \varDelta\,u_k \sin\beta_k - \sum\limits_{k=1}^{n} u_k\,\vartheta_k \cos\beta_k = 0\,. \end{array}\right\} \quad \ldots \ldots \text{q)}$$

Da an Stelle des äußeren Momentes $\mathfrak{M}_k$ das Moment $\mathfrak{M}_k - H\,y_k$ tritt, so kommt in jeder der n Bestimmungsgleichungen l') ein von H abhängiges Glied, ähnlich wie beim Lohseträger, hinzu. Drückt man nun in den Gleichungen q) die ϑ_k durch die Unbekannten und äußeren Lasten aus, so erhält man eine weitere Gleichung zur Ermittlung von H.

Man kann nun unter Verwertung der Rechnungsergebnisse für den Balkenträger einen kürzeren Weg zur Bestimmung des Bogenschubes H einschlagen. Wir denken uns zu diesem Zwecke das Balkenträgersystem einmal mit den gegebenen Lasten, das zweitemal mit der zunächst unbekannten Kraft H belastet. Diesen beiden Belastungszuständen entsprechen die Unbekannten X_k^P und X_k^H; dann ist der tatsächliche Wert der Überzähligen im Bogenträger

$$X_k = X_k{}^P + X_k{}^H.$$

Dementsprechend ist auch

$$\vartheta_k = \vartheta_k{}^P + \vartheta_k{}^H$$

oder

$$\vartheta_k = \vartheta_k{}^P + H\,\vartheta_k{}^{H=1}$$

und ebenso

$$\varDelta u_k = \varDelta u_k{}^P + H\,\varDelta u_k{}^{H=1},$$

wenn mit $\vartheta_k{}^{H=1}$ der Drehwinkel des k-ten Gurtstabes und mit $\varDelta u_k{}^{H=1}$ die Längenänderung des Stabes u_k für den Belastungszustand $H=1$ bezeichnet werden. Die erste der Gleichungen q) nimmt nun folgende Gestalt an:

$$\sum_{k=1}^{n} u_k\,\vartheta_k{}^P \sin\beta_k + H \sum_{k=1}^{n} u_k\,\vartheta_k{}^{H=1}\sin\beta_k + \sum_{k=1}^{n} \varDelta u_k{}^P \cos\beta_k$$

$$+ H \sum_{k=1}^{n} \varDelta u_k{}^{H=1}\cos\beta_k = 0,$$

woraus sich

$$H = \frac{\displaystyle\sum_{k=1}^{n} u_k\,\vartheta_k{}^P \sin\beta_k + \sum_{k=1}^{n} \varDelta u_k{}^P \cos\beta_k}{\displaystyle\sum_{k=1}^{n} u_k\,\vartheta_k{}^{H=1}\sin\beta_k + \sum_{k=1}^{n} \varDelta u_k{}^{H=1}\cos\beta_k} \qquad \dots \dots \text{r)}$$

bestimmt.

Betrachten wir den Zähler näher. Das Produkt $u_k\,\vartheta_k{}^P \sin\beta_k$ ist gemäß Abb. 89 nichts anderes als die wagerechte Verschiebung des Punktes k infolge der Stabdrehung, wenn der Punkt $k-1$ festgehalten ist; ebenso ist $\varDelta u_k{}^P \cos\beta_k$ die wagerechte Verschiebung des Punktes k infolge der Stablängenänderung. Somit wird

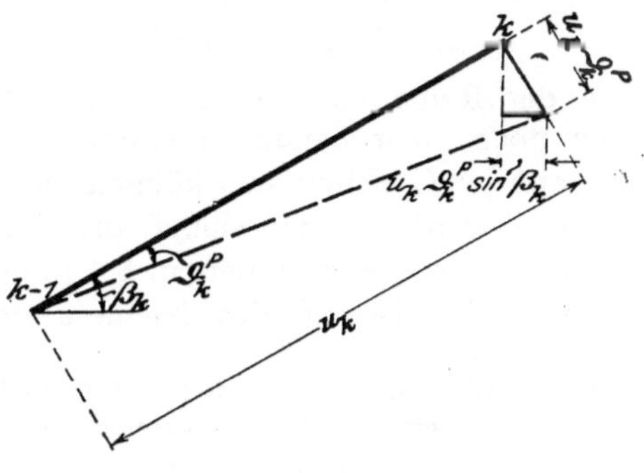

Abb. 89.

$$\delta_B^P = \sum_{k=1}^{n} u_k\,\vartheta_k{}^P \sin\beta_k + \sum_{k=1}^{n} \varDelta u_k{}^P \cos\beta_k$$

die wagerechte Verschiebung des Punktes B des Balkentragwerkes unter der Wirkung der Lasten P, wenn A festgehalten wird.

Kommt nur eine einzige Knotenlast $P=1$, wie dies bei der Berechnung der Einflußlinien der Fall ist, in Frage, so kann man vom

Satze über die Gegenseitigkeit der Verschiebungen Gebrauch machen und schließen: Die wagerechte Verschiebung δ_B^P des Punktes B durch die lotrechte Last 1 im Knoten m ist gleich der Verschiebung des Punktes m im lotrechten Sinne, wenn der Träger mit $H = 1$ belastet wird. Der Zähler bedeutet also die Ordinate der Biegungslinie (für lotrechte Verschiebungen) im Punkte m, wenn auf das System die Last $H = 1$ wirkt. Damit ist auch die Einflußlinie für H gegeben; man braucht bloß die Ordinaten der Biegungslinie mit dem Nenner der Gleichung r) zu dividieren. Auch dieser Nenner kann, wie eine einfache Überlegung lehrt, als wagerechte Verschiebung des Punktes B für den Lastzustand $H = 1$ gedeutet werden. Man erhält schließlich die bekannte Gleichung

$$H = -\frac{\delta_m^{H=1}}{\delta_B^{H=1}} \quad \ldots \ldots \ldots \ldots \ldots \ldots \text{r}')$$

Der Vorgang bei Berechnung des Bogenträgers nach Vierendeelbauart ist sonach folgender:

Man ermittelt die Einflußlinien der Größen X für den Balkenträger, wie dies oben beschrieben wurde, sowie die Werte der Größen X für den Lastzustand $H = 1$. Die diesem Belastungszustande entsprechenden Werte der Überzähligen bezeichne man mit $\overline{X}$. Nun bestimmt man noch die Drehwinkel $\vartheta_k^{H=1}$ aus $n - 1$ Gleichungen der Form

$$2\,\varrho\,(\vartheta_k - \vartheta_{k+1}) = -\,[y_{k-1}\,s_k{}' + 2\,y_k\,(s_k{}' + s_{k+1}') + y_{k+1}\,s_{k+1}']$$
$$-\,\overline{X}_k\,s_k{}'\,(h_{k-1} + 2\,h_k) - \overline{X}_{k+1}\,s_{k+1}'\,(2\,h_k + h_{k+1}), \quad \ldots \ldots \text{s})$$

wo k der Reihe nach 1, 2, ..., $n - 1$ zu setzen ist[1]) und aus der bisher noch nicht benutzten zweiten Winkelgleichung q). Aus diesen insgesamt n Gleichungen können die n fraglichen Stabdrehwinkel berechnet werden. Sind einmal die Gurtdrehwinkel bekannt, so lassen sich nach dem weiter unten in § 13 gezeigten Verfahren die Biegungslinie und der Betrag des Nenners der Gleichung r) mittels eines

---

[1]) Die Gleichungen s) sind leicht gefunden. Man stellt für zwei aufeinanderfolgende Obergurtstäbe die Viermomentengleichung auf; diese lautet:

$$M_{k-1}^r\,s_k{}' + 2\,M_k^l\,s_k{}' + 2\,M_k^r\,s_{k+1}' + M_{k+1}^l\,s_{k+1}' - \varrho\,(\vartheta_k - \vartheta_{k+1}) = 0.$$

Nun ersetzt man die Obergurtmomente gemäß den Gleichungen h) und h') durch die äußeren Momente $\mathfrak{M}$ und die Überzähligen X. Das äußere Moment im Punkte k des Obergurtes ist nun

$$\mathfrak{M}_k = -\,1 \cdot y_k,$$

wobei y_k die Ordinate des Obergurtpunktes k bedeutet (Abb. 88). Nach Durchführung der angegebenen Substitutionen und Einführung der Momentenwerte $\mathfrak{M}$ erhält man die Gleichung s). Bei n Gurtstäben können $n - 1$ derartige Gleichungen aufgestellt werden.

Verschiebungsplanes unschwer ermitteln. Damit ist die H-Linie gefunden und somit sind auch die endgültigen X-Werte bzw. deren Einflußlinien durch die Beziehung

$$X = X^P + H\,\overline{X}$$

festgelegt.

Aus dem Umstande, daß die X-Werte bei Belastung mit der Bogenkraft H für Ober- und Untergurt verschieden sind, erkennen wir, daß beim Bogenträger wohl die Gurtmomente eines Feldes gleich, die Gurtlängskräfte aber verschieden sind. Sollen aber die Trägheitsmomente beider Gurtstäbe, bei gleichen Stablängen z. B., gleich sein, so muß der eine Gurt, der den größeren Stabquerschnitt erfordert, in der Trägerebene etwas gedrängter gebaut werden, was meist leicht zu erreichen ist, da der Unterschied gewöhnlich nicht sehr groß ist. Durch zweckmäßige bauliche Durchbildung kann daher eine Forderung erfüllt werden, die die Berechnung der hier in Rede stehenden Tragwerksart überaus vereinfacht.

Den gleichen Weg, den wir hier bei Bestimmung des Horizontalschubes H beschrieben haben, schlägt man auch ein, wenn der Vierendeelträger als durchlaufender Balken gelagert ist oder einem Hängegurt als Versteifungsträger dient. Man berechnet das $3\,n$-fach statisch unbestimmte System unabhängig von den durch die Lagerung oder sonstigen Verbindungen gegebenen Überzähligen und legt das so bestimmte System der weiteren Berechnung als Hauptsystem zugrunde, ein Vorgang, wie er ja jedem Statiker geläufig ist.

Zahlenbeispiel.

Der in Abb. 90 dargestellte Bogenträger in Vierendeelbauweise habe 60 m Stützweite. Die Pfeilhöhe des Untergurtes betrage 9 m, die Trägerhöhe am Scheitel 2 m, die Pfostenhöhe am Auflager 6 m. Die Gurtknotenpunkte liegen auf Parabeln. In der Abbildung sind die auf Grund der vorstehenden Angaben berechneten Stablängen eingeschrieben. Wir nehmen ferner an, daß sämtliche

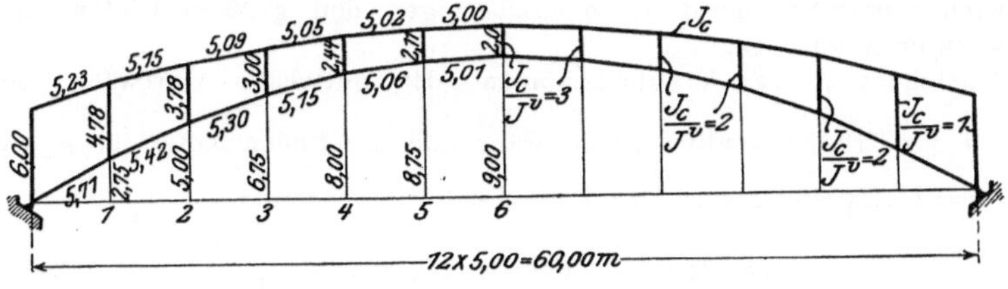

Abb. 90.

Obergurtstäbe gleichen Querschnitt haben und wählen das Trägheitsmoment des Obergurtes als J_c. Die reduzierten Längen s' der Obergurtstäbe sind somit gleich den wahren Längen s. Da nun Ober- und Untergurt, entsprechend den Voraussetzungen unserer Rechnung, in jedem Felde die gleiche reduzierte

Länge haben sollen, so folgt, daß die reduzierte Länge eines Untergurtstabes gleich der wahren Länge des Obergurtstabes des gleichen Feldes ist. Für die Größen s_k' unserer Gleichungen sind daher die in Abb. 90 eingeschriebenen Obergurtlängen einzuführen.

Für die Pfosten gelten folgende Querschnittsannahmen:

$$\frac{J_c}{J_0{}^v} = \frac{J_c}{J_1{}^v} = 1, \qquad \frac{J_c}{J_2{}^v} = \frac{J_c}{J_3{}^v} = \frac{J_c}{J_4{}^v} = 2, \qquad \frac{J_c}{J_5{}^v} = \frac{J_c}{J_6{}^v} = 3.$$

Sonach berechnen sich die reduzierten Längen der Pfosten wie folgt:

$$h_0' = 6{,}00 \text{ m}, \qquad h_1' = 4{,}78 \text{ m}, \qquad h_2' = 7{,}56 \text{ m}, \qquad h_3' = 6{,}00 \text{ m},$$
$$h_4' = 4{,}88 \text{ m}, \qquad h_5' = 6{,}33 \text{ m}, \qquad h_6' = 6{,}00 \text{ m}.$$

Wir untersuchen zunächst das Tragwerk als Balkenträger, ermitteln also die Überzähligen X, die die wagerechten Komponenten der Feldkräfte darstellen, aus den Bestimmungsgleichungen 1) S. 131. In Tafel 7 sind die Beiwerte der Unbekannten in den Gleichungen 1) dargestellt. Wegen der Trägersymmetrie wurde die Berechnung nur für die linke Trägerhälfte durchgeführt.

Tafel 7.

Berechnung der Beiwerte der Bestimmungsgleichungen 1).

$$v_k = h_k{}^2{}_{-1} + h_{k-1} h_k + h_k{}^2, \qquad B_k = h_k'{}_{-1} h_k{}^2{}_{-1} + 2 s_k' v_k + h_k' h_k{}^2,$$
$$\Delta_k = 12 \left(o_k \frac{J_c}{F_k{}^o} + u_k \frac{J_c}{F_k{}^u} \right){}^{1)}$$

k	h_k m	h_k' m	$h_k' h_k{}^2$ m³	$h_k{}^2$ m²	$h_{k-1} h_k$ m²	v_k m²	s_k' m	B_k m³	Δ_k m³	$B_k + \Delta_k$ m³
0	6,00	6,00	216,00	36,00						
1	4,78	4,78	109,22	22,85	28,68	87,53	5,23	1240,78	7,5	1248,28
2	3,78	7,56	108,03	14,29	18,07	55,21	5,15	785,91	7,5	793,41
3	3,00	6,00	54,00	9,00	11,34	34,63	5,09	514,56	7,5	522,06
4	2,44	4,88	29,04	5,95	7,32	22,27	5,05	307,97	7,5	315,47
5	2,11	6,33	28,17	4,45	5,15	15,55	5,02	213,33	7,5	220,83
6	2,00	6,00	24,00	4,00	4,22	12.67	5,00	178,87	7,5	186,37

[1]) Da die Werte Δ_k klein gegenüber B_k sind und nur wenig voneinander abweichen, so setzen wir sie einander gleich und berechnen Δ_k für die mittelsten Gurtstäbe, deren Längenänderungen den größten Einfluß auf die Unbekannten X ausüben.

Bezeichnet J_c das Trägheitsmoment der mittelsten Gurtstäbe, so ist $\sqrt{\dfrac{J_c}{F}} = i$ der Trägheitsradius dieser Stäbe und wir finden daher für Δ_k, wenn $o_k = u_k = \lambda$ eingeführt wird, wo λ die Feldweite bedeutet,

$$\Delta_k = 24 \, \lambda \, i^2 \qquad \text{oder} \qquad \Delta_k = 24 \, \lambda^3 \left(\frac{i}{\lambda} \right)^2;$$

$\dfrac{\lambda}{i}$ ist das Schlankheitsverhältnis, das wir mit 20 annehmen wollen. Wir ermitteln schließlich, wenn für $\lambda = 5$ m eingeführt wird,

$$\Delta_k = \frac{24 \cdot 5^3}{20^2} = 7{,}5 \text{ m}^3.$$

Die Bestimmungsgleichungen lauten somit, wenn man beide Seiten der Gleichungen mit — 1 multipliziert,

$$+\,1248{,}3\,X_1 \;-\;109{,}2\;\;X_2 \;=\;a_1$$
$$-\,109{,}2\;\;X_1 \;+\;793{,}4\,X_2 \;-\;108{,}0\;\;X_3 \;=\;a_2$$
$$-\,108{,}0\;\;X_2 \;+\;522{,}1\,X_3 \;-\;54{,}00\,X_4 \;=\;a_3$$
$$-\,54{,}00\,X_3 \;+\;315{,}5\,X_4 \;-\;29{,}04\,X_5 \;=\;a_4$$
$$-\,29{,}04\,X_4 \;+\;220{,}8\,X_5 \;-\;28{,}17\,X_6 \;=\;a_5$$
$$-\,28{,}17\,X_5 \;+\;186{,}4\,X_6 \;-\;24{,}00\,X_7 \;=\;a_6$$
$$-\,24{,}00\,X_6 \;+\;186{,}4\,X_7 \;-\;28{,}17\,X_8 \;=\;a_7$$
$$-\,28{,}17\,X_7 \;+\;220{,}8\,X_8 \;-\;29{,}04\,X_9 \;=\;a_8$$
$$-\,29{,}04\,X_8 \;+\;315{,}5\,X_9 \;-\;54{,}00\,X_{10} \;=\;a_9$$
$$-\,54{,}00\,X_9 \;+\;522{,}1\,X_{10} \;-\;108{,}0\;\;X_{11} \;=\;a_{10}$$
$$-\,108{,}0\;\;X_{10} \;+\;793{,}4\,X_{11} \;-\;109{,}2\;\;X_{12} \;=\;a_{11}$$
$$-\,109{,}2\;\;X_{11} \;+\;1248{,}3\,X_{12} \;\;\;\;\;\;\;\;\;=\;a_{12}$$

Wir schreiben nun die ersten beiden Gleichungen nochmals an (S. 146), derart, daß die Glieder mit gleichen Unbekannten untereinander stehen, multiplizieren wechselweise mit den Beiwerten von X_1 und addieren sodann. Die so entstehende neue Gleichung a) ist frei von X_1. Um nicht überflüssige Ziffern mitzuführen, wurden sämtliche Beiwerte der Gleichung a) mit 1000 dividiert. Es genügen, in Hinsicht auf den angestrebten Genauigkeitsgrad, vier Stellen. Unter a) setzen wir nun die dritte Gleichung des voranstehenden Systems, multiplizieren wechselweise mit den Beiwerten von X_2 und addieren, wodurch X_2 aus der Gleichung b), die in der Aufschreibung ebenfalls mit 1000 dividiert erscheint, verschwindet. In dieser Weise schreiten wir bis Gleichung e) fort, die die Unbekannten X_6 und X_7 enthält.

Nun denken wir uns den gleichen Eliminationsvorgang von der letzten Gleichung ausgehend durchgeführt, derart, daß zunächst X_{12}, dann X_{11} usw. ausgesondert werden. Da die zweite Hälfte der Gleichungen aus der ersten gewonnen wird, wenn man statt X_1, X_{12}, statt X_2, X_{11} usw., ebenso statt a_1, a_{12}, statt a_2, a_{11} usw. setzt, so erhält man das Endresultat dieses Aussonderungsvorganges ohne jede Rechnung aus Gleichung e), wenn in dieser Gleichung X_6 durch X_7 und umgekehrt ersetzt und für a_1, a_{12}, für a_2, a_{11} usw. geschrieben wird. Das Ergebnis ist Gleichung e'). Auch diese Gleichung enthält bloß die Unbekannten X_6 und X_7. Durch e) und e') sind diese beiden Überzähligen bestimmt.

Wir beseitigen aus e) und e') X_7 und gewinnen X_6 als lineare Funktion der Größen a. Benutzen wir diesen Wert der Unbekannten X_6 für Gleichung d), so erhalten wir X_5 und in der gleichen Weise weiter nach rückwärts schreitend alle übrigen Unbekannten bis X_1 als Funktionen der Größen a.

Schon aus den Gleichungen a) bis e) erkennt man, daß die Beiwerte der a, von einem bestimmten Gliede an, nach beiden Seiten rasch abnehmen. Es ist daher, nachdem X_6 bestimmt ist, nicht mehr notwendig, bei der schrittweisen Berechnung der übrigen Unbekannten alle Glieder mitzuführen. Im vorliegenden Falle genügen je drei Glieder vor und hinter dem maßgebenden größten Glied, da nur vier Stellen zu berücksichtigen sind. Das maßgebende Glied ist in der Rechnung durch fetteren Druck gekennzeichnet.

$$+\,1248{,}3\,X_1 - 109{,}2\,X_2 \qquad\qquad = a_1 \ \Big|\ 109{,}2$$
$$-\ 109{,}2\,X_1 + 793{,}4\,X_2 - 108{,}0\,X_3 = a_2 \ \Big|\ 1248{,}3$$

a) $\cdots + \ 978{,}9\,X_2 - 134{,}9\,X_3 = 0{,}1092\,a_1 + 1{,}249\,a_2 \ \Big|\ 108{,}0$

$\qquad\ -\ 108{,}0\,X_2 + 522{,}1\,X_3 - 54{,}00\,X_4 = a_3 \qquad\ \Big|\ 978{,}9$

b) $\cdots + \ 496{,}5\,X_3 - 52{,}86\,X_4 = 0{,}01179\,a_1 + 0{,}1349\,a_2 + 0{,}9798\,a_3 \ \Big|\ 54{,}00$

$\qquad\ -\ 54{,}00\,X_3 + 315{,}5\,X_4 - 29{,}04\,X_5 = a_4 \qquad\qquad\qquad\ \Big|\ 496{,}5$

c) $\cdots + \ 153{,}8\,X_4 - 14{,}42\,X_5 = 0{,}0_3 6367\,a_1{}^{1)} + 0{,}0_2 7295\,a_2 + 0{,}05286\,a_3 \ \Big|\ 29{,}04$
$$\qquad\qquad\qquad\qquad\qquad + 0{,}4965\,a_4$$

$\qquad\ -\ 29{,}04\,X_4 + 220{,}8\,X_5 - 28{,}17\,X_6 = a_5 \qquad\qquad\qquad\ \Big|\ 153{,}8$

d) $\cdots + \ 33{,}54\,X_5 - 4{,}333\,X_6 = 0{,}0_4 1849\,a_1 + 0{,}0_3 2118\,a_2 + 0{,}0_2 1535\,a_3 \ \Big|\ 28{,}17$
$$\qquad\qquad\qquad\qquad\qquad + 0{,}01442\,a_4 \ + 0{,}1538\,a_5$$

$\qquad\ -\ 28{,}17\,X_5 + 186{,}4\,X_6 - 24{,}00\,X_7 = a_6 \qquad\qquad\qquad\ \Big|\ 33{,}54$

e) $\cdots + \ 6{,}130\,X_6 - 0{,}805\,X_7 = 0{,}0_6 5209\,a_1 + 0{,}0_5 5966\,a_2 + 0{,}0_4 4324\,a_3 \ \Big|\ 6{,}130$
$$\qquad\qquad\qquad\qquad + 0{,}0_3 4062\,a_4 + 0{,}0_2 4333\,a_5 + 0{,}03354\,a_6$$

e') $\cdots - \ 0{,}805\,X_6 + 6{,}130\,X_7 + 0{,}03354\ a_7 + 0{,}0_2 4333\,a_8 + 0{,}0_3 4062\,a_9 \ \Big|\ 0{,}8050$
$$\qquad\qquad\qquad\qquad + 0{,}0_4 4324\,a_{10} + 0{,}0_5 5966\,a_{11} + 0{,}0_6 5209\,a_{12}$$

$$39{,}93\,X_6 = 0{,}0002651\,a_3 + 0{,}002490\,a_4 + 0{,}02656\,a_5 + 0{,}2056\,a_6$$
$$+\,0{,}02700\,a_7 + 0{,}003488\,a_8 + 0{,}0003270\,a_9$$

$$1000\,X_6 = 0{,}0072\,a_3 + 0{,}0675\,a_4 + 0{,}7192\,a_5 + \mathbf{5{,}567}\,a_6 \ + 0{,}7311\,a_7$$
$$+\,0{,}0945\,a_8 + 0{,}0089\,a_9$$

$$33{,}54\,X_5 = 0{,}0002118\,a_2 + 0{,}001566\,a_3 + 0{,}01471\,a_4 + 0{,}1569\,a_5$$
$$+\,0{,}02412\,a_6 + 0{,}003168\,a_7 + 0{,}000410\,a_8$$

$$1000\,X_5 = 0{,}0065\,a_2 + 0{,}0468\,a_3 + 0{,}4368\,a_4 + \mathbf{4{,}678}\,a_5 \ + 0{,}7192\,a_6$$
$$+\,0{,}0945\,a_7 + 0{,}0122\,a_8$$

$$153{,}8\,X_4 = 0{,}0006367\,a_1 + 0{,}007389\,a_2 + 0{,}05353\,a_3 + 0{,}5028\,a_4$$
$$+\,0{,}06746\,a_5 \ + 0{,}01037\,a_6 + 0{,}00136\,a_7$$

$$1000\,X_4 = 0{,}0042\,a_1 + 0{,}0480\,a_2 + 0{,}3480\,a_3 + \mathbf{3{,}269}\,a_4 \ + 0{,}4386\,a_5$$
$$+\,0{,}0675\,a_6 + 0{,}0088\,a_7$$

$$496{,}5\,X_3 = 0{,}01201\,a_1 + 0{,}1374\,a_2 + 0{,}9973\,a_3 + 0{,}1728\,a_4 + 0{,}02318\,a_5$$
$$+\,0{,}00356\,a_6$$

$$1000\,X_3 = 0{,}0242\,a_1 \ + 0{,}2768\,a_2 + \mathbf{2{,}009}\,a_3 \ + 0{,}3480\,a_4 + 0{,}0468\,a_5$$
$$+\,0{,}0072\,a_6$$

$$978{,}9\,X_2 = 0{,}1125\,a_1 + 1{,}287\,a_2 + 0{,}2710\,a_3 + 0{,}04695\,a_4 + 0{,}00633\,a_5$$

$$1000\,X_2 = 0{,}1149\,a_1 + \mathbf{1{,}315}\,a_2 + 0{,}2768\,a_3 + 0{,}0480\,a_4 \ + 0{,}0065\,a_5$$

$$1248{,}3\,X_1 = 1{,}013\,a_1 \ + 0{,}1436\,a_2 + 0{,}3023\,a_3 + 0{,}0524\,a_4$$

$$1000\,X_1 = \mathbf{0{,}8112}\,a_1 + 0{,}1149\,a_2 + 0{,}0242\,a_3 + 0{,}0042\,a_4.$$

Nachfolgend sind die Werte der Überzähligen X nochmals übersichtlich zusammengestellt, wobei für die weitere Rechnung eine Dezimalstelle abgeworfen wird und dementsprechend auch das drittvorhergehende und drittfolgende Glied

---

[1]) Der kürzeren Schreibweise wegen wurde z. B. statt $0{,}0006 \ldots$, $0{,}0_3 6 \ldots$ gesetzt.

des maßgebenden Gliedes unterdrückt werden. Ein größerer Genauigkeitsgrad ist zwecklos, da beim Auftragen und Übertragen der Einflußlinien in den üblichen Zeichnungsmaßstäben die vierte Stelle nicht mehr mit Sicherheit mitgeführt werden kann. Die Werte der Unbekannten X_7 bis X_{12} gewinnt man aus den oben berechneten Gleichungen, wenn man die Zeiger der Unbekannten und a-Größen durch die Zeiger der symmetrisch gelegenen Größen der rechten Trägerhälfte ersetzt.

$$1000\,X_1 = \mathbf{0{,}811}\,a_1 + 0{,}115\,a_2 + 0{,}024\,a_3$$

$$1000\,X_2 = 0{,}115\,a_1 + \mathbf{1{,}315}\,a_2 + 0{,}277\,a_3 + 0{,}048\,a_4$$

$$1000\,X_3 = 0{,}024\,a_1 + 0{,}277\,a_2 + \mathbf{2{,}009}\,a_3 + 0{,}348\,a_4 + 0{,}047\,a_5$$

$$1000\,X_4 = 0{,}048\,a_2 + 0{,}348\,a_3 + \mathbf{3{,}269}\,a_4 + 0{,}439\,a_5 + 0{,}068\,a_6$$

$$1000\,X_5 = 0{,}047\,a_3 + 0{,}439\,a_4 + \mathbf{4{,}678}\,a_5 + 0{,}719\,a_6 + 0{,}095\,a_7 + 0{,}012\,a_8\,{}^1)$$

$$1000\,X_6 = 0{,}068\,a_4 + 0{,}719\,a_5 + \mathbf{5{,}567}\,a_6 + 0{,}731\,a_7 + 0{,}095\,a_8 + 0{,}009\,a_9\,{}^1)$$

$$1000\,X_7 = 0{,}009\,a_4 + 0{,}095\,a_5 + 0{,}731\,a_6 + \mathbf{5{,}567}\,a_7 + 0{,}719\,a_8 + 0{,}068\,a_9$$

$$1000\,X_8 = 0{,}012\,a_5 + 0{,}095\,a_6 + 0{,}719\,a_7 + \mathbf{4{,}678}\,a_8 + 0{,}439\,a_9 + 0{,}047\,a_{10}$$

$$1000\,X_9 = 0{,}068\,a_7 + 0{,}439\,a_8 + \mathbf{3{,}269}\,a_9 + 0{,}348\,a_{10} + 0{,}048\,a_{11}$$

$$1000\,X_{10} = 0{,}047\,a_8 + 0{,}348\,a_9 + \mathbf{2{,}009}\,a_{10} + 0{,}277\,a_{11} + 0{,}024\,a_{12}$$

$$1000\,X_{11} = 0{,}048\,a_9 + 0{,}277\,a_{10} + \mathbf{1{,}315}\,a_{11} + 0{,}115\,a_{12}$$

$$1000\,X_{12} = 0{,}024\,a_{10} + 0{,}115\,a_{11} + \mathbf{0{,}811}\,a_{12}$$

Die nächste Aufgabe ist die Bestimmung der Größen a_k für die verschiedenen Laststellungen. a_k hat allgemein die Form:

$$a_k = \alpha_k\,\mathfrak{M}_{k-1} + \beta_k\,\mathfrak{M}_k.$$

Tafel 8 enthält die Berechnung der Beiwerte α_k und β_k.

Tafel 8. Berechnung der Beiwerte α_k und β_k.

$$\alpha_k = s_k'\,(2\,h_{k-1} + h_k), \qquad \beta_k = s_k'\,(h_{k-1} + 2\,h_k).$$

k	s_k' m	h_k m	$2\,h_{k-1} + h_k$ m	$h_{k-1} + 2\,h_k$ m	α_k m²	β_k m²
0		6,00				
1	5,23	4,78	16,78	15,56	123,76 ²)	81,37
2	5,15	3,78	13,34	12,34	68,70	63,55
3	5,09	3,00	10,56	9 78	53,75	49,78
4	5,05	2,44	8,44	7,88	42,62	39,79
5	5,02	2,11	6,99	6,66	35,09	33,43
6	5,00	2,00	6,22	6,11	31,10	30,55
7	5,00	2,11	6,11	6,22	30,55	31,10
8	5,02	2,44	6,66	6,99	33,43	35,09
9	5,05	3,00	7,88	8,44	39,79	42,62
10	5,09	3,78	9,78	10,56	49,78	53,75
11	5,15	4,78	12,34	13,34	63,55	68,70
12	5,23	6,00	15,56	16,78	81,37	123,76 ²)

¹) Da die Beiwerte von a_8 und a_9 in X_5 und X_6 verhältnismäßig groß sind, wurde bei diesen beiden Unbekannten ausnahmsweise noch ein weiteres Glied berücksichtigt.

²) Hier erscheinen noch die Glieder $h_0\,h_0'$ und $h_{12}\,h_{12}' = 36$ hinzugefügt. Siehe die Bemerkung zu Gleichung 1) auf S. 132.

In Tafel 9 S. 149 sind die Ordinatenwerte der $\mathfrak{M}_k$-Linien für die aufeinanderfolgenden Knotenbelastungen zusammengestellt und neben jeder $\mathfrak{M}_k$-Reihe mittels der Werte α_k und β_k das zugehörige a_k berechnet. In den letzten Vertikalreihen findet man die der Belastung mit $H = 1$ entsprechenden $\mathfrak{M}_k$- und a_k-Werte sowie das von den Längskräften abhängige Zusatzglied (Gleichung 1') dargestellt. Die Momente $\mathfrak{M}_k$ sind hierbei auf den Obergurt bezogen.

Mit Hilfe der in Tafel 9 berechneten a_k-Werte können, unter Benutzung der oben zusammengestellten Formeln für die Unbekannten X_k, die Ordinaten der Einflußlinien berechnet werden. Der Vorgang werde an der Berechnung von X_4 gezeigt.

Es ist $1000\,X_4 = 0{,}048\,a_2 + 0{,}348\,a_3 + 3{,}269\,a_4 + 0{,}439\,a_5 + 0{,}068\,a_6$. Die Zahlenrechnung führt man wie folgt übersichtlich durch:

Last in	1	2	3	4	5	6
$0{,}048\,a_2$	28	39	35	31	27	23
$0{,}348\,a_3$	143	286	335	298	261	223
$3{,}269\,a_4$	955	1912	2867	3127	2736	2346
$0{,}439\,a_5$	94	188	282	376	394	337
$0{,}068\,a_6$	11	23	34	45	57	58
$1000\,X_4$	1231	2448	3553	3877	3475	2987

Man ermittle immer eine ganze Horizontalreihe der vorstehenden Tafel, da der eine Faktor hierbei unverändert bleibt, was beim Arbeiten mit dem Rechenschieber oder auf der Rechenmaschine von Vorteil ist. Die erste Zeile erhält man, wenn die a_k-Werte der zweiten Zeile ($k = 2$) der Tafel 9 mit $0{,}048$ multipliziert werden. Die zweite Zeile wird durch Multiplikation der dritten Zeile ($k = 3$) der Tafel 9 mit $0{,}348$ gewonnen usf. Nach Summation findet man die aufeinanderfolgenden Einflußlinienordinaten für die Punkte 1 bis 6 in der Schlußzeile nebeneinander stehen. In Abb. 91 d ist die Einflußlinie für X_4 aufgetragen. Die Äste der Linie links von 2 und rechts von 5 wurden durch geradlinige Verbindung der abgetragenen Punkte 2 und 5 mit den Auflagerpunkten 0 und 12 gefunden. Demgemäß war die Berechnung der ersten und letzten Kolonne in der Darstellung von X_4 überflüssig. Wie man sich leicht überzeugt, weicht der unter 1 stehende Ordinatenwert nur wenig vom Halbwert der folgenden Ordinate ab. Punkt 1 liegt daher nahezu auf der Verbindungsgeraden 0 — 2. Ähnliches gilt für 6 und die folgenden Punkte. Bei der praktischen Durchführung der Rechnung ist es daher nicht notwendig, alle a_k-Werte zu bestimmen. Es genügt die Ermittelung der durch die stark gezeichneten Stufenlinien eingerahmten Werte der Tafel 9.

In der Abb. 91 sind die auf dem vorbeschriebenen Wege ermittelten Einflußlinien für die Überzähligen X_1 bis X_6 zur Darstellung gebracht. Die Berechnung des gegebenen Tragwerkes als Balkenträger ist somit, soweit die Ermittelung der statisch unbestimmbaren Größen in Frage kommt, vollendet. Da die X-Werte positiv sind, so besteht die bei der Aufstellung der Gleichgewichtsbeziehungen getroffene Annahme zu Recht (Abb. 83 S. 130). Der Obergurt wird gedrückt, der Untergurt gezogen.

Die in der Abb. 91 gestrichelt eingetragenen Einflußlinien entsprechen jenen Einflußwerten, die bei Vernachlässigung der Gurtlängskräfte gefunden werden. Der Unterschied ist für die Stäbe in Trägermitte am größten und nimmt gegen die Auflager hin ab. Von X_3 an ist der Unterschied schon so klein, daß er in dem gewählten Darstellungsmaßstabe nicht mehr deutlich zum

Tafel 9. Berechnung der a_k-Werte.

$$a_k = \alpha_k \, \mathfrak{M}_{k-1} + \beta_k \, \mathfrak{M}_k$$

k	α_k	β_k	Last 1^t in 1		Last 1^t in 2		Last 1^t in 3		Last 1^t in 4		Last 1^t in 5		Last 1^t in 6		Lastzustand $H = 1^t$			
	$\mathrm{m^2}$	$\mathrm{m^2}$	$\mathfrak{M}_k$ mt	a_k $\mathrm{m^3t}$	$\mathfrak{M}_k$ mt	a_k $\mathrm{m^3t}$	$\mathfrak{M}_k$ mt	a_k $\mathrm{m^3t}$	$\mathfrak{M}_k$ mt	a_k $\mathrm{m^3t}$	$\mathfrak{M}_k$ mt	a_k $\mathrm{m^3t}$	$\mathfrak{M}_k$ mt	a_k $\mathrm{m^3t}$	$\mathfrak{M}_k$ mt	a_k' $\mathrm{m^3t}$	Δ_k [1] $\mathrm{m^3t}$	$a_k' + \Delta_k$ $\mathrm{m^3t}$
0	—	—	0	—	0	—	0	—	0	—	0	—	0	—	— 6,00	—	—	—
1	123,76	81,37	4,583	372,7	4,167	339,7	3,750	305,0	3,333	271,1	2,917	237,2	2,500	203,4	— 7,53	— 1355,0	— 3,8	— 1358,8
2	68,70	63,55	4,167	579,0	8,333	815,9	7,500	734,2	6,667	652,6	5,833	571,1	5,000	489,6	— 8,78	— 1075,1	— 3,8	— 1078,9
3	53,75	49,78	3,750	410,8	7,500	820,9	11,250	962,8	10,000	856,0	8,750	749,0	7,500	642,0	— 9,75	— 956,9	— 3,8	— 960,7
4	42,62	39,79	3,333	292,3	6,667	585,0	10,000	877,1	13,333	956,5	11,667	837,0	10,000	717,5	— 10,44	— 830,6	— 3,8	— 834,4
5	35,09	33,43	2,917	214,4	5,833	429,0	8,750	643,3	11,667	857,5	14,583	896,7	12,500	768,7	— 10,86	— 729,3	— 3,8	— 733,1
6	31,10	30,55	2,500	167,2	5,000	334,1	7,500	501,2	10,000	668,3	12,500	835,2	15,000	846,9	— 11,00	— 673,7	— 3,8	— 677,5
7	30,55	31,10	2,083	141,1	4,167	282,2	6,250	423,6	8,333	564,7	10,417	705,7	12,500	846,9	— 10,86	— 673,7	— 3,8	— 677,5
8	33,43	35,09	1,667	128,1	3,333	256,2	5,000	384,4	6,667	512,8	8,333	640,6	10,000	768,7	— 10,44	— 729,3	— 3,8	— 733,1
9	39,79	42,62	1,250	119,7	2,500	239,1	3,750	358,7	5,000	478,6	6,250	597,7	7,500	717,5	— 9,75	— 830,6	— 3,8	— 834,4
10	49,78	53,75	0,833	106,8	1,667	214,1	2,500	321,1	3,333	428,0	4,167	535,0	5,000	642,0	— 8,78	— 956,9	— 3,8	— 960,7
11	63,55	68,70	0,417	81,5	0,833	163,0	1,250	244,9	1,667	326,3	2,083	408,0	2,500	489,6	— 7,53	— 1075,1	— 3,8	— 1078,9
12	81,37	123,76	0	34,2	0	67,7	0	101,7	0	135,6	0	169,5	0	203,4	— 6,00	— 1355,0	— 3,8	— 1358,8

Die a_k-Werte wurden mit dem Rechenschieber (50 cm lang) berechnet, die letzte Stelle ist daher unsicher.

___

[1] $\Delta_k = 12 \dfrac{J_c}{F_k^0} o_k = 3,75$.

Ausdruck kommt. Im übrigen sei auf die Bemerkungen über die Vernachlässigung des Einflusses der Längskräfte am Schlusse dieses Paragraphen verwiesen.

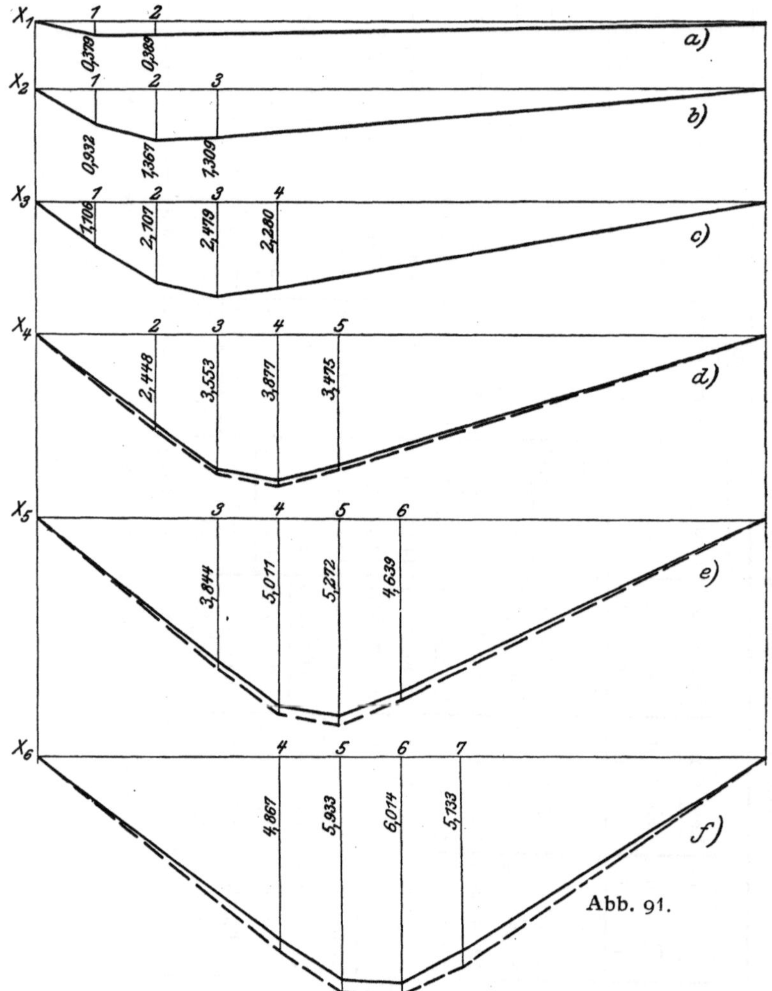

Abb. 91.

Mit Hilfe der Gleichungen $h)$ und $h')$ findet man die Gurtmomente bzw. deren Einflußlinien für den Balkenträger mit

$$M_k{}^l = \frac{1}{2}\,(\mathfrak{M}_k - X_k{}^u\,h_k),$$

$$M_k{}^r = \frac{1}{2}\,(\mathfrak{M}_k - X_{k+1}{}^u\,h_k)$$

und für die Anschlußmomente der Pfosten

$$M_k{}^v = \mathfrak{M}_k{}^l - M_k{}^r = (X_{k+1}{}^u - X_k{}^u)\,\frac{h_k}{2}\,.$$

Die Gurtlängskräfte sind

für den Obergurt

$$O_k = X_k^u \left[\cos \alpha_k + \frac{\sin \alpha_k}{2} (\operatorname{tg} \alpha_k - \operatorname{tg} \beta_k) \right] + \frac{1}{2} \mathfrak{Q}_k \sin \alpha_k + \frac{1 + \cos^2 \alpha_k}{2 \cos \alpha_k} \sum_0^{k-1} H ,$$

für den Untergurt

$$U_k = X_k^u \left[\cos \beta_k - \frac{\sin \beta_k}{2} (\operatorname{tg} \alpha_k - \operatorname{tg} \beta_k) \right] + \frac{1}{2} \mathfrak{Q}_k \sin \beta_k - \frac{1}{2} \operatorname{tg} \alpha_k \sin \beta_k \sum_0^{k-1} H .$$

$\mathfrak{Q}_k$ ist die Balkenquerkraft im k-ten Felde. Der Obergurt ist gedrückt, der Untergurt gezogen.

Die Pfostenlängskraft V_k ist durch die Formel gegeben

$$V_k = \frac{X_{k+1}^u}{2} (\operatorname{tg} \alpha_{k+1} - \operatorname{tg} \beta_{k+1}) - \frac{X_k^u}{2} (\operatorname{tg} \alpha_k - \operatorname{tg} \beta) \pm \frac{P_k}{2} .$$

P_k ist die Knotenlast im Punkte k. Das $+$-Zeichen gilt, wenn die Last am Obergurt, das $-$-Zeichen, wenn die Last am Untergurt angreift. Ergibt sich V_k positiv, so sind die Pfosten gedrückt, andernfalls gezogen. Für die Pfostenquerkraft gilt die Formel

$$\mathfrak{Q}_k v = X_{k-1}^u - X_k^u .$$

Bei der Einführung der Werte für die Winkelfunktionen sin und tg ist auf das Vorzeichen der Winkel α und β zu achten. Die Vorzeichen dieser Funktionen in den vorstehenden Formeln gelten für rechts steigende Obergurte und für rechts fallende Untergurte, z. B. für die linke Hälfte der in Abb. 82 dargestellten Tragwerksform. Hat einer der Gurte entgegengesetzte Steigung, so ist das Vorzeichen vor den betreffenden Funktionen sin und tg umzukehren.

Wir benützen die a_k-Werte der letzten Vertikalreihe der Tafel 9, um noch die Größe der Überzähligen für den Lastzustand $H = 1$ zu finden.

Nach Einführung der a_k in die Formeln von X_1 bis X_6 auf S. 147 findet man

$$\overline{X_1}{}^u = - 1{,}250 \, \mathrm{t} , \qquad \overline{X_4}{}^u = - 3{,}482 \, \mathrm{t} ,$$

$$\overline{X_2}{}^u = - 1{,}882 \, \mathrm{t} , \qquad \overline{X_5}{}^u = - 4{,}402 \, \mathrm{t} ,$$

$$\overline{X_3}{}^u = - 2{,}586 \, \mathrm{t} , \qquad \overline{X_6}{}^u = - 4{,}926 \, \mathrm{t} .$$

Die Werte X wurden in den voranstehenden Formeln mit dem oberen Zeiger u versehen, um anzudeuten, daß es sich um die wagerechten Komponenten der Feldkräfte des Untergurtes handelt, nachdem sich die in Rechnung gesetzten Momente $\mathfrak{M}$ infolge $H = 1$ auf die Obergurtknoten beziehen.

Die Berechnung des Horizontalschubes H erfordert die Kenntnis der Stabdrehwinkel einer Gurtung bei Belastung durch $H = 1$. Wir benutzen zu ihrer Bestimmung die Gleichungen s) auf S. 142 und die zweite Winkelgleichung q) von S. 140. Die Ordinaten y_k der Gleichungen s) beziehen sich auf die Obergurtpunkte; für die Überzähligen $\overline{X}$ sind die oben gefundenen Werte einzuführen. Die Berechnung ist in Tafel 10 durchgeführt.

Die Gleichungen s) liefern die 2ϱ-fachen Differenzen der Drehwinkel, die wir in Kolonne 10 ausgewiesen finden. In der nächsten Vertikalreihe sind sämtliche Drehwinkel durch ϑ_1 ausgedrückt. Die Summe dieser Glieder wird nun in die Winkelgleichung eingeführt und liefert, wie wir sehen werden, den Wert von ϑ_1 und somit auch den Wert aller anderen Drehwinkel.

Tafel 10. Berechnung der Stabdrehwinkel ϑ_k und Längenänderungen $\varDelta u_k$ für de1 Belastungszustand $H = 1$.

$$\lambda_k = y_{k-1}\, s_k' + 2\,y_k\,(s_k' + s_{k+1}') + y_{k+1}\, s_{k+1}'$$

$$\beta_k = s_k'\,(h_{k-1} + 2\,h_k) \qquad\qquad \alpha_{k+1} = s_{k+1}'\,(2\,h_k + h_{k+1})$$

k	s_k'	y_k	γ_k	$\overline{X}_k^u$	β_k [1]	α_{k+1} [1]	$\overline{X}_k^u\,\beta_k$	$\overline{X}_{k+1}^u\,\alpha_{k+1}$	$2\varrho\,(\vartheta_k - \vartheta_{k+1})$	$2\varrho\,\vartheta_k$		$2\varrho\,\varDelta u_k$ [2]
1	2	3	4	5	6	7	8	9	10	11	12	13
0	—	6,00	—	—	—	—	—	—	—	—	—	—
1	5,23	7,53	233,1	— 1,250	81,37	—	— 101,7	— 129,3	— 2,1	$2\varrho\,\vartheta_1$	— 88,8	— 6,1
2	5,15	8,78	268,2	— 1,882	63,55	68,70	— 119,6	— 139,0	— 9,6	$2{,}1 + 2\varrho\,\vartheta_1$	— 86,7	— 8,3
3	5,09	9,75	295,2	— 2,586	49,78	53,75	— 128,7	— 148,5	— 18,0	$11{,}7 + 2\varrho\,\vartheta_1$	— 77,1	— 10,9
4	5,05	10,44	313,8	— 3,482	39,79	42,62	— 138,6	— 154,5	— 20,7	$29{,}7 + 2\varrho\,\vartheta_1$	— 59,1	— 13,8
5	5,02	10,86	325,0	— 4,402	33,43	35,09	— 147,2	— 153,2	— 24,6	$50{,}4 + 2\varrho\,\vartheta_1$	— 38,4	— 16,9
6	5,00	11,00	328,6	— 4,926	30,55	31,10	— 150,5	— 150,5	— 27,6	$75{,}0 + 2\varrho\,\vartheta_1$	— 13,8	— 18,5
7	5,00	10,86	325,0	— 4,926	31,10	30,55	— 153,2	— 147,2	— 24,6	$102{,}6 + 2\varrho\,\vartheta_1$	+ 13,8	— 18,5
8	5,02	10,44	313,8	— 4,402	35,09	33,43	— 154,5	— 138,6	— 20,6	$127{,}2 + 2\varrho\,\vartheta_1$	+ 38,4	— 16,9
9	5,05	9,75	295,2	— 3,482	42,62	39,79	— 148,5	— 128,7	— 18,0	$147{,}9 + 2\varrho\,\vartheta_1$	+ 59,1	— 13,8
10	5,09	8,78	268,2	— 2,586	53,75	49,78	— 139,0	— 119,6	— 9,6	$165{,}9 + 2\varrho\,\vartheta_1$	+ 77,1	— 10.9
11	5,15	7,53	233,1	— 1,882	68,70	63,55	— 129,3	— 101,7	— 2,1	$175{,}5 + 2\varrho\,\vartheta_1$	+ 86,7	— 8,3
12	5,23	6,00	—	— 1,250	—	81,37	—	—	—	$177{,}6 + 2\varrho\,\vartheta_1$	+ 88,8	— 6,1

$$1065{,}6 + 24\,\varrho\,\vartheta_1$$

[1]) Aus Tafel 8 entnommen.

[2]) $2\varrho\,\varDelta u_k = 12\,E J_c\,\dfrac{\overline{X}_k^u\,\sec\beta_k \cdot u_k}{E F_k^u} = 12\,\overline{X}_k^u\,\dfrac{J_c}{F_k^u}\,u_k\,\sec\beta_k = 12\,\overline{X}_k^u\,\lambda_k^2\left(\dfrac{i}{\lambda_k}\right)^2 u_k\,\sec\beta_k = 0{,}75\,\overline{X}_k^u\,u_k\,\sec\beta_k.$

Die Winkelgleichung zur Berechnung von ϑ_1 lautet:

$$\sum_{k=1}^{n} \varDelta u_k \sin \beta_k - \sum_{k=1}^{n} u_k \vartheta_k \cos \beta_k = 0.$$

Die erste Summe ist Null, da $\varDelta u_k$ in symmetrisch zur Mitte gelegenen Stäben gleich groß und $\sin \beta_k$ in der linken Trägerhälfte positiv, in der rechten negativ ist. Setzt man $u_k \cos \beta_k = \lambda$ und multipliziert mit 2ϱ, da unsere Tabelle die 2ϱ-fachen Drehwinkelwerte aufweist, so entsteht die einfache Beziehung

$$\sum_{k=1}^{n} 2 \varrho\, \vartheta_k = 0.$$

Diese Summe haben wir in Kolonne 11 gefunden. Es ist somit

$$1065,6 + 24\, \varrho\, \vartheta_1 = 0$$

und $2\varrho\,\vartheta_1 = -88,8$. Mit diesem Werte wurde sodann aus Kolonne 11 die Wertreihe 12 errechnet.

In der letzten Vertikalreihe 13 sind die 2ϱ-fachen Werte der Verkürzungen der Untergurtstäbe zusammengestellt, weil es notwendig ist, den Einfluß der Normalkräfte bei der Ermittlung der Biegungslinie infolge $H = 1$ zu berücksichtigen. Ihre Berechnung zeigt die Fußnote zu Tafel 10. Es wurden hierbei die gleichen Vereinfachungen benutzt wie bei der Aufstellung des von den Längskräften herrührenden Zusatzgliedes in Tafel 7; $\dfrac{i}{l}$ wurde wie dort 20 angenommen.

Die Darstellung der Biegungslinie und der Verschiebungsgröße des Punktes B aus den oben berechneten ϑ- und $\varDelta u$-Werten wird in § 13 S. 172 ff. gezeigt werden. Dort soll auch das vorliegende Zahlenbeispiel fortgeführt werden.

Den Schluß dieses Absatzes mögen einige Bemerkungen über die Größe der Fehler, die durch Vernachlässigung der Gurtlängenänderungen bei Berechnung der Überzähligen im Vierendeelträger entstehen, bilden.

Man findet in der Literatur des Vierendeelträgers vielfach die Anmerkung, daß der Einfluß der Formänderungen durch die Normalkräfte auf die Größe der Überzähligen unerheblich ist und ohne weiteres vernachlässigt werden kann. Dies ist, in so allgemeiner Fassung wenigstens, keineswegs richtig. Die Verhältnisse liegen vielmehr folgendermaßen:

Der Einfluß der Gurtdehnungen auf die statisch unbestimmbaren Größen und auf die daraus abgeleiteten Momentenwerte hängt von zwei Umständen ab: 1. Vom Schlankheitsgrad (l/i) der Gurtstäbe und zwar derart, daß mit abnehmendem Schlankheitsgrad der Einfluß der Normalkräfte größer wird. 2. Vom Verhältnis (h/λ), d. i. das Verhältnis von Fachhöhe zur Fachbreite, derart, daß bei gleichem Schlankheitsgrad mit zunehmender Fachhöhe der Einfluß der Normalkräfte kleiner wird. Bei breitgebauten Gurtstäben und niedrigen Feldern wird der Einfluß der Normalkräfte auf den Wert der Überzähligen größer sein, als bei schlanken Stäben und hohen Feldern. Den Einfluß der Feldhöhe (bei gleicher Feldweite) erkennen wir deutlich in unserem Beispiel (Abb. 91). In der Trägermitte, wo die Trägerhöhe gering ist, beträgt der Unterschied zwischen dem genauen und dem Näherungswert von X_6 etwa $5\,^0/_0$. Bei X_5 ist er, wie die Abbildung lehrt, geringer und wird bei X_3 unmerklich. Eine zahlenmäßige Grenze für die Notwendigkeit, den Einfluß der Längskräfte berücksichtigen zu müssen, läßt sich nicht gut angeben, da zwei Umstände vorhanden sind, die die Größe des Einflusses bestimmen. Es ist aber leicht, sich in jedem Sonderfalle über die beiläufige Höhe dieses Einflusses Rechenschaft zu geben. Hat man die Beiwerte B_k (Tafel 7), d. s. die Beiwerte der mittleren Glieder der Bestimmungsgleichungen, berechnet, so genügt eine überschlägige Bestimmung des Zusatzgliedes $\varDelta_k$ (Tafel 7), um zunächst zu sehen, ob es unberücksichtigt bleiben kann oder nicht. Ist der Unterschied zwischen B_k und $(B_k + \varDelta_k)\ n\,^0/_0$, so ist auch der Unterschied zwischen dem genauen und dem angenäherten Wert von X_k beiläufig $n\,^0/_0$. Danach kann man seine Entschließungen einrichten.

Es sei aber bemerkt, daß die Einbeziehung der Gurtlängskräfte in die Rechnung so geringe Mühe macht, daß es empfehlenswert ist, bei allen genaueren Berechnungen darauf Rücksicht zu nehmen. Die gesamte Mehrarbeit erstreckt sich auf die Berechnung der einen Wertreihe $\varDelta_k$ in Tafel 7. Diese Arbeit kann, meist ohne Schaden, noch dadurch verringert werden, daß man den Wert von $\varDelta_k$ für alle Stäbe gleich annimmt und nach dem Schlankheitsgrad des niedrigsten Feldes bemißt, wie dies oben für die Trägermitte geschehen ist. In diesem Falle ist nur eine einzige Zahl auszurechnen.

Bei der Festsetzung der zulässigen Fehlergrenze der Unbekannten X darf nicht übersehen werden, daß eine Abweichung vom genauen Werte von X in erhöhtem Maße in die daraus berechneten Gurt- und Pfostenmomente übertragen wird. Für das Gurtmoment $M_k{}^l$ haben wir gefunden

$$M_k{}^l = \tfrac{1}{2}\left(\mathfrak{M}_k - X_k\,h_k\right).$$

M_k erscheint hier als Differenz zweier Zahlen. Ein Fehler in X_k wird sich daher in $M_k{}^l$ in erhöhter Weise bemerkbar machen.

Für eine in Trägermitte (Punkt 6) stehende Einzellast $P = 1^t$ ist $\mathfrak{M}_6 = 15$ mt. Das zugehörige X_6 beträgt, wie wir aus Abb. 91 entnehmen, 6,014 t; h_6 ist 2 m, somit

$$M_6{}^l = \tfrac{1}{2}\,(15,000 - 2 \cdot 6,014) = 1,486 \text{ mt}.$$

Ist X_6 um 5 v. H. größer, d. i. $X_6' = 6,314$, so wird

$$M_6{}^l = \tfrac{1}{2}\,(15,000 - 2 \cdot 6,314) = 1,186 \text{ mt}.$$

Das mit dem angenäherten Werte von X_6 ermittelte $M_6{}^l$ ist somit um 20 v. H. zu klein.

Diese Unterschiede können bei statisch unbestimmt gelagerten Systemen noch größer werden, da dort weitere mit Fehlern behaftete Glieder hinzutreten.

§ 11. Der symmetrische, eingespannte Stockwerkrahmen.

Einfluß der Windbelastung.

Die in § 10 entwickelten Formeln für den Vierendeelträger ermöglichen es, den Fall der Windbelastung des Stockwerkrahmen rasch zu erledigen. Greifen die Windlasten bloß in den Knotenpunkten

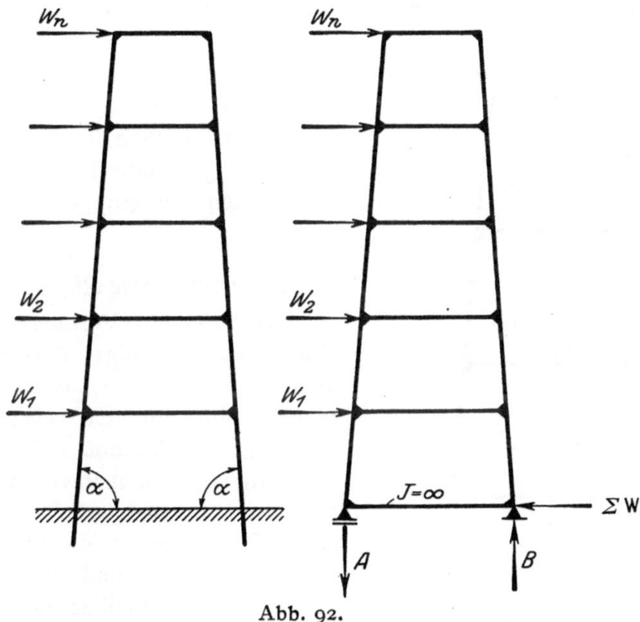

Abb. 92.

an, Abb. 92a, dann stellt der Stockwerkrahmen einen Konsolträger Vierendeelscher Bauart vor, Abb. 92b, für den die Gleichungen l) von S. 131 zur Berechnung der Überzähligen unmittelbar Anwendung finden können, da ΣH überall Null ist.

Lotrechte Belastung der Riegel.

Um den Rechnungsgang übersichtlicher gestalten zu können, soll jede Art der Belastung durch eine zur lotrechten Rahmenachse symmetrische und eine hierzu spiegelsymmetrische Lastgruppe ersetzt werden. Die Berechnung wird dann getrennt für die symmetrische und für die spiegelsymmetrische Belastung durchgeführt.

Die Last P der Abb. 93 a, die vom linken Riegelende den Abstand a habe, werde ersetzt durch eine symmetrische Lastgruppe aus

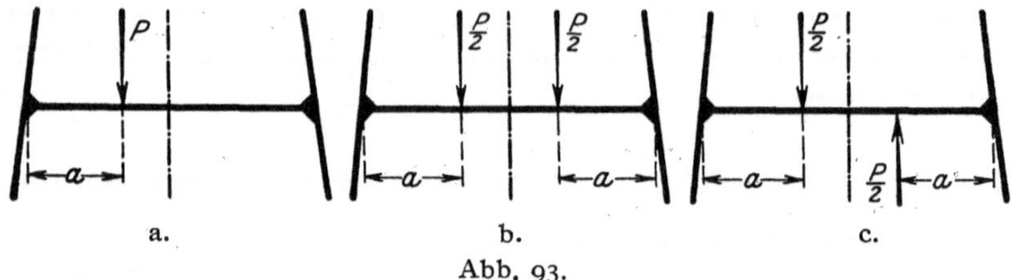

a.   b.   c.

Abb. 93.

zwei Lasten $\dfrac{P}{2}$ im Abstand a von den beiden Riegelenden, Abb. 93 b, und einer spiegelsymmetrischen Lastgruppe, ebenfalls aus zwei Lasten

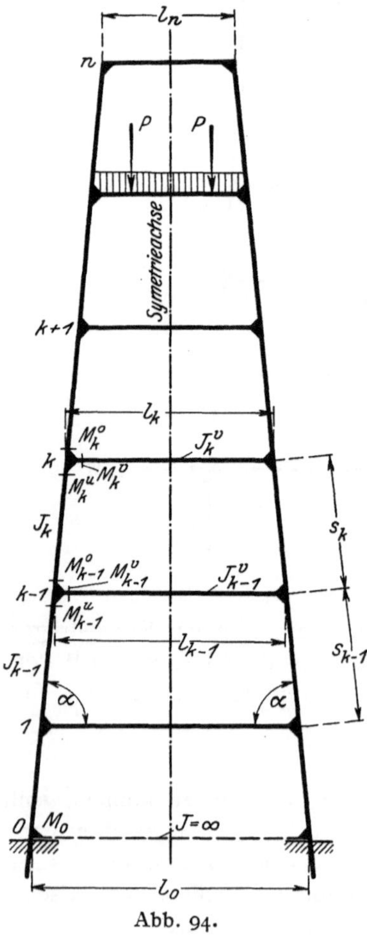

Abb. 94.

$\dfrac{P}{2}$ im Abstande a von den Riegelenden bestehend. Abb. 93 c. Es ist ohne weiteres ersichtlich, daß die Einzellast in Abb. 93 a statisch gleichwertig ist den beiden Lastgruppen der Abb. 93 b und c.

a) Symmetrische Riegelbelastung.

Die gleiche Verkürzung beider Gurte hat zur Folge, daß die Riegel auch nach der Formänderung wagerecht bleiben und daß auch die Gurtneigung, von kleinen Größen zweiter Ordnung abgesehen, unverändert bleibt. Sämtliche Drehwinkel ϑ sind sonach Null. Da außerdem die Stabanschlußmomente rechts und links einander gleich sind, so bleiben bei n Feldern bloß $2n$ statisch unbestimmbare Größen zur Ermittlung übrig. Von den 4 Viermomentengleichungen eines jeden Feldes sind aus Gründen der Symmetrie je zwei einander gleich, so daß bei n Feldern gerade $2n$ Gleichungen zur Berechnung der Überzähligen zur Verfügung stehen.

Wir bezeichnen die Anschlußmomente der beiden mit dem k-ten Riegel verbundenen Gurtstäbe mit M_k^o

und M_k^u, das Anschlußmoment des Riegels am Knoten k mit M_k^v.
Die einzelnen Felder haben die Höhe h_k und die Gurte die Länge s_k.
Die Riegellängen werden mit l_k bezeichnet. Abb. 94.

Die Viermomentengleichungen lauten nun:

Für das erste Feld $(0 - 1)$: $\qquad$ (Schlußstab $J = \infty$)

$$2\,M_0\,s_1' + M_1^u\,s_1' = 0,$$
$$M_0\,s_1' + 2\,M_1^u\,s_1' + 3\,M_1^v\,l_1' = N_1;$$

Für das k-te Feld: $\qquad\qquad (k = 2, 3, \ldots, n)$

$$-3\,M_{k-1}^v\,l_{k-1}' + 2\,M_{k-1}^o\,s_k' + M_k^u\,s_k' = -N_{k-1},$$
$$M_{k-1}^o\,s_k' + 2\,M_k^u\,s_k' + 3\,M_k^v\,l_k' = N_k.$$

$$\left. \phantom{\begin{matrix}1\\1\\1\\1\\1\end{matrix}} \right\} \quad \ldots \text{ a)}$$

Hierbei ist zu beachten, daß jedes Lastglied N zweimal vorkommt,
da die belasteten Riegel zwei Rahmenfeldern gemeinsam sind. Für
jenes Feld, für das die Lasten von außen nach innen wirken, ist N_k
positiv, für das darauffolgende Feld, wo die gleiche Lastgruppe auf
den gleichen Riegel von innen nach außen wirkt, ist N_k negativ zu
setzen.

Aus der Gleichgewichtsbedingung für den Knoten k folgt noch
$M_k^v = M_k^u - M_k^o$, so daß die Gleichungen a) die Form annehmen.

Für das erste Feld:

$$2\,M_0\,s_1' + M_1^u\,s_1' = 0,$$
$$M_0\,s_1' + M_1^u\,(2\,s_1' + 3\,l_1') - 3\,M_1^o\,l_1' = N_1;$$

für das k-te Feld:

$$-3\,M_{k-1}^u\,l_{k-1}' + M_{k-1}^o\,(2\,s_k' + 3\,l_{k-1}') + M_k^u\,s_k' = -N_{k-1},$$
$$M_{k-1}^o\,s_k' + M_k^u\,(2\,s_k' + 3\,l_k') - 3\,M_k^o\,l_k' = N_k.$$

Aus jedem der n Gleichungspaare folgt zunächst aus der ersten
Gleichung:

$$M_{k-1}^o = \frac{1}{2\,s_k' + 3\,l_{k-1}'}\left(3\,M_{k-1}^u\,l_{k-1}' - M_k^u\,s_k' - N_{k-1}\right),$$

daher auch

$$M_k^o = \frac{1}{2\,s_{k+1}' + 3\,l_k'}\left(3\,M_k^u\,l_k' - M_{k+1}^u\,s_{k+1}' - N_k\right) \quad \ldots \text{ b)}$$

Außerdem für das erste Feld

$$M_0 = -\frac{M_1^u}{2}.$$

Führt man diese Werte in die zweite Gleichung eines jeden Paares
ein, so gewinnt man nach Ordnung der Glieder folgende Beziehungen:

Für $k=1$:

$$M_1{}^u\left[-\frac{s_1'}{2}+(2\,s_1'+3\,l_1')-\frac{9\,l_1'^2}{2\,s_2'+3\,l_1'}\right]$$
$$+M_2{}^u\frac{3\,l_1'\,s_2'}{2\,s_2'+3\,l_1'}=\frac{2\,s_2'}{2\,s_2'+3\,l_1'}\,N_1;$$

Für $k=2,3,\ldots,n-1$:

$$M_{k-1}{}^u\frac{3\,s_k'\,l_{k-1}'}{2\,s_k'+3\,l_{k-1}'}$$
$$+M_k{}^u\left[-\frac{s_k'^2}{2\,s_k'+3\,l_{k-1}'}+(2\,s_k'+3\,l_k')-\frac{9\,l_k'^2}{2\,s_{k+1}'+3\,l_k'}\right]$$
$$+M_{k+1}{}^u\frac{3\,s_{k+1}'\,l_k'}{2\,s_{k+1}'+3\,l_k'}=\frac{s_k'}{2\,s_k'+3\,l_{k-1}'}\,N_{k-1}+\frac{2\,s_{k+1}'}{2\,s_{k+1}'+3\,l_k'}\,N_k.$$

Für $k=n$:

$$M_{n-1}{}^u\frac{3\,s_n'\,l_{n-1}'}{2\,s_n'+3\,l_{n-1}'}+M_n{}^u\left[-\frac{s_n'^2}{2\,s_n'+3\,l_{n-1}'}+(2\,s_n'+3\,l_n')\right]$$
$$=\frac{s_n'}{2\,s_n'+3\,l_{n-1}'}\,N_{n-1}+N_n. \quad\ldots\ldots \text{c)}$$

Die Berechnung der $2\,n$ Überzähligen $M_k{}^o$ und $M_k{}^u$ ist somit auf die Lösung eines Systems von n Dreimomentengleichungen zurückgeführt.

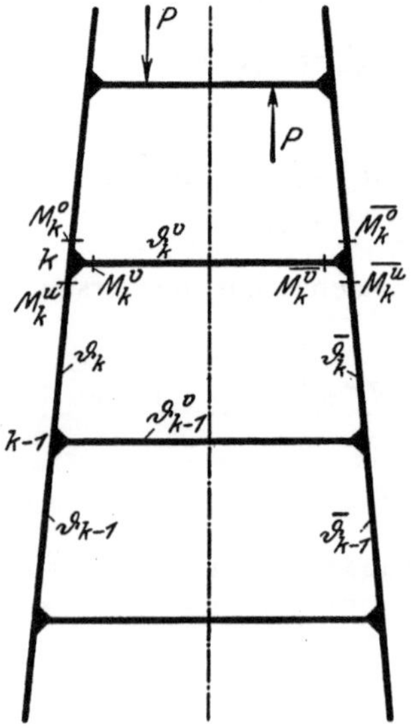

Für das Lastglied N_k ist zu setzen:

Bei zwei symmetrisch gestellten Einzellasten:

$$N_k=-3\,P_k\,a_k\,l_k'\left(1-\frac{a_k}{l_k}\right).$$

Bei voller gleichförmig verteilter Last:

$$N_k=-\tfrac{1}{4}\,p_k\,l_k'\,l_k^2.$$

b) Spiegelsymmetrische Belastung der Riegel.

Da bei spiegelsymmetrischer Belastung der Riegel (Symmetrieachse ist die lotrechte Achse des Stockwerkrahmens), die Verknüpfungen

$$M^o=-\overline{M}^o,$$
$$M^u=-\overline{M}^u,$$
$$M^v=-\overline{M}^v$$

Abb. 95.

bestehen, wobei M die Anschlußmomente entlang dem linken Stiel,

$\overline{M}$ die Anschlußmomente entlang dem rechten Stiel bedeuten, so lauten die Viermomentengleichungen, wenn man die Bezeichnungen der Abb. 95 beachtet,

für das erste Feld:

$$\left.\begin{aligned}
2\,M_0\,s_1' + M_1^{\,u}\,s_1' + \varrho\,\vartheta_1 &= 0, \\
M_0\,s_1' + 2\,M_1^{\,u}\,s_1' + M_1^{\,v}\,l_1' - \varrho\,(\vartheta_1 - \vartheta_1^{\,v}) &= N_1';
\end{aligned}\right\}$$

für das k-te Feld:

$$\left.\begin{aligned}
-M_{k-1}^{\,v}\,l_{k-1}' + 2\,M_{k-1}^{\,o}\,s_k' + M_k^{\,u}\,s_k' - \varrho\,(\vartheta_{k-1}^{\,v} - \vartheta_k) &= -N_{k-1}', \\
M_{k-1}^{\,o}\,s_k' + 2\,M_k^{\,u}\,s_k' + M_k^{\,v}\,l_k' - \varrho\,(\vartheta_k - \vartheta_k^{\,v}) &= N_k'.
\end{aligned}\right\} \quad \cdot\ \text{d)}$$

Die Lastglieder wurden hier mit N' bezeichnet, um sie von den Lastgliedern bei symmetrischer Belastung unterscheiden zu können.

Insgesamt können $2\,n$ Viermomentengleichungen angeschrieben werden, da von den 4 Viermomentengleichungen in jedem Fache je zwei miteinander identisch sind, weil, wie wir sofort beweisen werden, die Drehwinkel ϑ des linken Stieles gleich sind dem Drehwinkel $\overline{\vartheta}$ des rechten Stieles.

Zur Beseitigung der Drehwinkeldifferenzen der Momentengleichungen d) benützen wir die Winkelgleichungen, die folgende Form für das k-te Feld annehmen, falls wir die Dehnungen der Riegel vernachlässigen:

$$\left.\begin{aligned}
\varDelta s_k \cos\alpha + \overline{\varDelta s_k}\cos\alpha + \vartheta_k\,s_k \sin\alpha - \overline{\vartheta}_k\,s_k \sin\alpha &= 0, \\
\varDelta s_k \sin\alpha - \overline{\varDelta s_k}\sin\alpha - l_{k-1}\,\vartheta_{k-1}^{\,v} + l_k\,\vartheta_k^{\,v} + \vartheta_k\,s_k \cos\alpha & \\
+ \overline{\vartheta}_k\,s_k \cos\alpha &= 0.
\end{aligned}\right\} \quad \cdot\ \cdot\ \text{e)}$$

Da infolge der Spiegelsymmetrie

$$\varDelta s_k = -\overline{\varDelta s_k},$$

so folgt aus der ersten Winkelgleichung

$$\vartheta_k = \overline{\vartheta}_k,$$

was wir oben behauptet haben.

Aus der zweiten Winkelgleichung geht dann

$$(l_k\,\vartheta_k^{\,v} - l_{k-1}\,\vartheta_{k-1}^{\,v}) + 2\,s_k \cos\alpha \cdot \vartheta_k = -2\,\varDelta s_k \sin\alpha$$

hervor. Setzt man

$$2\,s_k \cos\alpha = l_{k-1} - l_k,$$

so gewinnt man die wichtige Verknüpfung

$$l_{k-1}(\vartheta_{k-1}^{\,v} - \vartheta_k) + l_k(\vartheta_k - \vartheta_k^{\,v}) = 2\,\varDelta s_k \sin\alpha. \quad \cdot\ \cdot\ \cdot\ \cdot\ \cdot\ \text{f)}$$

Nun addieren wir in jedem Felde die beiden Viermomentengleichungen, nachdem wir sie mit l_{k-1} bzw. l_k multipliziert haben, ersetzen die Summe der beiden Drehwinkeldifferenzen gemäß Gleichung f) durch $2\,\Delta s_k \sin\alpha$ und gewinnen dadurch folgende Gleichungen:

Für das erste Feld:

$$M_0\,s_1'\,(2\,l_0+l_1)+M_1{}^u\,s_1'\,(l_0+2\,l_1)+M_1{}^v\,l_1\,l_1' - 2\,\varrho\,\Delta s_1\,\sin\alpha = N_1'\,l_1,$$

für das k-te Feld $(k=2,3,\ldots,n)$:

$$\begin{aligned}
-M_{k-1}{}^v\,l_{k-1}'\,l_{k-1} &+ M_{k-1}{}^o\,s_k'\,(2\,l_{k-1}+l_k)\\
&+ M_k{}^u\,s_k'\,(l_{k-1}+2\,l_k)\\
&+ M_k{}^v\,l_k'\,l_k - 2\,\varrho\,\Delta s_k\,\sin\alpha\\
&= -N_{k-1}'\,l_{k-1}+N_k'\,l_k.
\end{aligned}$$

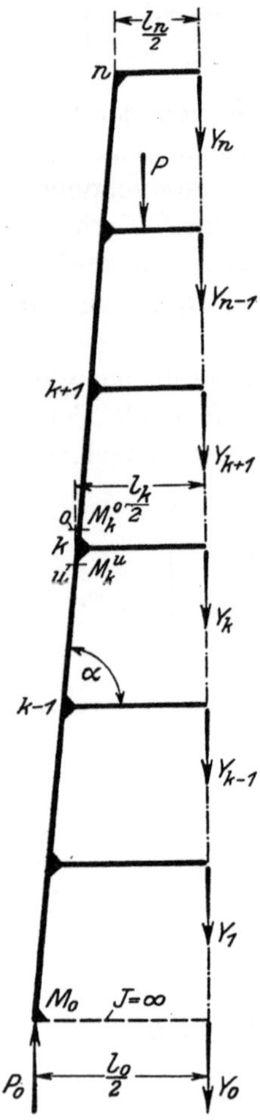

Beseitigt man in diesen n Gleichungen die Momente M^v durch die bereits oben verwendete Gleichgewichtsbeziehung

$$M^v = M^u - M^o,$$

so gelangt man zu nachfolgendem System von n Gleichungen:

$$\left.\begin{aligned}
M_0\,s_1'&\,(2\,l_0+l_1)\\
&+ M_1{}^u\,[s_1'\,(l_0+2\,l_1)+l_1'\,l_1]\\
&- M_1{}^o\,l_1'\,l_1 - 2\,\varrho\,\Delta s_1\,\sin\alpha = N_1'\,l_1,\\
&\qquad\qquad \cdots\cdots\cdots\cdots\\
-M_{k-1}{}^u&\,l_{k-1}'\,l_{k-1}\\
&+ M_{k-1}{}^o\,[l_{k-1}'\,l_{k-1}+s_k'\,(2\,l_{k-1}+l_k)]\\
&+ M_k{}^u\,[s_k'\,(l_{k-1}+2\,l_k)+l_k'\,l_k]\\
&- M_k{}^o\,l_k'\,l_k - 2\,\varrho\,\Delta s_k\,\sin\alpha\\
&= -N_{k-1}'\,l_{k-1}+N_k'\,l_k,\\
&\qquad\qquad \cdots\cdots\cdots\cdots\\
-M_{n-1}{}^u&\,l_{n-1}'\,l_{n-1}\\
&+ M_{n-1}{}^o\,[l_{n-1}'\,l_{n-1}+s_n'\,(2\,l_{n-1}+l_n)]\\
&+ M_n{}^u\,[s_n'\,(l_{n-1}+2\,l_n)+l_n'\,l_n]\\
&- 2\,\varrho\,\Delta s_n\,\sin\alpha = -N_{n-1}'\,l_{n-1}+N_n'\,l_n.
\end{aligned}\right\}\quad \text{g)}$$

Führt man einen Schnitt durch die lotrechte Achse des Rahmens, Abb. 96, so ist ohne weiteres klar, daß in den Schnittpunkten die Schnittmomente M und die Riegelkräfte H Null sind und daß nur die Querkräfte Y die einzigen Überzähligen des Systems darstellen. Insgesamt sind $n+1$ Unbekannte Y vorhanden, die aber durch die Gleichung $\Sigma Y + \Sigma P = 0$, wenn ΣP

Abb. 96.

die Summe aller lotrechten äußeren Kräfte der einen Tragwerkhälfte bedeutet, verbunden sind. Das spiegelsymmetrisch belastete System ist sonach bloß n-fach statisch unbestimmt, so daß die Gleichungen g) genügen, um die Überzähligen zu berechnen.

Als neue statisch unbestimmbare Größe führen wir nun die Summenkraft

$$\mathfrak{Y}_k = \sum_{k=0}^{k} Y_k \quad\quad\quad\quad\quad\quad\text{h)}$$

ein, und stellen zunächst folgende Gleichgewichtsverknüpfungen her:

$$\left.\begin{aligned}
M_k{}^u &= \mathfrak{M}_k{}^u + \mathfrak{Y}_{k-1}\frac{l_k}{2}, \\[2mm]
M_k{}^o &= \mathfrak{M}_k{}^o + \mathfrak{Y}_k\frac{l_k}{2}.
\end{aligned}\right\} \quad\quad\quad\quad\text{i)}$$

Hebt man den oberhalb des Schnittes u bzw. o, Abb. 96, verbleibenden Halbrahmenteil ab, so werden die auf u bzw. o bezogenen Momente der äußeren Kräfte P, die auf dem übrig bleibenden untern Teil des halben Rahmens wirken, mit $\mathfrak{M}_k{}^u$ bzw. $\mathfrak{M}_k{}^o$ bezeichnet.

Die Verbindung der Gleichungen i) mit der Gleichung g) liefert schließlich ein System dreigliedriger Gleichung zur Ermittlung der Überzähligen $\mathfrak{Y}$, nämlich:

$$\left.\begin{aligned}
&\frac{1}{2}\,\mathfrak{Y}_0\left[2\,s_1{}'\left(l_0{}^2 + l_0\,l_1 + l_1{}^2\right) + l_1{}'\,l_1{}^2\right] - \mathfrak{Y}_1\,\frac{l_1{}'\,l_1{}^2}{2} = 2\,\varrho\,\varDelta\,s_1\sin\alpha \\[1mm]
&- \mathfrak{M}_0\,s_1{}'(2\,l_0 + l_1) - \mathfrak{M}_1{}^u\left[s_1{}'(l_0 + 2\,l_1) + l_1{}'\,l_1\right] + \mathfrak{M}_1{}^o\,l_1{}'\,l_1 + N_1\,l_1, \\[1mm]
&\qquad\cdots\cdots\cdots\cdots\cdots\cdots\cdots\cdots\cdots\cdots\cdots \\[1mm]
&-\tfrac{1}{2}\,\mathfrak{Y}_{k-2}\,l'_{k-1}\,l^2_{k-1} + \tfrac{1}{2}\,\mathfrak{Y}_{k-1}\big[l'_{k-1}\,l^2_{k-1} \\[1mm]
&\qquad\qquad + 2\,s_k{}'\left(l^2_{k-1} + l_{k-1}\,l_k + l_k{}^2\right) + l_k{}'\,l_k{}^2\big] - \tfrac{1}{2}\,\mathfrak{Y}_k\,l_k{}'\,l_k{}^2 \\[1mm]
&\quad = 2\,\varrho\,\varDelta\,s_k\sin\alpha + \mathfrak{M}^u_{k-1}\,l'_{k-1}\,l_{k-1} \\[1mm]
&\qquad\qquad - \mathfrak{M}^o_{k-1}\left[s_k{}'(2\,l_{k-1} + l_k) + l'_{k-1}\,l_{k-1}\right] \\[1mm]
&\qquad\qquad - \mathfrak{M}_k{}^u\left[s_k{}'(l_{k-1} + 2\,l_k) + l_k{}'\,l_k\right] + \mathfrak{M}_k{}^o\,l_k{}'\,l_k \\[1mm]
&\qquad\qquad - N_{k-1}\,l'_{k-1} + N_k\,l_k, \\[1mm]
&\qquad\cdots\cdots\cdots\cdots\cdots\cdots\cdots\cdots\cdots\cdots\cdots \\[1mm]
&-\tfrac{1}{2}\,\mathfrak{Y}_{n-2}\,l'_{n-1}\,l^2_{n-1} + \tfrac{1}{2}\,\mathfrak{Y}_{n-1}\big[l'_{n-1}\,l^2_{n-1} \\[1mm]
&\qquad\qquad + 2\,s_n{}'\left(l^2_{n-1} + l_{n-1}\,l_n + l_n{}^2\right) + l_n{}'\,l_n\big] \\[1mm]
&\quad = 2\,\varrho\,\varDelta\,s_n\sin\alpha + \mathfrak{M}^u_{n-1}\,l'_{n-1}\,l_{n-1} \\[1mm]
&\qquad\qquad - \mathfrak{M}^o_{n-1}\left[s_n{}'(2\,l_{n-1} + l_n) + l'_{n-1}\,l_{n-1}\right] \\[1mm]
&\qquad\qquad - \mathfrak{M}_n{}^u\left[s_n{}'(l_{n-1} + 2\,l_n) + l_n{}'\,l_n\right] \\[1mm]
&\qquad\qquad - N_{n-1}\,l_{n-1} + N_n\,l_n.
\end{aligned}\right\} \text{k)}$$

Wir haben das die Längenänderungen $\varDelta s$ enthaltende Glied auf die rechte Gleichungsseite gesetzt, um damit anzudeuten, daß dieses Glied als bekannt vorausgesetzt wird. In Wirklichkeit ist $\varDelta s$ eine Funktion der Belastung und der Überzähligen $\mathfrak{Y}$. Da sein Einfluß aber gering ist, so genügt es, einen geschätzten Wert von $\varDelta s$ in die Rechnung einzuführen, ähnlich wie wir es beim Vierendeelträger getan haben. In vielen Fällen wird man seinen Einfluß ganz vernachlässigen können.

Für das Lastglied $N_k{}'$ hat man, wenn zwei spiegelsymmetrisch gestellte Einzellasten in Frage kommen, zu setzen:

$$N_k{}' = P_k\, a_k\, l_k{}' \left(1 - \frac{a_k}{l_k}\right)\left(1 - \frac{2\,a_k}{l_k}\right).$$

Mit Hilfe der errechneten $\mathfrak{Y}$-Werte ermittelt man schließlich von $\mathfrak{Y}_0 = Y_0$ ausgehend, der Reihe nach die Querkräfte Y und mittels der Beziehungen i) die Momente $M_k{}^o$ und $M_k{}^u$. Die Zusammenfassung der Lösungen der Gleichung c) für symmetrische Belastung mit den für spiegelsymmetrische Belastung gefundenen $M_k{}^o$ und $M_k{}^u$ liefert schließlich die gesuchten Momente in den Gurtanschlußpunkten für die vorgeschriebene Belastung und somit auch alle anderen für die Bemessung maßgebenden Größen.

Die Aufstellung von Einflußlinien ist bei Stockwerkrahmen meist überflüssig, doch wird man i. d. R. verschiedene Anordnungen der Riegelbelastungen zu untersuchen haben.

§ 12. Die Berechnung der Nebenspannungen im Fachwerkträger.

Das Fachwerk mit steifen (vernieteten) Knotenpunkten stellt einen vielgliedrigen Steifrahmen vor, dessen innere Kräfte sich nach der Methode des Viermomentensatzes genau bestimmen lassen. Ihre Berechnung bietet ein ausgezeichnetes Beispiel für die Anwendung der in § 7 eingeführten Hilfsgrößen $\varGamma$. Für den Gang der Untersuchung ist es hierbei gleichgültig, ob das Fachwerk überzählige Stäbe besitzt oder nicht.

Hat das Fachwerk n Knotenpunkte, so beträgt, wie man leicht nachprüfen kann, die Gesamtzahl der Überzähligen, falls der Träger eine Dreieckskette darstellt, $3\,n - 6$. Für jeden überzähligen Stab treten die beiden Anschlußmomente und die Stablängskraft als weitere Unbekannte hinzu. Bei der Ermittlung der Nebenspannungen eines f-fach statisch unbestimmten Fachwerkes sind somit, wenn man von den Stabdrehwinkeln absieht, $3\,(n + f) - 6$ Unbekannte zu berechnen. Gelingt es, die Stabdrehwinkel unseres Rahmensystems unabhängig von der Ermittlung der Nebenspannungen genau genug darzustellen, so sind diese Winkel für unsere Berechnung als bekannt zu betrachten, womit die Voraussetzung für die Anwendung des in § 7 erörterten Verfahrens mit den Hilfsgrößen Γ gegeben ist. Da der Freiheitsgrad e der Ersatzfigur Null ist, so erscheint die Benutzung der Hilfsgrößen besonders zweckmäßig, wodurch die Berechnung der $3(n+f)-6$ Unbekannten auf die Auflösung von n Gleichungen zwischen den Größen Γ zurückgeführt wird.

Wir haben bei der Untersuchung des Stabdreieckes mit steifen Ecken (Beispiel 4, S. 59 ff.) gefunden, daß die Stablängskräfte und Drehwinkel bei beliebiger Knotenbelastung nur wenig von jenen Werten abweichen, die man erhält, wenn man in den Eckpunkten Gelenke anordnet. Was für das einzelne Dreieck gilt, gilt auch für die Dreieckskette. Wir können daher an Stelle der aus den Winkelgleichungen zu berechnenden Drehwinkel jene Stabdrehwinkel in die Viermomentengleichungen einführen, die unter der Voraussetzung gelenkiger Knotenverbindungen für die gleiche Belastung ermittelt wurden. Es scheiden demnach die Drehwinkel und die überzähligen Stablängskräfte als Unbekannte aus, da sie auf Grund der gegebenen Belastung nach den Lehren der Fachwerkstheorie berechnet oder zeichnerisch bestimmt werden können. Die Aufgabe läuft somit auf die Bestimmung der Biegungsmomente, die durch einen gegebenen Verschiebungszustand der Fachwerksknoten in den Stäben entstehen, heraus.

In der Regel werden die Lasten nur in den Knotenpunkten angreifen, die rechten Seiten der Viermomentengleichungen sind daher Null. Sitzen aber Lasten zwischen den Knotenpunkten oder ist der Einfluß des Eigengewichts langer Stäbe mit zu berücksichtigen, oder sind endlich einzelne Stäbe in den Knotenpunkten nicht achsenrecht angeschlossen, so ist der der Feldbelastung entsprechende Wert von N (rechte Seite der Viermomentengleichung) einzuführen. Im übrigen kann die Rechnung in der gleichen Weise durchgeführt werden wie bei bloßer Knotenbelastung. Bei einseitigen Stabanschlüssen ist das hierdurch entstehende Biegungsmoment aus der bekannten Stabkraft (nach der Fachwerkstheorie berechnet) und der bekannten Achsenabweichung zu ermitteln und der hiermit berechnete Wert N_μ (nach Formel 14) auf der rechten Seite der betreffenden Viermomentengleichungen einzuführen.

Fassen wir das bisher Gesagte kurz zusammen: Die Ermittlung der Nebenspannungen eines Fachwerkes mit n Knotenpunkten und f überzähligen Stäben läßt sich auf die Aufstellung von $3(n+f)-6$ Viermomentengleichungen mit ebenso vielen Unbekannten zurückführen. Die Ermittlung der Unbekannten erfolgt nach Einführung der Hilfsgrößen Γ aus n Gleichungen, die zunächst die sogenannten Hauptwerte liefern, womit alle anderen Unbekannten durch die einfachen Beziehungen zwischen ihnen und den Hauptwerten festgelegt sind.

Wir beziffern die aufeinanderfolgenden Knotenpunkte von links nach rechts mit 1, 2, ..., n, wie das in Abb. 97 für einige herausgegriffene Punkte gezeigt ist. Die Stäbe bezeichnen wir mit dem

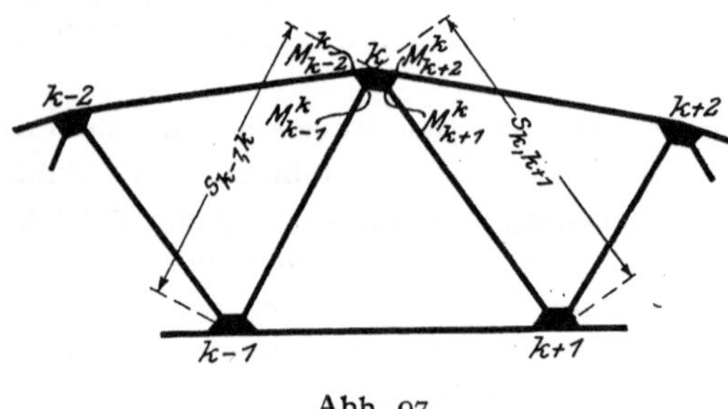

Abb. 97.

Zeiger jener Knoten, die sie verbinden, so daß $s_{\alpha\beta}$ die Länge des Stabes bedeutet, der die Knotenpunkte α und β verbindet. Die Anschlußmomente des Stabes $s_{\alpha\beta}$ heißen $M_\beta{}^\alpha$ und $M_\alpha{}^\beta$. Beide Zeiger weisen auf den Stab hin, auf den sich die Momente beziehen, der untere Zeiger gibt den Momentenpunkt selbst an. $M_\alpha{}^\beta$ bedeutet demnach das Moment im Anschlußpunkte (Knoten) α des Stabes $s_{\alpha\beta}$, $M_\beta{}^\alpha$ das Moment im Anschlußpunkt (Knoten) β des gleichen Stabes. Mit Bezug auf Abb. 97 bezeichnen somit $M_k{}^{k-2}$, $M_k{}^{k-1}$, $M_k{}^{k+1}$, $M_k{}^{k+2}$ die Biegungsmomente der Stäbe $s_{k-2,k}$, $s_{k-1,k}$, $s_{k,k+1}$, $s_{k,k+2}$ im Anschlußpunkte k. Mit $\vartheta_{\alpha\beta}$ ist der Drehwinkel des Stabes $s_{\alpha\beta}$ benannt. Die vorgeschlagene Bezeichnungsweise hat den Vorteil, daß sie einfach ist und auch bei jeder anderen von der Dreieckskette abweichenden Fachwerksform angewendet werden kann.

Für jeden Knoten werden nun die Viermomentengleichungen aufgestellt. Für den Knoten k lauten diese Gleichungen, wenn wir den Stab $s_{k-2,k}$ der Reihe nach mit den anderen in k angeschlossenen Stäben zusammenfassen:

$$
\begin{aligned}
&(M_{k-2}^{k} + 2\,M_k^{k-2})\,s'_{k-2,k} + (2\,M_k^{k-1} + M_{k-1}^{k})\,s'_{k-1,k} \\
&\qquad\qquad - \varrho\,(\vartheta_{k-2,k} - \vartheta_{k-1,k}) = 0 \\
&(M_{k-2}^{k} + 2\,M_k^{k-2})\,s'_{k-2,k} + (2\,M_k^{k+1} + M_{k+1}^{k})\,s'_{k,k+1} \\
&\qquad\qquad - \varrho\,(\vartheta_{k-2,k} - \vartheta_{k,k+1}) = 0 \\
&(M_{k-2}^{k} + 2\,M_k^{k-2})\,s'_{k-2,k} + (2\,M_k^{k+2} + M_{k+2}^{k})\,s'_{k,k+2} \\
&\qquad\qquad - \varrho\,(\vartheta_{k-2,k} - \vartheta_{k,k+2}) = 0
\end{aligned}
\qquad\Bigg\}\quad \text{. . a)}
$$

In diesen Gleichungen bedeutet

$$
s'_{\alpha\beta} = s_{\alpha\beta}\,\frac{J_c}{J_{\alpha\beta}} \qquad \text{und} \qquad \varrho = 6\,E\,J_c,
$$

wenn J_c ein beliebig gewähltes Trägheitsmoment ist.

Wir setzen nun allgemein

$$(M_\alpha{}^\beta + 2\,M_\beta{}^\alpha)\,s'_{\alpha\beta} = \Gamma_\beta{}^\alpha, \quad\Big\}$$
$$(M_\beta{}^\alpha + 2\,M_\alpha{}^\beta)\,s'_{\alpha\beta} = \Gamma_\alpha{}^\beta. \quad\Big\} \qquad \dots \dots \dots \text{ b)}$$

Der obere Zeiger der neuen Unbekannten Γ stimmt jeweilig mit dem oberen Zeiger jenes Momentes überein, das mit dem Beiwert 2 versehen ist.

Aus b) leitet man die Transformationsformeln c) ab, nämlich:

$$M_\beta{}^\alpha = \frac{1}{3\,s'_{\alpha\beta}}\,(2\,\Gamma_\beta{}^\alpha - \Gamma_\alpha{}^\beta), \quad\Bigg\}$$
$$M_\alpha{}^\beta = \frac{1}{3\,s'_{\alpha\beta}}\,(2\,\Gamma_\alpha{}^\beta - \Gamma_\beta{}^\alpha). \quad\Bigg\} \qquad \dots \dots \dots \text{ c)}$$

Die Viermomentengleichungen a) nehmen dann die Form an

$$\Gamma_k{}^{k-2} + \Gamma_k{}^{k-1} - \varrho\,(\vartheta_{k-2,\,k} - \vartheta_{k-1,\,k}) = 0, \quad\Bigg\}$$
$$\Gamma_k{}^{k-2} + \Gamma_k{}^{k+1} - \varrho\,(\vartheta_{k-2,\,k} - \vartheta_{k,\,k+1}) = 0, \quad\Bigg\} \qquad \dots \dots \text{ d)}$$
$$\Gamma_k{}^{k-2} + \Gamma_k{}^{k+2} - \varrho\,(\vartheta_{k-2,\,k} - \vartheta_{k,\,k+2}) = 0. \quad\Bigg\}$$

Die Drehwinkeldifferenzen der Gleichungen d) sind uns der Größe nach bekannt. Wir schreiben daher kürzer für

$$\varrho\,(\vartheta_{k-2,\,k} - \vartheta_{k-1,\,k}) = {}_k D_{k-2}^{k-1} \quad \text{usw.}$$

und drücken sämtliche Hilfsgrößen des Knotens k durch den Hauptwert $\Gamma_k{}^{k-2}$ aus. Somit finden wir

$$\Gamma_k{}^{k-1} = {}_k D_{k-2}^{k-1} - \Gamma_k{}^{k-2}, \quad\Bigg\}$$
$$\Gamma_k{}^{k+1} = {}_k D_{k-2}^{k+1} - \Gamma_k{}^{k-2}, \quad\Bigg\} \qquad \dots \dots \dots \text{ e)}$$
$$\Gamma_k{}^{k+2} = {}_k D_{k-2}^{k+2} - \Gamma_k{}^{k-2}. \quad\Bigg\}$$

Gleichungen der Form e) können für jeden Knotenpunkt an geschrieben werden, wobei für die Größen D die Zahlenwerte einzuführen sind. Nun setzen wir für jeden Knoten die Gleichgewichtsbedingung

$$\sum M = 0$$

an, wie dies § 7 lehrt, drücken die Momente mit Hilfe der Formeln c) durch die Hilfsgrößen Γ aus, beseitigen sodann sämtliche Hilfsgrößen bis auf die n Hauptwerte vermittels der Beziehungen e), wodurch die n Bestimmungsgleichungen der Hauptwerte der Hilfsgrößen Γ gefunden sind. Ihre Auflösung liefert diese Hauptwerte und somit auch die Beträge der übrigen Hilfsgrößen und Momente.

Bei Fachwerken nach Art der Abb. 97 (Dreiecksketten) sind die Gleichungen fünfgliedrig. Tritt in einem Knoten ein weiterer Stab hinzu, so vergrößert sich die Zahl der Gleichungsglieder für diesen Knoten um Eins.

Diejenigen Leser, die sich bereits mit dem Problem der Nebenspannungen beschäftigt haben, werden erkannt haben, daß der hier vorgeführte Berechnungsgang mit der von Engesser vorgeschlagenen Methode zur Berechnung der Nebenspannungen übereinstimmt und daß die Hauptwerte der Hilfsgrößen Γ mit den von Mohr in seiner damit verwandten Berechnungsmethode der Nebenspannungen benutzten Knotendrehwinkeln φ in sehr einfachem Zusammenhange stehen.

Es ist nämlich

$$\varphi = \frac{\Gamma}{\varrho} + \vartheta.$$

Wir sind nach Ansetzen der Viermomentengleichungen und nach Einführung der Hilfsgrößen Γ gewissermaßen zwangläufig zu jener Lösung gelangt, die in der Literatur der Nebenspannungen als die einfachste Methode erkannt wurde. Bei allen andern bisher bekannt gewordenen Verfahren ist die Zahl der zu lösenden Gleichungen größer.

IV. Die Ermittlung der Formänderungen von Stabzügen und die Darstellung der Biegelinien nach der Methode des Viermomentensatzes.

§ 13.

Die Viermomentengleichungen beschreiben den Zusammenhang zwischen den inneren und äußeren Kräften einerseits und den Formänderungen anderseits, sie können daher unmittelbar zur Berechnung der Verschiebungen gewisser Punkte des Tragwerkes dienen. Für die Beurteilung der Formänderungen der aus steifen Stäben zusammengesetzten Tragsysteme kommt weniger das Verformungsbild des einzelnen Stabes, als vielmehr die Gestaltung der Verzerrungsfigur des ganzen Tragwerkes in Frage. Diese ist aber in erster Linie durch die Verschiebungen der ausgezeichneten Punkte und der Gelenkpunkte des Systems bedingt. Wo es notwendig erscheint, kann die Zahl der ausgezeichneten Punkte für die Berechnung der Formänderungen beliebig vermehrt werden, da jeder Punkt eines steifen Stabes als ausgezeichneter Punkt angesehen werden kann und eine weitere Elastizitätsbedingung liefert. Sind die Verschiebungen dieser Punkte einmal bekannt, so lassen sich, wenn dies unter Umständen notwendig ist, Verschiebungen von weiteren Zwischenpunkten mit Hilfe der

Differentialgleichung der elastischen Linie leicht berechnen. Meist genügt aber die Kenntnis der Bewegung der ausgezeichneten Punkte und der Lage der mit den Momentennullpunkten übereinstimmenden Wendepunkte, um ein für die Zwecke der Praxis ausreichendes Verformungsbild herzustellen. Wir wollen daher die Aufgabe, die Formänderungen eines statisch bestimmten oder statisch unbestimmten Systems zu ermitteln, als erledigt betrachten, wenn es gelungen ist, die Verschiebungen der ausgezeichneten Punkte und Gelenkpunkte des Systems, unter Berücksichtigung der durch die Lagerung gegebenen Bedingungen, darzustellen.

In einzelnen Beispielen der §§ 8 und 9 wurde bereits gezeigt, wie in einfachen Fällen aus den Drehwinkeln ϑ, deren Werte sich als Zwischenergebnisse der Berechnung vorfanden, die Verschiebungen bestimmt werden. Da es sich bei vielfeldrigen Rahmensystemen meist um die Darstellung der Verschiebungen der ausgezeichneten Punkte eines aus dem System herausgegriffenen zusammenhängenden Stabzuges handelt, so bleibt noch übrig, ein einfaches Verfahren anzugeben, wie aus den aus Momenten- und Winkelgleichungen gewonnenen Stabdrehwinkeln die Verschiebungen aller besonderen Punkte eines solchen Stabzuges bestimmt werden können. Vorher ist es aber notwendig, die Frage der Ermittlung der Drehwinkel für einen zusammenhängenden Stabzug kurz zu erörtern.

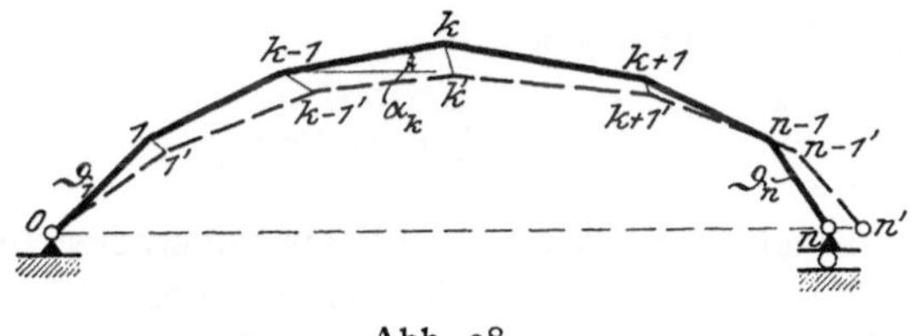

Abb. 98.

Wir betrachten zu diesem Zwecke einen aus irgendwelchem Tragwerk entnommenen Stabzug von n Stäben (Abb. 98), der in 0 gelenkig oder durch Einspannung festgehalten ist und in n entweder auf gegebener Bahn beweglich gelagert oder ebenfalls gelenkig bzw. durch Einspannung festgehalten ist. Ebenso können auch andere Punkte des Stabzuges beliebig gestützt oder sonstwie mit den übrigen Teilen des Tragwerkes zusammenhängen. Diese Lagerungen und Verbindungen kommen in der Größe der inneren und äußeren Kräfte zum Ausdruck, die wir uns sämtlich als gegeben vorstellen, insbesondere die Momente in bzw. unendlich nahe rechts und links von den ausgezeichneten Punkten des Stabzuges. Wir setzen nur voraus, daß der Stabbogen keine freischwebenden Gelenke aufweise.

Bei n Stäben sind n Drehwinkel zu bestimmen. Zu ihrer Ermittlung stehen nur $n-1$ Momentengleichungen für die zwischen den Endauflagern liegenden $n-1$ ausgezeichneten Punkte zur Verfügung. Durch diese Momentengleichungen ist die Lage der Stäbe gegeneinander festgelegt. Ein Winkel bleibt noch willkürlich, der so zu bestimmen ist, daß die Punkte o und n des Stabbogens in die festgehaltene Linie $o-n$ fallen. Der Zusammenhang zwischen der Geraden $o-n$ und dem Stabzug kann nun durch eine Winkelgleichung, die den ganzen Stabzug umfaßt, beschrieben werden.

Die Viermomentengleichungen weisen, wenn wir nur gerade Stäbe ins Auge fassen wollen, die Form auf

$$M_{k-1}^{r} s_{k}' + 2 M_{k}^{l} s_{k}' + 2 M_{k}^{r} s_{k+1}' + M_{k+1}^{l} s_{k+1}' - 6 E J_c (\vartheta_k - \vartheta_{k+1})$$
$$= N_k.$$

Daraus folgt

$$(\vartheta_k - \vartheta_{k+1})$$
$$= \frac{1}{6 E J_c} [M_{k-1}^{r} s_{k}' + 2 M_{k}^{l} s_{k}' + 2 M_{k}^{r} s_{k+1}' + M_{k+1}^{l} s_{k+1}' - N_k]. \quad 26)$$

N_k ist das von der Feldbelastung abhängige Glied, es wird Null, wenn die Lasten nur in den Knotenpunkten angreifen. Da sämtliche Größen der rechten Seiten der Gleichungen 26) als bekannt vorausgesetzt werden, so lassen sich die Differenzen je zweier aufeinanderfolgender Drehwinkel in einer Tafel berechnen.

Die Winkelgleichung lautet

$$\sum_{k=1}^{n} \varDelta s_k \sin \alpha_k - \sum_{k=1}^{n} \vartheta_k s_k \cos \alpha_k = 0.$$

Bleibt der Einfluß der Normalkräfte überhaupt unberücksichtigt, so fallen die ersten Summenausdrücke in den Winkelgleichungen fort. Aber selbst dort, wo dies nicht der Fall ist, kann der erste Teil der Winkelgleichung vernachlässigt werden, da er entweder genau Null oder nur wenig davon verschieden ist. Man kann nämlich die Summen immer in zwei im Werte gleiche oder wenig voneinander abweichende Teilsummen zerlegen, die wegen der Winkelfunktion $\sin \alpha_k$ mit verschiedenen Vorzeichen behaftet sind.

Den Bestimmungsgleichungen für die Drehwinkel ϑ können wir daher nach dem Vorhergesagten die Gestalt

$$\vartheta_k - \vartheta_{k+1} = z_k \quad \cdots \cdots \cdots \cdots 26')$$

und

$$\sum_{k=1}^{n} \lambda_k \vartheta_k = 0 \quad \cdots \cdots \cdots \cdots 27)$$

geben, wobei z_k die bei der Ausrechnung der rechten Seite der Gleichung 26) gefundene Zahl ist und λ_k die Projektion von s_k auf die Gerade $0 - n$ darstellt.

Drückt man sämtliche Drehwinkel mittels 26') durch ϑ_1 aus, so entstehen Gleichungen von der Form

$$\vartheta_k = \vartheta_1 - \xi_k,$$

worin, wie man sich leicht überzeugt,

$$\xi_k = \sum_1^{k-1} z_k.$$

Nach Einführung dieser Beziehungen in Gleichung 27) erhält man

$$\vartheta_1 \sum_{k=1}^{n} \lambda_k - \sum_{k=1}^{n} \xi_k \lambda_k = 0,$$

mithin

$$\vartheta_1 = \frac{1}{L} \sum_{k=1}^{n} \lambda_k \xi_k, \ldots \ldots \ldots \quad 28)$$

wenn L die Entfernung der Punkte 0 und n bedeutet.

Mit ϑ_1 sind auch alle übrigen Drehwinkel gegeben.

Auf den Zusammenhang der Gleichung 26) mit der Formel für die elastischen Gewichte eines Stabbogens sei hier kurz verwiesen.

Setzt man für alle Punkte $M_k^l = M_k^r = M_k$, was beim einfachen Stabzug der Fall ist, und nimmt man nur Knotenbelastung, also $N_k = 0$ an, so stimmt die rechte Seite von Gleichung 26) mit der von Müller-Breslau angegebenen Gleichung der elastischen Gewichte eines Stabbogens genau überein[1]). Das elastische Gewicht ist demnach gleich der Differenz zweier aufeinanderfolgender Stabdrehwinkel. Dieser Zusammenhang geht natürlich auch aus der Ableitung der Formeln für die elastischen Gewichte hervor. Man kann sich den Zusammenhang auch klarmachen, wenn man das Krafteck, das zur Darstellung der Biegungslinie dient, betrachtet. Der Winkel, den zwei aufeinanderfolgende Polstrahlen miteinander einschließen, stimmt mit der ν-fachen Differenz der Drehwinkel zweier benachbarter Stäbe überein, wenn ν den Verzerrungsmaßstab der Zeichnung bedeutet. Der Einführung der Winkelgleichung in die Rechnung entspricht die Durchführung eines Polwechsels bei der Darstellung der Biegungslinie, um den Auflagerbedingungen zu genügen[2]). Der Einfluß der Normal-

---

[1]) Müller-Breslau: Die neueren Methoden der Festigkeitslehre. Dritte Auflage. S. 184. Leipzig 1904.

[2]) Im allgemeinsten Falle (verschiedene Momente rechts und links vom Knoten) würde die Gleichung für die elastischen Gewichte mit den Bezeichnungen von Müller-Breslau lauten:

$$\omega_m = \frac{1}{6E} \left[\frac{\lambda_m}{J_m'} (M_{m-1}^r + 2 M_m^l) + \frac{\lambda_{m-1}}{J_{m+1}'} (2 M_m^r + M_{m-1}^l) \right]$$

kräfte erscheint in unseren Gleichungen, im Gegensatze zu dem von
Müller-Breslau angegebenen vollständigen Ausdruck für die elastischen Gewichte, nicht berücksichtigt. Dieser Gegensatz ist nur schein-
bar, die Wirkung der Normalkräfte wird, wie wir w. u. sehen werden,
bei der Darstellung des Verschiebungsplanes nachträglich in Rücksicht
gezogen werden.

Wir wollen noch den Fall eines frei schwebenden Zwischen-
gelenkes im Stabbogen der Erörterung unterziehen. Abb. 99 stellt
einen solchen Stabzug vor. Die Enden sind ent-
weder, wie in der Zeich-
nung angenommen, ge-
lenkig gelagert oder
weisen eine andere Art
der Lagerung auf. Bei n
Stäben können, bei Vor-

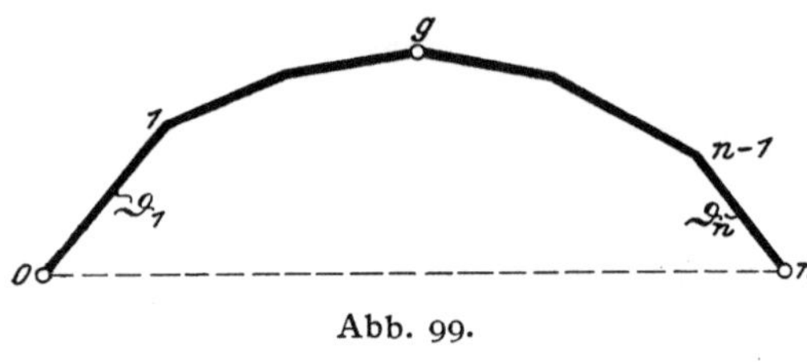
Abb. 99.

handensein von Endgelenken z. B., nur mehr $n-2$ Momentengleichungen aufgestellt werden. Es müssen daher beide Winkelgleichungen
zu Hilfe genommen werden, um die n unbekannten Stabdrehwinkel zu
bestimmen. Da die Drehwinkel links vom Gelenk g und die Drehwinkel rechts vom g in den Momentengleichungen nicht zusammenhängen, so kann man sämtliche Drehwinkel der linken Seite durch ϑ_1,
die der rechten Seite durch ϑ_n ausdrücken. Führt man die so gewonnenen Werte der Stabdrehwinkel in die beiden Winkelgleichungen
ein, so gelangt man zu zwei Gleichungen für ϑ_1 und ϑ_n, welche
Größen daraus berechnet werden können. Mithin sind auch alle anderen
Stabdrehwinkel eindeutig festgelegt.

Wir gehen nun dazu über, die Verschiebungen aus den Stabdrehwinkeln und Stabdehnungen darzustellen.

Für den Stabzug 0, 1, 2, ..., n in Abb. 100a seien nach Ermitttelung
aller inneren und äußeren Kraftgrößen die Stabdrehwinkel ϑ_1, ϑ_2, ..., ϑ_n
sowie die Stabdehnungen $\varDelta_1$, $\varDelta_2$, ..., $\varDelta_n$ bestimmt worden. Für die
weitere Untersuchung werden wir daher ϑ und $\varDelta$ eines jeden Stabes
als gegebene Größen betrachten.

In Abb. 100b sind die ersten zwei Stäbe in ihren Lagen und Längen
vor und nach der Verzerrung vergrößert herausgezeichnet. Punkt 0
sei festgehalten. Infolge der Stabdehnung $\varDelta_1$ gelangt der Punkt 1
nach 1' und nach der Stabdrehung um den Winkel ϑ_1 nach 1", derart, daß die Verschiebung 1' — 1" senkrecht zur Stabrichtung, die wir
mit δ_1 bezeichnen wollen, der Bedingung $\delta_1 = l_1 \vartheta_1$ genügt. Faßt
man $\varDelta_1$ und δ_1 als Vektoren auf, so ist die Gesamtverschiebung 1 — 1"
durch die Vektorsumme

$$\mathfrak{a}_1 = \varDelta + \delta_1$$

gegeben.

Nun denken wir uns den Stab l_2 bei unveränderter Länge parallel zu seiner ursprünglichen Lage verschoben, so daß Punkt 2 nach $\bar{2}$ gelangt und hierbei den Weg $\mathfrak{a}_1$ zurückgelegt. Wegen der Stabdehnung $\varDelta_2$ gelangt $\bar{2}$ nach $2'$ und infolge der Drehung endlich $2'$ nach $2''$,

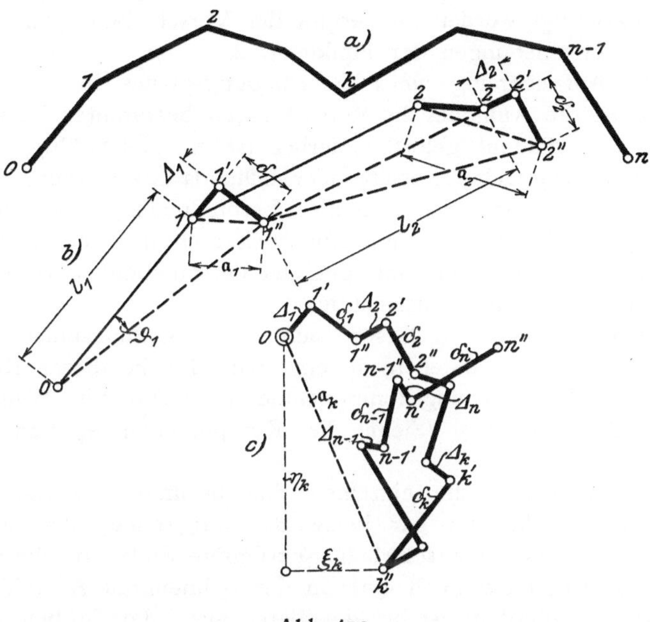

Abb. 100.

wobei die Verschiebung $\delta_2 = l_2\vartheta_2$ beträgt. Die Gesamtverschiebung des Punktes 2 ist wieder die Vektorsumme der drei Verschiebungsvektoren $\mathfrak{a}_1$, $\varDelta_2$ und δ_2, so daß

$$\mathfrak{a}_2 = \mathfrak{a}_1 + \varDelta_2 + \delta_2.$$

Durch ähnliche Überlegungen finden wir

$$\mathfrak{a}_3 = \mathfrak{a}_2 + \varDelta_3 + \delta_3$$

und allgemein

$$\mathfrak{a}_k = \mathfrak{a}_{k-1} + \varDelta_k + \delta_k.$$

Man kann daher einen Verschiebungsplan folgender Art zeichnen (Abb. 100c): Von einem Punkte O (Pol) ausgehend, trägt man in einem beliebig gewählten Maßstab zunächst $\varDelta_1$ seiner Richtung und Größe nach auf ($O — 1'$ in Abb. 100c), fügt an dem Endpunkt $1'$ die Strecke δ_1 ihrer Richtung und Größe nach an. $O — 1''$ ist mithin die Verschiebung $\mathfrak{a}_1$ des Punktes 1 unseres Tragwerkes. Nun setzt man an $1''$, $\varDelta_2$ an, an dessen Endpunkt $2'$ die Verschiebung δ_2 und gelangt so nach $2''$. $O - 2''$ stellt die Verschiebung a_2 des Punktes 2 vor. Ebenso werden die Punkte $3''$, $4''$ usw. bestimmt. Ihre Lage zum Pol O gibt im Maßstabe der Zeichnung die Verschiebung des betreffenden Punktes nach Richtung und Größe an.

Da bei der Berechnung der ϑ-Werte die Auflagerbedingungen bereits berücksichtigt wurden, so ergibt der Verschiebungsplan die tatsächlichen Verschiebungen der Punkte 1, 2, ..., n.

Mit der Aufzeichnung eines Verschiebungsplanes in der Art der Abb. 100c ist die Aufgabe, die Verrückungen bestimmter Punkte des Tragwerkes zu finden, gelöst. Hierbei ist es gleichgültig, ob der betrachtete Stabzug Gelenke besitzt oder nicht, da ihre Wirkung, ebenso wie die der Lagerung oder sonstiger Verbindungen, schon bei der Berechnung der Drehwinkel zum Ausdruck kommt. Der Einfluß der Stablängskräfte wird durch Eintragen der Verschiebungsvektoren $\varDelta$ in den Verschiebungsplan berücksichtigt.

Aus den Verrückungen lassen sich leicht Biegungslinien für bestimmte Richtungen darstellen, indem man die in dieser Richtung genommenen Verschiebungskomponenten in bekannter Weise von einer Geraden abträgt. (Siehe die Komponenten ξ_k und η_k in Abb. 100 c.)

Wir haben bisher die einzelnen Stababschnitte als Gerade betrachtet. Es macht nun gar keine Schwierigkeiten, den gleichen Rechnungsgang auch auf schwach gekrümmte Stäbe zu übertragen. In z (Gl. 26') tritt dann noch ein von der Sehnenkraft H abhängiges Glied hinzu. Außerdem ist bei der Berechnung der Größen $\varDelta$ noch der Einfluß der Stabbiegung auf die Stabdehnung nach Formel 19) zu bestimmen.

Das dargestellte Verfahren wird nachstehend an einem Beispiele erprobt werden.

Beispiel (Fortsetzung des Zahlenbeispiels aus § 10).

Nachdem bereits in § 10 die 2ϱ-fachen Beträge der Gurtdrehwinkel ϑ_k und der Stabdehnungen $\varDelta_k$ berechnet wurden, bleibt nur noch die Darstellung des Verschiebungsplanes übrig, um die Einflußlinie des Horizontalschubes H auftragen zu können.

Sämtliche für die Herstellung des Verschiebungsplanes notwendigen Werte sind in Tafel 11 übersichtlich zusammengestellt. Da sich der Horizontalschub H als Quotient zweier, aus dem gleichen Plane zu entnehmenden Verschiebungen darstellt, so fällt der Faktor 2ϱ, mit dem die Grundwerte ϑ und $\varDelta$ multipliziert erscheinen, am Schlusse fort, weshalb die Darstellung des Planes mit den in der Tabelle angegebenen 2ϱ-fachen Verschiebungswerten durchgeführt wurde.

Tafel 11. Zusammenstellung der $2\varrho\,\vartheta_k$- und $2\varrho\,\varDelta u_k$-Werte
zum Verschiebungsplan Abb. 101.

k	1	2	3	4	5	6	7	8	9	10	11	12
$2\varrho\,\vartheta_k$	$-88{,}8$	$-86{,}7$	$-77{,}1$	$-59{,}1$	$-38{,}4$	$-13{,}8$	$+13{,}8$	$+38{,}4$	$+59{,}1$	$+77{,}1$	$+86{,}7$	$+88{,}8$
s_k	5,71	5,42	5,30	5,15	5,06	5,01	5,01	5,06	5,15	5,30	5,42	5,71
$2\varrho\,\vartheta_k s_k$	-507	-470	-409	-304	-194	-69	$+69$	$+194$	$+304$	$+409$	$+470$	$+507$
$2\varrho\,\varDelta u_k$	-6	-8	-11	-14	-17	-19	-19	-17	-14	-11	-8	-6

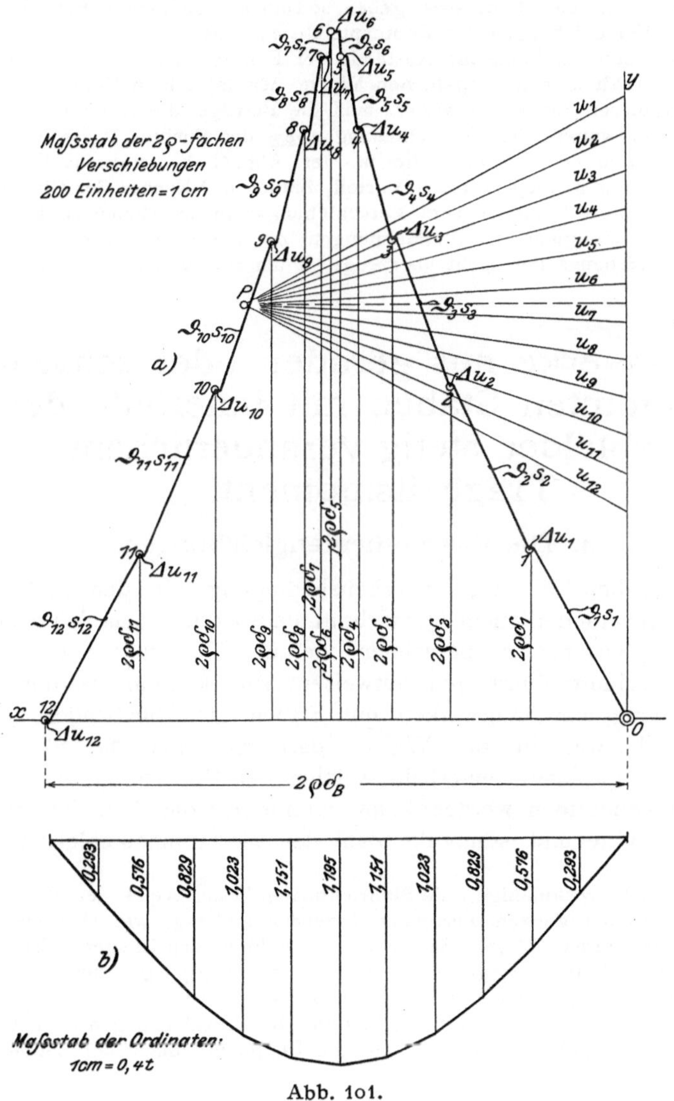

Abb. 101.

In Abb. 101 ist der Verschiebungsplan gezeichnet. Der Pol o entspricht dem linken festgehaltenen Kämpferpunkt A. Da die Berechnung der Drehwinkel die ϑ-Werte für die linke Trägerhälfte mit negativem, für die rechte Hälfte mit positivem Vorzeichen liefert, so bedeutet dies, daß durch die Stabverdrehung die Winkel β in der rechten Hälfte vergrößert, in der linken verkleinert, die Knotenpunkte also gehoben werden. Wir tragen dementsprechend die Verschiebungen $2\varrho\,\vartheta_k\,s_k$ nach aufwärts auf. Die Richtung dieser Verschiebungen ist durch die Normalen zu den im Plane von einem beliebigen Punkte P aus abgetragenen Stabrichtungen gegeben[1]). Da der Untergurt bei $H = 1$ Druck erfährt, so sind die Verschiebungen $\varDelta u_k$ von rechts nach links abzutragen[2]). Die Vektoren $o\,1$, $o\,2$ usw. geben sodann die 2ϱ-fachen Beträge der tatsächlichen Verschiebungen der Knotenpunkte 1, 2 usw. an.

Bestimmt man im Plane die Abstände der Punkte 1, 2, 3, $\ldots$ von der x-Achse, so erhält man die 2ϱ-fachen Werte der lotrechten Verschiebungskomponenten dieser Punkte. Dividiert man die Beträge dieser Ordinaten mit dem Betrag der wagerechten Verschiebung $2\varrho\,\delta_B$ des Punktes B, so gewinnt man die Ordinaten der H-Linie, die in der Abb. 101 b veranschaulicht ist. Unsere Darstellung bietet somit den Vorteil, Zähler und Nenner der Gleichung für die Überzählige H aus einem Verschiebungsplan entnehmen zu können.

Bei Vernachlässigung der Stabdehnungen $\varDelta u$ hätte sich, wie man sich aus dem Verschiebungsplan leicht überzeugt, H um rd. $10^0/_0$ zu groß ergeben.

V. Tragwerke aus geraden oder schwach gekrümmten Stäben mit innerhalb der Stabfelder stetig veränderlichem Trägheitsmoment.

§ 14. Die Viermomentengleichungen.

In § 4 haben wir die Stetigkeitsbedingung für den Fall von Stäben mit unveränderlichem Querschnitt entwickelt. Nun kann auch die Aufgabe, Systeme zu berechnen, deren Stäbe stetige oder unstetige Querschnittsänderungen aufweisen, zurückgeführt werden auf die Berechnung von Tragwerken mit Stäben gleichbleibenden Querschnitts, und zwar in der Weise, daß man sich die Stäbe in Teilfelder zerlegt denkt, innerhalb welcher der Querschnitt als unveränderlich angenommen werden kann, womit nur die Zahl der ausgezeichneten Punkte und somit die Zahl der Viermomentengleichungen

---

[1]) Es ist viel zweckmäßiger, die Stabrichtungen in der Weise der Abb. 101 a darzustellen, als den ganzen zusammenhängenden Stabzug, wie dies vielfach üblich ist, aufzutragen. Wählt man in letzterem Falle den Längenmaßstab zu klein, so sind die Stabrichtungen nicht genau genug festgelegt, wählt man ihn größer, so macht das Ziehen der Parallelen Schwierigkeiten.

[2]) In der Abb. 101 a ist in der Beschriftung der Verschiebungen ϑs und $\varDelta u$ der Faktor 2ϱ weggelassen worden, um die Übersichtlichkeit der Zeichnung zu fördern.

erhöht wird. Doch ist nicht zu übersehen, daß durch diese Vermehrung der Elastizitätsbedingungen die Berechnung u. U. bedeutend erschwert wird. Da anderseits gerade der neuzeitliche Eisen- und Eisenbetonbau der Baustoffersparnis wegen oder aus Schönheitsrücksichten vielfach Stäbe mit veränderlichem Querschnitt benutzt, der Einfluß dieser Veränderlichkeit auf die Größe der Überzähligen aber nicht ohne weiteres vernachlässigt werden darf, so erscheint es notwendig, die Methode des Viermomentensatzes auch auf derartige Tragwerke auszudehnen, d. h. die Auswertung der Stetigkeitsbedingung für den Fall durchzuführen, daß die Trägheitsmomente J der im ausgezeichneten Punkte zusammenhängenden Stäbe stetig veränderlich sind.

Es ist nun klar, daß diese Rechnung nur dann durchführbar ist, wenn das Gesetz, nach welchem sich das Trägheitsmoment ändert, für jeden Stab von vorneherein festgelegt ist. Nun wäre eine allzuweit gehende, jedem möglichen Sonderfall angepaßte Verfolgung der tatsächlichen Querschnittsverhältnisse in der Baupraxis ohne besonderen Vorteil; wichtig ist nur, daß der Kleinst- und Größtwert des Trägheitsmomentes innerhalb eines Stabfeldes berücksichtigt erscheinen. Wir machen daher für unsere Untersuchung folgende Voraussetzungen:

1. Das Gesetz, nach welchem sich die Trägheitsmomente ändern, sei gleichgültig, maßgebend bleibe nur das Verhältnis des kleinsten zum größten Trägheitsmoment.

Abb. 1o2.

2. Die die Änderung der reziproken Werte der Trägheitsmomente beschreibende Funktion der Abszisse x (i-Linie) werde bei unsymmetrischen Stäben durch das Geradliniengesetz, bei symmetrischen Stäben durch das Parabelgesetz vertreten[1].

Es werden demnach zwei Fälle der Betrachtung unterzogen werden:

---

[1] Herr Ing. P. Abeles, Recklinghausen hat in einer Reihe von Ausführungsbeispielen den Fehler bestimmt, der durch die hier eingeführten Annahmen über den Verlauf der Trägheitsmomente in den Endergebnissen der Rechnung auftritt. Er fand den Unterschied gegenüber der genauen Rechnung immer kleiner als $5\,\%$ des richtigen Wertes.

a) Stäbe mit unsymmetrischem Verlauf der J-Linie;
b) Stäbe mit symmetrischem Verlauf der J-Linie.

In Abb. 102a und b sind die beiden idealisierten Fälle dargestellt, wobei die Linie der reziproken Trägheitsmomente als i-Linie bezeichnet wurde.

a) Unsymmetrische Stäbe.

Für das Trägheitsmoment eines Zwischenquerschnittes gelte die einschränkende Bestimmung, daß es der Größe nach zwischen den Trägheitsmomenten der Endquerschnitte liege; mit anderen Worten: die Linie der tatsächlichen Trägheitsmomente darf zwischen den Endquerschnitten keine Maximum- oder Minimumstellen aufweisen.

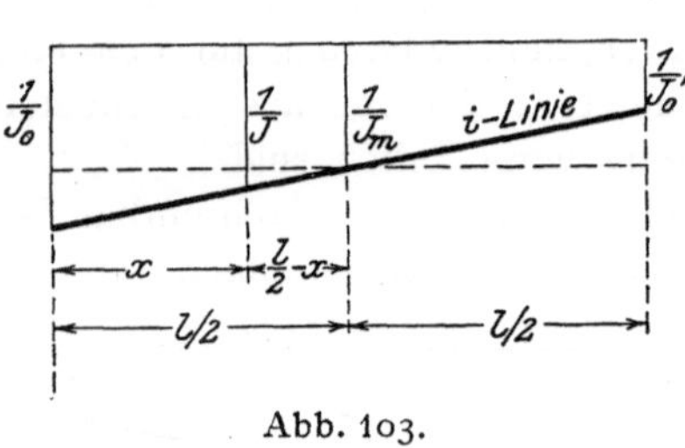

Abb. 103.

Bezeichnet man mit J_0 und J_0' die tatsächlichen Trägheitsmomente des linken bzw. rechten Endquerschnittes, so ist, wenn die $\dfrac{1}{J}$ Werte nach einer geraden Linie verlaufen sollen, nach Abb. 103

$$\frac{1}{J_m} = \frac{1}{2}\left(\frac{1}{J_0} + \frac{1}{J_0'}\right),$$

somit

$$J_m = \frac{2\,J_0 J_0'}{J_0 + J_0'}, \quad \dots \dots \dots \dots \dots \text{29)}$$

wobei J_m nicht das tatsächliche, sondern ein ideales Trägheitsmoment in Stabmitte bedeutet. Ferner ist nach Abb. 103

$$\frac{1}{J} = \frac{1}{J_m} + \left(1 - 2\frac{x}{l}\right)\left(\frac{1}{J_0} - \frac{1}{J_m}\right) = \frac{1}{J_m} + \left(1 - 2\frac{x}{l}\right)\frac{J_m - J_0}{J_m J_0}$$

oder

$$\frac{J_m}{J} = 1 + \alpha\left(1 - 2\frac{x}{l}\right),$$

wobei

$$\alpha = \frac{J_m - J_0}{J_0} \quad \dots \dots \dots \dots \dots \text{29')}$$

bedeutet. α kann positiv oder negativ sein, je nachdem $J_m \gtrless J_0$ ist. Hierbei nimmt α alle Werte von $+1$ bis -1 an. $\alpha = 0$ entspricht $J_0 = J_0'$, d. i. der Stab mit unveränderlichem Querschnitt.

Das Verhältnis $\dfrac{J_m}{J}$ führen wir in die Differentialgleichung der Biegelinie des Stabes ein, indem wir beiderseits des Gleichheitszeichens mit J_m multiplizieren. Man erhält mit $J'_m = J_m \cos \varphi$ bei Nichtberücksichtigung des Einflusses einer ungleichmäßigen Erwärmung:

$$E J'_m \frac{d^2 \Delta y}{d x^2} = - \frac{J_m}{J} M_x,$$

demnach

$$E J'_m \frac{d^2 \Delta y}{d x^2} = - \left[1 + \alpha \left(1 - 2 \frac{x}{l} \right) \right] M_x$$

oder

$$E J'_m \frac{d^2 \Delta y}{d x^2} = - M_x - \alpha M_x',$$

wenn man

$$\left(1 - 2 \frac{x}{l} \right) M_x = M_x'$$

setzt.

Der Lösung dieser linearen Differentialgleichung zweiter Ordnung kann die Form gegeben werden:

$$\Delta y = \Delta y_0 + \alpha \Delta y',$$

worin Δy_0 und $\Delta y'$ die Teillösungen sind, falls die rechte Seite nur aus M_x oder M_x' besteht. Demgemäß ist auch

$$\frac{d \Delta y}{d x} = \frac{d \Delta y_0}{d x} + \alpha \frac{d \Delta y'}{d x}$$

und die Stetigkeitsbedingung 1) lautet mithin

$$\left[\frac{d \Delta y_0}{d x} \right]_k^{x=l} - \left[\frac{d \Delta y_0}{d x} \right]_{k+1}^{x=0} + \left[\alpha \frac{d \Delta y'}{d x} \right]_k^{x=l} - \left[\alpha \frac{d \Delta y'}{d x} \right]_{k+1}^{x=0} + \vartheta_k - \vartheta_{k+1} = 0.$$

Der erste Teil dieser Gleichung in Verbindung mit dem Gliede $\vartheta_k - \vartheta_{k+1}$ stimmt mit der Stetigkeitsbedingung für Stäbe mit unveränderlichem Querschnitt überein, da Δy_0 zum Momente M_x gehört. Die Ausrechnung dieser zwei Glieder, nach Einführung des vollständigen Ausdruckes für M_x, ergibt somit die Viermomentengleichung 7) in § 4, nur ist an Stelle des unveränderlichen Trägheitsmomentes J, in Übereinstimmung mit der hier zugrunde gelegten Differentialgleichung, das durch Gleichung 29) definierte ideale Trägheitsmoment der Stabmitte J_m zu setzen. Die beiden letzten Glieder stellen einen Zusatz zu der bereits bekannten Viermomentengleichung vor, den wir nun bestimmen wollen.

Da die Differentialgleichung für $\Delta y'$ den gleichen Bau zeigt wie die Ausgangsgleichung in § 4, so können sämtliche dort gewonnenen allgemeinen Ergebnisse für die Berechnung des Zusatzgliedes verwertet werden; nur ist an Stelle M_x, M_x' zu setzen und J_m statt J einzuführen.

Insbesondere finden wir nach den Gleichungen 5)

$$\left[\frac{d\,\Delta\,y'}{d\,x}\right]_{x=l} = -\,\frac{\mathfrak{B}'}{E\,J_m'}\,,$$

$$\left[\frac{d\,\Delta\,y'}{d\,x}\right]_{x=0} = \frac{\mathfrak{A}'}{E\,J_m'}\,,$$

wo $\mathfrak{A}'$ und $\mathfrak{B}'$ die linken und rechten Auflagerdrücke der durch das Gesetz von M_x' gegebenen Momentfläche bedeuten.

Bezeichnen wir den ersten Teil der Stetigkeitsbedingung, den wir uns durch die mit $-6EJ_c$ dividierte Viermomentengleichung 7) ersetzt denken, kurz mit $-\dfrac{\mathbf{V}}{6EJ_c}$ [1]) und nehmen darauf Bedacht, daß die Verschiebungen der Endpunkte, die durch die Drehwinkel ϑ in unseren Gleichungen zum Ausdruck kommen, bereits in $\mathbf{V}$ berücksichtigt erscheinen, so können wir unter Benutzung der oben angegebenen Ausdrücke für die Grenzwerte der Differentialquotienten die Stetigkeitsbedingung in die Form

$$-\,\frac{\mathbf{V}}{6EJ_c} - \alpha_k\,\frac{1}{E\,J_m^k}\,\mathfrak{B}_k' - \alpha_{k+1}\,\frac{1}{E\,J_m^{k+1}}\,\mathfrak{A}_{k+1}' = 0 \;\;.\;\;.\;\;.\;\;.\;\;.\; 30)$$

bringen. Da

$$M_x' = \left(1 - 2\,\frac{x}{l}\right) M_x$$

ist, so folgt nach Einführung des vollständigen Ausdruckes für M_x (Gleichung 3) in § 4

$$M_x' = M^r\left(1 - 2\,\frac{x}{l}\right)\left(1 - \frac{x}{l}\right) + M^l\left(1 - 2\,\frac{x}{l}\right)\frac{x}{l} + H\left(1 - 2\,\frac{x}{l}\right)y$$

$$+ \left(1 - 2\,\frac{x}{l}\right)\mathfrak{M}_x.$$

Wir ermitteln nun der Reihe nach für die einzelnen Glieder die Auflagerdrucke $\mathfrak{a}'$ und $\mathfrak{b}'$, und zwar

a) $m_x = \left(1 - 2\,\dfrac{x}{l}\right)\left(1 - \dfrac{x}{l}\right):$

---

[1]) Wir haben bei der Auswertung der Stetigkeitsbedingung in § 4 die Gleichungen mit $-\dfrac{1}{6EJ_c}$ multipliziert, was bei Einführung des Rechnungsergebnisses in unsere Stetigkeitsbedingung wieder rückgängig gemacht werden muß.

$$\mathfrak{a}' = \frac{1}{l}\int_0^l \left(1 - 2\frac{x}{l}\right)\left(1 - \frac{x}{l}\right)\cdot(l - x)\,dx = \frac{1}{6}\,l,$$

$$\mathfrak{b}' = \frac{1}{l}\int_0^l \left(1 - 2\frac{x}{l}\right)\left(1 - \frac{x}{l}\right)\cdot x\,dx = 0\,.$$

b) $m_x = \left(1 - 2\dfrac{x}{l}\right)\dfrac{x}{l}$:

$$\mathfrak{a}' = \frac{1}{l}\int_0^l \left(1 - 2\frac{x}{l}\right)\frac{x}{l}\,(l - x)\,dx = 0\,,$$

$$\mathfrak{b}' = \frac{1}{l}\int_0^l \left(1 - 2\frac{x}{l}\right)\frac{x}{l}\,x\,dx = -\frac{1}{6}\,l\,.$$

c) $m_x = \left(1 - 2\dfrac{x}{l}\right)y$.

Wir nennen

$$y' = \left(1 - 2\frac{x}{l}\right)y$$

die reduzierte Achsenlinie, und bezeichnen die statischen Momente der zwischen der Linie y' und der Stabsehne gelegenen Fläche, bezogen auf den rechten bzw. linken Endpunkt, mit $\mathfrak{S}'^l$ und $\mathfrak{S}'^r$, dann ist

$$\mathfrak{a}' = \frac{\mathfrak{S}'^l}{l} \qquad \text{und} \qquad \mathfrak{b}' = \frac{\mathfrak{S}'^r}{l}\,.$$

d) $m_x = \left(1 - 2\dfrac{x}{l}\right)\mathfrak{M}_x$.

Da das Gesetz von $\mathfrak{M}_x$ zunächst unbekannt ist, so benutzen wir für die Auflagerdrucke die allgemeinen Bezeichnungen

$$\mathfrak{A}'^P \qquad \text{und} \qquad \mathfrak{B}'^P.$$

Die voranstehenden Werte der Auflagerdrucke ergeben

$$\mathfrak{B}_k' = -M_k^l\frac{l_k}{6} + H_k\frac{\mathfrak{S}_k'^{k-1}}{l_k} + \mathfrak{B}_k'^P,$$

$$\mathfrak{A}_{k+1}' = M_k^r\frac{l_{k+1}}{6} + H_{k+1}\frac{\mathfrak{S}_{k+1}'^{k+1}}{l_{k+1}} + \mathfrak{A}_{k+1}'^P.$$

Der untere Zeiger der Flächenmomente $\mathfrak{S}'$ stimmt mit dem Stabzeiger überein, der obere Zeiger gibt den Bezugspunkt für das Moment an. Mit den Werten von $\mathfrak{B}_k{}'$ und $\mathfrak{A}_{k+1}{}'$ geht die Gleichung 30), nachdem alle Glieder noch mit $-6EJ_c$ multipliziert wurden, über in

$$\mathbf{V} + 6\alpha_k \frac{J_c}{J_m^k}\left[-M_k{}^l\frac{l_k}{6} + H_k\frac{\mathfrak{S}_k^{\prime k-1}}{l_k} + \mathfrak{B}_k{}^{\prime P}\right]$$

$$+ 6\alpha_{k+1}\frac{J_c}{J_m^{k+1}}\left[M_k{}^r\frac{l_{k+1}}{6} + H_{k+1}\frac{\mathfrak{S}_{k+1}^{\prime k+1}}{l_{k+1}} + \mathfrak{A}_{k+1}^{\prime P}\right] = 0$$

oder

$$\mathbf{V} - \alpha_k M_k{}^l l_k{}' + \alpha_{k+1}M_k{}^r l_{k+1}' + 6\alpha_k H_k \mathfrak{S}_k^{\prime k-1}\frac{l_k{}'}{l_k^2}$$

$$+ 6\alpha_{k+1}H_{k+1}\mathfrak{S}_{k+1}^{\prime k+1}\frac{l_{k+1}'}{l_{k+1}^2} + 6\alpha_k \mathfrak{B}_k{}^{\prime P}\frac{l_k{}'}{l_k} + 6\alpha_{k+1}\mathfrak{A}_{k+1}^{\prime P}\frac{l_{k+1}'}{l_{k+1}} = 0.$$

Nach Einfügen des vollständigen Ausdruckes für $\mathbf{V}$ gemäß Gleichung 7) erhält der **Viermomentensatz für unsymmetrische Stäbe** schließlich die Gestalt

$$M_{k-1}^r l_k{}' + (2-\alpha_k)M_k{}^l l_k{}' + (2+\alpha_{k+1})M_k{}^r l_{k+1}' + M_{k+1}^l l_{k+1}'$$

$$+ 6H_k\frac{l_k{}'}{l_k^2}[\mathfrak{S}^{k-1} + \alpha\,\mathfrak{S}^{\prime k-1}]_k + 6H_{k+1}\frac{l_{k+1}'}{l_{k+1}^2}[\mathfrak{S}^{k+1} + \alpha\,\mathfrak{S}^{\prime k+1}]_{k+1}$$

$$- 6EJ_c(\vartheta_k - \vartheta_{k+1}) = N', \quad . \quad . \quad . \quad . \quad . \quad . \quad . \quad . \quad . \quad 31)$$

hierbei ist das Belastungsglied

$$N' = N - 6\alpha_k \mathfrak{B}_k{}^{\prime P}\frac{l_k{}'}{l_k} - 6\alpha_{k+1}\mathfrak{A}_{k+1}^{\prime P}\frac{l_{k+1}'}{l_{k+1}}, \quad . \quad . \quad . \quad . \quad 32)$$

unter N das Lastglied der Viermomentengleichung 7) verstanden.

Die Viermomentengleichung 31) hat im wesentlichen den gleichen Bau wie die Gleichung 7), sie unterscheidet sich von dieser nur durch die geänderten Beiwerte einzelner Glieder. Sind diese Beiwerte einmal festgelegt, so ist die weitere Rechnung in der gleichen Weise durchzuführen, wie bei den Systemen mit Stäben von unveränderlichem Querschnitt. Wichtig ist hierbei die Tatsache, daß der von den Drehwinkeln ϑ abhängige Teil der Gleichung 31) im Vergleich zu Formel 7) unverändert geblieben ist.

Es bleibt noch übrig, das Belastungsglied N' zu bestimmen. Wir führen die Berechnung nur für zwei Fälle durch. 1. Einzellasten senkrecht zur Stabsehne und 2. gleichförmig verteilte senkrecht zur Stabsehne gerichtete Vollbelastung.

1. *Belastung der Felder l_k und l_{k+1} durch Einzellasten P_k und P_{k+1} senkrecht zur Stabsehne, im Abstande a_k bzw. a_{k+1} vom linken Stabende.*

Für M_x gilt

$$\text{wenn } x < a \qquad \mathfrak{M}_x = P(l-a)\frac{x}{l},$$

$$\text{,, } x > a \qquad \mathfrak{M}_x = Pa\left(1 - \frac{x}{l}\right),$$

daher findet man für $\mathfrak{M}_x{}'$

$$\text{wenn } x < a \qquad \mathfrak{M}_x{}' = P(l-a)\left(1 - 2\frac{x}{l}\right)\frac{x}{l},$$

$$\text{,, } x > a \qquad \mathfrak{M}_x{}' = Pa\left(1 - 2\frac{x}{l}\right)\left(1 - \frac{x}{l}\right);$$

ferner die Auflagerdrücke $\mathfrak{A}'^P$ und $\mathfrak{B}'^P$ der zu $\mathfrak{M}_x{}'$ gehörenden Momentenfläche

$$\mathfrak{A}'^P = P\frac{l-a}{l}\int_0^a \left(1 - 2\frac{x}{l}\right)\frac{x}{l}\cdot(l-x)\,dx$$

$$+ P\frac{a}{l}\int_a^l \left(1 - 2\frac{x}{l}\right)\left(1 - \frac{x}{l}\right)\cdot(l-x)\,dx = \frac{1}{6}Pla\left(1 - \frac{a}{l}\right)^3,$$

$$\mathfrak{B}'^P = P\frac{l-a}{l}\int_0^a \left(1 - 2\frac{x}{l}\right)\frac{x}{l}\cdot x\,dx$$

$$+ P\frac{a}{l}\int_a^l \left(1 - 2\frac{x}{l}\right)\left(1 - \frac{x}{l}\right)\cdot x\,dx = -\frac{1}{6}Pl(l-a)\left(\frac{a}{l}\right)^3.$$

Mithin lautet N'

$$N' = N + P_k\,\alpha_k\,l_k{}'\,(l-a)_k\left(\frac{a_k}{l_k}\right)^3 - P_{k+1}\,\alpha_{k+1}\,l'_{k+1}\,a_{k+1}\left(1 - \frac{a_{k+1}}{l_{k+1}}\right)^3.$$

Damit ergibt sich der Gesamtwert des Belastungsgliedes, wenn man N nach Gleichung 9) S. 32 einfügt und für ein System paralleler Lasten das Summenzeichen vorsetzt,

$$N' = -l_k\,l_k{}'\sum P_k\frac{a_k}{l_k}\left(1 - \frac{a_k}{l_k}\right)\left[\left(1 + \frac{a}{l}\right) - \alpha\left(\frac{a}{l}\right)^2\right]_k$$

$$-l_{k+1}\,l'_{k+1}\sum P_{k+1}\frac{a_{k+1}}{l_{k+1}}\left(1 - \frac{a_{k+1}}{l_{k+1}}\right)\left[\left(2 - \frac{a}{l}\right) + \alpha\left(1 - \frac{a}{l}\right)^2\right]_{k+1} \quad 33)$$

Den von $\frac{a}{l}$ abhängigen Teil der beiden Summenausdrücke fassen wir unter der Bezeichnung φ_1 und φ_2 zusammen, derart, daß

$$\varphi_1 = \frac{a}{l}\left(1 - \frac{a}{l}\right)\left[\left(2 - \frac{a}{l}\right) + \alpha\left(1 - \frac{a}{l}\right)^2\right],$$

$$\varphi_2 = \frac{a}{l}\left(1 - \frac{a}{l}\right)\left[\left(1 + \frac{a}{l}\right) - \alpha\left(\frac{a}{l}\right)^2\right] \qquad \Biggr\} \quad \cdots \cdots 34)$$

ist. Mithin erhält Gleichung 33) die Gestalt

$$N' = - l_k\, l_k'\, \sum P_k\, \varphi_2 - l_{k+1}\, l_{k+1}'\, \sum P_{k+1}\, \varphi_1 \cdots \cdots 33')$$

Ist nur ein einzelnes Feld mit $P = 1$ belastet, dann geht N' über in F_1' bzw. F_2', welche Funktionen nun die Werte

$$F_1 = - \varphi_1\, l\, l' \qquad\qquad F_2 = - \varphi_2\, l\, l'$$

annehmen.

Zur Erleichterung der Berechnung von φ_1 und φ_2, die sich auf die Form $\varphi_1 = A_1 + B_1\,\alpha$, $\varphi_2 = A_2 - B_2\,\alpha$ bringen lassen, sind die Beiwerte A und B für verschiedene Verhältnisse von $\dfrac{a}{l}$ im Anhange in Tafel III zusammengestellt.

2. *Gleichförmig verteilte Vollbelastung p_k und p_{k+1} der Stäbe l_k und l_{k+1}.*

Setzt man in Gleichung 33) für P, $p\,da$ und an Stelle des Summenzeichens das Integralzeichen, so erhält man

$$N_p' = - p_k\, l_k\, l_k'\int_0^l \frac{a_k}{l_k}\left(1 - \frac{a_k}{l_k}\right)\left[\left(1 + \frac{a}{l}\right) - \alpha\left(\frac{a}{l}\right)^2\right]_k da$$

$$- p_{k+1}\, l_{k+1}\, l_{k+1}'\int_0^l \frac{a_{k+1}}{l_{k+1}}\left(1 - \frac{a_{k+1}}{l_{k+1}}\right)\left[\left(2 - \frac{a}{l}\right) + \alpha\left(1 - \frac{a}{l}\right)^2\right]_{k+1} da.$$

Wir berechnen daher

$$\int_0^l \frac{a}{l}\left(1 - \frac{a}{l}\right)\left[\left(1 + \frac{a}{l}\right) + \alpha\left(\frac{a}{l}\right)^2\right] da = \left(1 - \frac{\alpha}{5}\right)\frac{l}{4}$$

und

$$\int_0^l \frac{a}{l}\left(1 - \frac{a}{l}\right)\left[\left(2 - \frac{a}{l}\right) + \alpha\left(1 - \frac{a}{l}\right)^2\right] da = \left(1 + \frac{\alpha}{5}\right)\frac{l}{4}.$$

Somit finden wir

$$N_p' = - \frac{p_k}{4} l_k^2\, l_k'\left(1 - \frac{\alpha_k}{5}\right) - \frac{p_{k+1}}{4} l_{k+1}^2\, l_{k+1}'\left(1 + \frac{\alpha_{k+1}}{5}\right) \cdot \cdot \; 35)$$

b) Symmetrische Stäbe.

Unter der Voraussetzung, daß die Linie der reziproken Trägheitsmomente (i-Linie) durch eine Parabel zweiter Ordnung ersetzt werden kann, besteht unter Hinweis auf Abb. 104 folgende Beziehung:

$$\frac{1}{J} = \frac{1}{J_m} + \left(1 - 2\frac{x}{l}\right)^2\left(\frac{1}{J_0} - \frac{1}{J_m}\right) = \frac{1}{J_m} + \left(1 - 2\frac{x}{l}\right)^2\frac{J_m - J_0}{J_m J_0}$$

oder

$$\frac{J_m}{J} = 1 + \alpha\left(1 - 2\frac{x}{l}\right)^2, \quad .\ 36)$$

wobei wie früher

$$\alpha = \frac{J_m - J_0}{J_0} \quad .\ .\ .\ 36')$$

bedeutet. α ist positiv oder negativ, je nachdem $J_m \gtrless J_0$ ist.

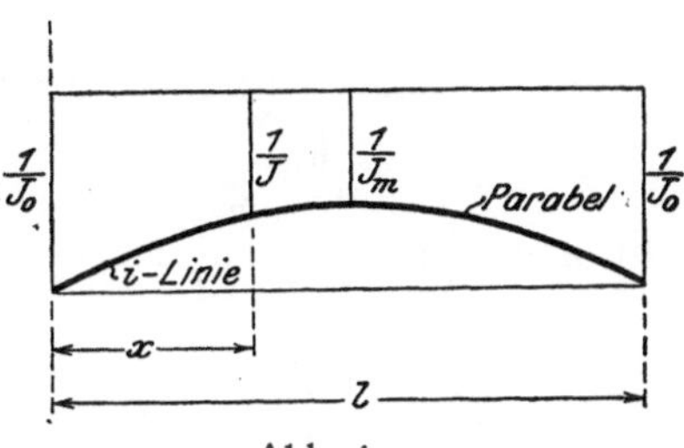

Abb. 104.

Führt man, wie oben, das Verhältnis $\dfrac{J_m}{J}$ in die Differentialgleichung der elastischen Linie ein, so lautet diese Gleichung

$$E J_m \cos\varphi\,\frac{d^2\,\Delta y}{dx^2} = -\left[1 + \alpha\left(1 - 2\frac{x}{l}\right)^2\right]M_x$$

oder

$$E J_m'\,\frac{d^2\,\Delta y}{dx^2} = -M_x - \alpha M_x'',$$

wobei

$$M_x'' = \left(1 - 2\frac{x}{l}\right)^2 M_x$$

bedeutet. Auch hier hat die Lösung der Differentialgleichung die Form

$$\Delta y = \Delta y_0 + \alpha\,\Delta y'',$$

weshalb auch die Stetigkeitsbedingung die gleiche Gestalt wie oben (Gl. 30) annimmt; nur sind für $\mathfrak{B}_k'$ und $\mathfrak{A}_{k+1}'$ die den geänderten Werten von M_x'' entsprechenden Ausdrücke von $\mathfrak{B}_k''$ und $\mathfrak{A}_{k+1}''$ einzuführen.

Es ist nun

$$M_x'' = M^r\left(1 - 2\frac{x}{l}\right)^2\left(1 - \frac{x}{l}\right) + M^l\left(1 - 2\frac{x}{l}\right)^2\frac{x}{l} + H\left(1 - 2\frac{x}{l}\right)^2 y$$

$$+ \left(1 - 2\frac{x}{l}\right)^2\mathfrak{M}_x.$$

Wie unter a) bestimmen wir auch hier für die einzelnen Glieder von M_x'' der Reihe nach die Beträge der Auflagerdrucke $\mathfrak{a}''$ und $\mathfrak{b}''$

der Teilmomentenflächen. Wir finden:

a) $m_x = \left(1 - 2\,\dfrac{x}{l}\right)^2 \left(1 - \dfrac{x}{l}\right)$:

$$\mathfrak{a}'' = \frac{1}{l} \int_0^l \left(1 - 2\,\frac{x}{l}\right)^2 \left(1 - \frac{x}{l}\right) \cdot (l - x)\, dx = \frac{2}{15}\, l,$$

$$\mathfrak{b}'' = \frac{1}{l} \int_0^l \left(1 - 2\,\frac{x}{l}\right)^2 \left(1 - \frac{x}{l}\right) \cdot x\, dx = \frac{1}{30}\, l.$$

b) $m_x = \left(1 - 2\,\dfrac{x}{l}\right)^2 \dfrac{x}{l}$:

$$\mathfrak{a}'' = \frac{1}{l} \int_0^l \left(1 - 2\,\frac{x}{l}\right)^2 \frac{x}{l} \cdot (l - x)\, dx = \frac{1}{30}\, l,$$

$$\mathfrak{b}'' = \frac{1}{l} \int_0^l \left(1 - 2\,\frac{x}{l}\right)^2 \frac{x}{l} \cdot x\, dx = \frac{2}{15}\, l.$$

c) $m_x = \left(1 - 2\,\dfrac{x}{l}\right)^2 y$.

Deutet man

$$\left(1 - 2\,\frac{x}{l}\right)^2 y = y''$$

wieder als reduzierte Achsenlinie und nennt man die statischen Momente der Fläche zwischen y'' und der Stabsehne, bezogen auf den rechten bzw. linken Stabendpunkt, $\mathfrak{S}''^l$ und $\mathfrak{S}''^r$, so ist

$$\mathfrak{a}'' = \frac{\mathfrak{S}''^l}{l} \qquad \text{und} \qquad \mathfrak{b}'' = \frac{\mathfrak{S}''^r}{l}.$$

d) $m_x = \left(1 - 2\,\dfrac{x}{l}\right)^2 \mathfrak{M}_x$:

Die von $\mathfrak{M}_x$ abhängigen Teile der Auflagerdrücke bezeichnen wir zunächst kurz mit

$$\mathfrak{A}''^P \qquad \text{und} \qquad \mathfrak{B}''^P.$$

Hiermit ergeben sich die Auflagerdrücke $\mathfrak{B}_k''$ und $\mathfrak{A}_{k+1}''$ der Stetigkeitsbedingung mit

$$\mathfrak{B}_k'' = M_{k-1}^r\, \frac{l_k}{30} + M_k^l\, \frac{2\, l_k}{15} + H_k\, \frac{\mathfrak{S}_k''^{k-1}}{l_k} + \mathfrak{B}_k''^P,$$

$$\mathfrak{A}_{k+1}'' = M_k^r\, \frac{2\, l_{k+1}}{15} + M_{k+1}^l\, \frac{l_{k+1}}{30} + H_{k+1}\, \frac{\mathfrak{S}_{k+1}''^{k+1}}{l_{k+1}} + \mathfrak{A}_{k+1}''^P.$$

Somit gewinnen wir aus Gleichung 30) nach Einsetzen der Beträge für $\mathfrak{B}_k''$ und $\mathfrak{A}_{k+1}''$ und nachdem wir alle Glieder mit $-6\,E J_c$ multipliziert haben, die Beziehung

$$\mathbf{V} + 6\,\alpha_k\,\frac{J_c}{J_m^k}\left[M_{k-1}^r\,\frac{l_k}{30} + M_k^l\,\frac{2\,l_k}{15} + H_k\,\frac{\mathfrak{S}_k''{}^{k-1}}{l_k} + \mathfrak{B}_k''{}^P\right]$$

$$+ 6\,\alpha_{k+1}\,\frac{J_c}{J_m^{k+1}}\left[M_k^r\,\frac{2\,l_{k+1}}{15} + M_{k+1}^l\,\frac{l_{k+1}}{30} + H_{k+1}\,\frac{\mathfrak{S}_{k+1}''{}^{k+1}}{l_{k+1}} + \mathfrak{A}_{k+1}''{}^P\right] = 0$$

oder

$$\mathbf{V} + \frac{\alpha_k}{5}\,M_{k-1}^r\,l_k' + \frac{4\,\alpha_k}{5}\,M_k^l\,l_k' + \frac{4\,\alpha_{k+1}}{5}\,M_k^r\,l_{k+1}' + \frac{\alpha_{k+1}}{5}\,M_{k+1}^l\,l_{k+1}'$$

$$+ 6\,\alpha_k\,H_k\,\mathfrak{S}_k''{}^{k-1}\,\frac{l_k'}{l_k^2} + 6\,\alpha_{k+1}\,H_{k+1}\,\mathfrak{S}_{k+1}''{}^{k+1}\,\frac{l_{k+1}'}{l_{k+1}^2} + 6\,\alpha_k\,\mathfrak{B}_k''{}^P\,\frac{l_k'}{l_k}$$

$$+ 6\,\alpha_{k+1}\,\mathfrak{A}_{k+1}''{}^P\,\frac{l_{k+1}'}{l_{k+1}} = 0.$$

Führt man schließlich für $\mathbf{V}$ den vollständigen Betrag der Gleichung 7) ein, so lautet der **Viermomentensatz für symmetrische Stäbe mit stetig veränderlichem Querschnitt**:

$$\left(1 + \frac{\alpha_k}{5}\right)M_{k-1}^r\,l_k' + 2\left(1 + \frac{2\,\alpha_k}{5}\right)M_k^l\,l_k' + 2\left(1 + \frac{2\,\alpha_{k+1}}{5}\right)M_k^r\,l_{k+1}'$$

$$+ \left(1 + \frac{\alpha_{k+1}}{5}\right)M_{k+1}^l\,l_{k+1}' + 6\,H_k\,\frac{l_k'}{l_k^2}\,[\mathfrak{S}^{k-1} + \alpha\,\mathfrak{S}''{}^{k-1}]_k$$

$$+ 6\,H_{k+1}\,\frac{l_{k+1}'}{l_{k+1}^2}\,[\mathfrak{S}^{k+1} + \alpha\,\mathfrak{S}''{}^{k+1}]_{k+1} - 6\,E J_c\,(\vartheta_k - \vartheta_{k+1}) = N'' \quad .\quad 37)$$

Das Belastungsglied N'' ist

$$N'' = N - 6\,\alpha_k\,\mathfrak{B}_k''{}^P\,\frac{l_k'}{l_k} - 6\,\alpha_{k+1}\,\mathfrak{A}_{k+1}''{}^P\,\frac{l_{k+1}'}{l_{k+1}} \quad .\ .\ .\ .\ .\ 38)$$

N ist das Lastglied der Momentengleichung 7).

Nach Feststellung der Beiwerte auf Grund der Abmessungen der Stäbe l_k und l_{k+1}, wobei bei krummen Stäben an Stelle der wirklichen Achsenlinie y die reduzierte Achsenlinie y'' tritt, erhält man Viermomentengleichungen von der gleichen Gestalt wie bei Tragwerken mit Stäben unveränderlichen Trägheitsmomentes, weshalb auch die weitere Untersuchung den gleichen Weg nehmen kann.

Ermittlung des Belastungsgliedes N''.

1. *Belastung der Stäbe l_k und l_{k+1} durch Einzellasten P_k und P_{k+1} senkrecht zur Stabsehne, im Abstande a_k bzw. a_{k+1} vom linken Stabende.*

Es ist

$$\text{für } x < a \qquad M_x'' = P(l-a)\frac{x}{l}\left(1 - 2\frac{x}{l}\right)^2,$$

$$\text{für } x > a \qquad M_x'' = Pa\left(1 - \frac{x}{l}\right)\left(1 - 2\frac{x}{l}\right)^2,$$

damit folgen für die Auflagerdrücke $\mathfrak{A}''P$ und $\mathfrak{B}''P$ die Formeln

$$\mathfrak{A}''P = P\frac{l-a}{l}\int_0^a\left(1 - 2\frac{x}{l}\right)^2\frac{x}{l}\cdot(l-x)\,dx + P\frac{a}{l}\int_a^l\left(1 - 2\frac{x}{l}\right)^2\left(1 - \frac{x}{l}\right)\cdot(l-x)\,dx$$

$$= \frac{1}{30}\,Pla\left(1 - \frac{a}{l}\right)\left[1 + \frac{l-a}{l} - 4\left(\frac{l-a}{l}\right)^2 + 6\left(\frac{l-a}{l}\right)^3\right]$$

$$\mathfrak{B}''P = P\frac{l-a}{l}\int_0^a\left(1 - 2\frac{x}{l}\right)^2\frac{x}{l}\cdot x\,dx + P\frac{a}{l}\int_a^l\left(1 - 2\frac{x}{l}\right)^2\left(1 - \frac{x}{l}\right)\cdot x\,dx$$

$$= \frac{1}{30}\,Pla\left(1 - \frac{a}{l}\right)\left[1 + \frac{a}{l} - 4\left(\frac{a}{l}\right)^2 + 6\left(\frac{a}{l}\right)^3\right].$$

Wir finden somit N''

$$N'' = N - \frac{\alpha_k}{5}\,P_k\,l_k'\,a_k\left(1 - \frac{a_k}{l_k}\right)\left[1 + \frac{a}{l} - 4\left(\frac{a}{l}\right)^2 + 6\left(\frac{a}{l}\right)^3\right]_k$$

$$- \frac{\alpha_{k+1}}{5}P_{k+1}\,l_{k+1}'\,a_{k+1}\left(1 - \frac{a_{k+1}}{l_{k+1}}\right)\left[1 + \frac{l-a}{l} - 4\left(\frac{l-a}{l}\right)^2 + 6\left(\frac{l-a}{l}\right)^3\right]_{k+1}$$

und schließlich nach Einführung des Wertes von N für eine Gruppe paralleler Einzellasten

$$N'' = -l_k l_k' \sum P_k \frac{a_k}{l_k}\left(1 - \frac{a_k}{l_k}\right)\left\{\left(1 + \frac{a}{l}\right)\left(1 + \frac{\alpha}{5}\right) - \frac{2\alpha}{5}\left(\frac{a}{l}\right)^2\left[2 - 3\left(\frac{a}{l}\right)\right]\right\}_k$$

$$- l_{k+1}\,l_{k+1}' \sum P_{k+1}\frac{a_{k+1}}{l_{k+1}}\left(1 - \frac{a_{k+1}}{l_{k+1}}\right)\left\{\left(2 - \frac{a}{l}\right)\left(1 + \frac{\alpha}{5}\right)\right.$$

$$\left. - \frac{2\alpha}{5}\left(\frac{l-a}{l}\right)^2\left[2 - 3\left(\frac{l-a}{l}\right)\right]\right\}_{k+1} \quad\cdots\cdots\cdots\cdots \quad 39)$$

Bezeichnet man den von $\dfrac{a}{l}$ abhängigen Teil der beiden Summen mit φ_2' und φ_1', so daß

$$\varphi_1' = \frac{a}{l}\left(1 - \frac{a}{l}\right)\left\{\left(2 - \frac{a}{l}\right)\left(1 + \frac{\alpha}{5}\right) - \frac{2\alpha}{5}\left(\frac{l-a}{l}\right)^2\left[2 - 3\left(\frac{l-a}{l}\right)\right]\right\}$$

und

$$\varphi_2' = \frac{a}{l}\left(1 - \frac{a}{l}\right)\left\{\left(1 + \frac{a}{l}\right)\left(1 + \frac{\alpha}{5}\right) - \frac{2\alpha}{5}\left(\frac{a}{l}\right)^2\left[2 - 3\left(\frac{a}{l}\right)\right]\right\} \qquad \Biggr\} \; 40)$$

ist, so lautet

$$N'' = -l_k l_k' \sum P_k \varphi_2' - l_{k+1} l_{k+1}' \sum P_{k+1} \varphi_1' \cdot \;\cdot\;\cdot\;\cdot\; 39')$$

Setzt man in φ_1' für $l - a, a$, so geht die Linie in φ_2' über; φ_1' ist somit das Spiegelbild von φ_2.

Für den Fall, daß bloß ein Feld mit der Einzellast 1 belastet ist (Einflußlinien), geht N'' in die Funktionen F_1'' und F_2'' über, und zwar:

$$F_1'' = -\varphi_1' \, l \, l' \qquad \text{und} \qquad F_2'' = -\varphi_2' \, l \, l'.$$

Zur Berechnung der Funktionen φ_1' und φ_2', die die Form $\varphi' = A + B\alpha$ annehmen, dient die Tafel IV im Anhange.

2. Gleichförmig verteilte Vollbelastung p_k und p_{k+1} der Stäbe l_k und l_{k+1}.

Aus Gleichung 39') leiten wir die Beziehung ab:

$$N_p'' = -p_k l_k l_k' \int_0^l \varphi_2' \, da - p_{k+1} l_{k+1} l_{k+1}' \int_0^l \varphi_1' \, da.$$

Die Ausrechnung der bestimmten Integrale auf Grund der Formeln 40) für φ_1' und φ_2' liefert

$$N_p'' = -\frac{1}{4} p_k l_k^2 l_k' \left(1 + \frac{\alpha_k}{5}\right) - \frac{1}{4} p_{k+1} l_{k+1}^2 l_{k+1}' \left(1 + \frac{\alpha_{k+1}}{5}\right) \cdot\;\cdot\; 41)$$

c) Symmetrische und unsymmetrische Stäbe.

Wechseln symmetrische Stäbe mit unsymmetrischen Stäben im Tragwerk ab, so sind die Viermomentengleichungen aus den Gleichungen 31) und 37) sinngemäß zusammenzusetzen.

a) Folgt ein symmetrisches Feld einem unsymmetrischen, so lautet die Viermomentengleichung:

$$M_{k-1}^r l_k' + (2 - \alpha_k) M_k^l l_k' + 2\left(1 + \frac{2\alpha_{k+1}}{5}\right) M_k^r l_{k+1}'$$

$$+ \left(1 + \frac{\alpha_{k+1}}{5}\right) M_{k+1}^l l_{k+1}' + 6 H_k \frac{l_k'}{l_k^2}[\mathfrak{S}^{k-1} + \alpha \mathfrak{S}'^{k-1}]_k$$

$$+ 6 H_{k+1}' \frac{l_{k+1}'}{l_{k+1}^2}[\mathfrak{S}^{k+1} + \alpha \mathfrak{S}''^{k+1}]_{k+1} - 6 E J_c (\vartheta_k - \vartheta_{k+1}) = N;$$

für Einzellasten P:

$$N = - l_k\, l_k'\, \Sigma\, P_k\, \varphi_2 - l_{k+1}\, l_{k+1}'\, \Sigma\, P_{k+1}\, \varphi_1';$$

für Vollbelastung p:

$$N = - \frac{p_k}{4}\, l_k{}^2\, l_k'\left(1 - \frac{\alpha_k}{5}\right) - \frac{p_{k+1}}{4}\, l_k{}^2{}_{+1}\, l_{k+1}\left(1 + \frac{\alpha_{k+1}}{5}\right).$$

b) Folgt ein unsymmetrisches Feld einem symmetrischen, so gilt:

$$\left(1 + \frac{\alpha_k}{5}\right) M_k{}^r{}_{-1}\, l_k' + 2\left(1 + \frac{2\,\alpha_k}{5}\right) M_k{}^l\, l_k' + (2 + \alpha_{k+1}) M_k{}^r\, l_{k+1}'$$

$$+\, M_k{}^l{}_{+1}\, l_{k+1}' + 6\, H_k\, \frac{l_k'}{l_k{}^2}\,[\mathfrak{S}^{k-1} + \alpha\, \mathfrak{S}''^{k-1}]_k$$

$$+\, 6\, H_{k+1}\, \frac{l_{k+1}'}{l_{k+1}{}^2}\,[\mathfrak{S}^{k+1} + \alpha\, \mathfrak{S}'^{k+1}]_{k+1} - 6\, E J_c(\vartheta_k - \vartheta_{k+1}) = N;$$

für Einzellasten P:

$$N = - l_k\, l_k'\, \Sigma\, P_k\, \varphi_2' - l_{k+1}\, l_{k+1}'\, \Sigma\, P_{k+1}\, \varphi_1;$$

für Vollbelastung p:

$$N = - \frac{p_k}{4}\, l_k{}^2\, l_k'\left(1 + \frac{\alpha_k}{5}\right) - \frac{p_{k+1}}{4}\, l_k{}^2{}_{+1}\, l_{k+1}'\left(1 + \frac{\alpha_{k+1}}{5}\right).$$

§ 15. Die Ermittlung der Längenänderungen $\varDelta l$ in den Winkelgleichungen; Beispiele.

Wir schließen uns eng an den Gedankengang in § 5 an, der die Berechnung der Längenänderungen $\varDelta l$ für Stäbe mit unveränderlichem Querschnitt zeigt, weshalb wir uns in den folgenden Darlegungen etwas kürzer fassen werden. Die Formeln für die Änderungen $\varDelta l$ der Stab-sehnen bei symmetrischen und unsymmetrischen Stäben können unter einem entwickelt werden, da beiden Fällen die gleiche Differential-gleichung zugrunde liegt. Der in § 14 benutzten Ausgangsgleichung geben wir jetzt die Form:

$$E J_m'\, \frac{d\,\vartheta_x}{d\,x} = - M_x - \alpha\, \overline{M}_x.$$

$J_m' = J_m \cos \varphi$ ist bei unsymmetrischen Stäben durch Gleichung 29) festgelegt, die eine Verknüpfung der beiden ungleichen Endquerschnitte J_0 und J_0' darstellt. Bei symmetrisch gebauten Stäben ist J_m das tat-sächliche Trägheitsmoment im Mittelquerschnitt. Unter ϑ_x wird, wie in § 5, der Drehwinkel eines unendlich kleinen Stabelements ds mit der Abzisse x verstanden. α ist in beiden Fällen der durch Formel 29') erläuterte Zahlenwert.

$\overline{M}_x$ ist durch die Gleichungen gegeben:

bei unsymmetrischen Stäben

$$\overline{M}_x = M_x' = \left(1 - 2\frac{x}{l}\right) M_x = \omega\,(x)\,M_x,$$

bei symmetrischen Stäben

$$\overline{M}_x = M_x'' = \left(1 - 2\frac{x}{l}\right)^2 M_x = \omega\,(x)\,M_x.$$

Wir bezeichnen den von x abhängigen Beiwert in beiden Fällen mit $\omega\,(x)$.

Aus der Differentialgleichung folgt unter Benutzung des in § 4 abgeleiteten Satzes über die Querkraft der Momentenfläche

$$E J_m' \vartheta_x = \Re_x + \alpha\,\overline{\Re}_x,$$

wo $\Re_x$ zur Momentenfläche M_x und $\overline{\Re}_x$ zur Fläche $\overline{M}_x$ gehören.

Aus § 5 entnehmen wir die aus der Winkelgleichung entwickelte Beziehung für die Längenänderung Δl

$$\Delta l = \frac{H\,l}{E F_m} + \alpha_t\,t\,l + \int\limits_0^l \vartheta_x\,dy.$$

F_m bedeutet eine passend gewählte mittlere Querschnittsfläche. Der von der Stabbiegung herrührende Teil von Δl, d. i. Δl_b, nimmt nach Einführung des Betrages für ϑ_x den Wert an:

$$\Delta l_b = \int\limits_0^l \vartheta_x\,dy = \frac{1}{E J_m'} \int\limits_0^l \Re_x\,dy + \frac{\alpha}{E J_m'} \int\limits_0^l \overline{\Re}_x\,dy.$$

Nun ist

$$\int\limits_0^l \Re_x\,dy = \int\limits_0^l M_x\,y\,dx$$

und ebenso

$$\int\limits_0^l \overline{\Re}_x\,dy = \int\limits_0^l M_x\,\omega\,(x)\,y\,dx,$$

wenn man für $\overline{M}_x$ den Betrag $M_x\,\omega\,(x)$ setzt. $\omega\,(x)\cdot y$ haben wir im vorangehenden Abschnitt als reduzierte Achsenlinie y' bzw. y'' bezeichnet. Wir nennen sie jetzt in beiden Fällen $\bar{y}$ und erhalten

$$\Delta l_b = \frac{1}{E J_m'} \left[\int\limits_0^l M_x\,y\,dx + \alpha \int\limits_0^l M_x\,\bar{y}\,dx \right].$$

Nach Einsetzen des ausführlichen Wertes von M_x nimmt diese Gleichung folgende endgültige Form an, falls man, wie vorher, die einzelnen Integralausdrücke als Flächenmomente deutet.

$$\varDelta l_b = \frac{1}{E J_m'} \left[\frac{M^r}{l} (\mathfrak{S}^l + \alpha \overline{\mathfrak{S}}^l) + \frac{M^l}{l} (\mathfrak{S}^r + \alpha \overline{\mathfrak{S}}^r) + 2 H (\mathfrak{S}_x + \alpha \overline{\mathfrak{S}}_x) + (G + \alpha \overline{G}) \right].$$

$\overline{\mathfrak{S}}^l$, $\overline{\mathfrak{S}}^r$, $\overline{\mathfrak{S}}_x$ und $\overline{G}$ haben die gleiche Bedeutung wie die Größen $\mathfrak{S}^l$, $\mathfrak{S}^r$, $\mathfrak{S}_x$ und G (siehe S. 40), nur ist zu ihrer Bildung an Stelle der Stabachsenlinie y die reduzierte Achsenlinie $\overline{y}$ zu benützen.

Für unsymmetrische Stäbe gilt

$$\overline{y} = \left(1 - 2 \frac{x}{l} \right) y,$$

für symmetrische Stäbe

$$\overline{y} = \left(1 - 2 \frac{x}{l} \right)^2 y,$$

Der Gesamtwert $\varDelta l$ beträgt somit

$$\varDelta l = \frac{H l}{E F_m} + \alpha_t t l + \frac{1}{E J_m'} \left[\frac{M^r}{l} (\mathfrak{S}^l + \alpha \overline{\mathfrak{S}}^l) + \frac{M^l}{l} (\mathfrak{S}^r + \alpha \overline{\mathfrak{S}}^r) + 2 H (\mathfrak{S}_x + \alpha \overline{\mathfrak{S}}_x) + (G + \alpha \overline{G}) \right] \quad \dots \dots \dots 42)$$

Bei symmetrischen Stäben kann die Gleichung noch in die einfachere Form gebracht werden:

$$\varDelta l = \frac{H l}{E F_m} + \alpha_t t l + \frac{1}{E J_m'} \left[\frac{1}{2} (\varPhi + \alpha \overline{\varPhi})(M^r + M^l) + 2 H (\mathfrak{S}_x + \alpha \overline{\mathfrak{S}}_x) + (G + \alpha \overline{G}) \right], \quad \dots \dots \dots 42')$$

unter $\varPhi$ und $\overline{\varPhi}$ die Flächen zwischen der Stabsehne und den Achsenlinien y bzw. $\overline{y}$ verstanden.

Bei geradachsigen Stäben ist der Klammerausdruck Null und $\varDelta l$ beschränkt sich auf

$$\varDelta l = \frac{H l}{E F_m} + \alpha_t t l \quad \dots \dots \dots \dots 42'')$$

Beispiele.

1. Beispiel. Es ist die Einflußlinie des Stützenmomentes M_1 des in Abb. 105 dargestellten durchlaufenden Balkens mit zwei gleichen Feldern darzustellen. Die Feldstützweite sei l, das Verhältnis der Endträgheitsmomente eines Feldes

$$J_0' = 4 J_0.$$

Nach Formel 29) (unsymmetrischer Stab) ist das ideale Trägheitsmoment J_m für die Feldmitte der linken Öffnung

$$J_m = \frac{2 \cdot 4\, J_0^2}{5\, J_0} = \frac{8}{5}\, J_0,$$

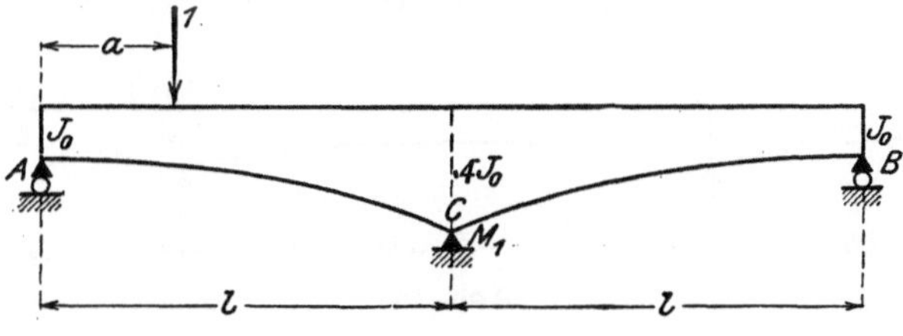

Abb. 105.

daher

$$\alpha = \frac{J_m}{J_0} - 1 = \frac{3}{5}.$$

Für die rechte Öffnung ist sonach

$$\alpha = -\frac{3}{5},$$

welchen Wert man auch erhält, wenn man J_m nach Formel 29) berechnet und damit α bestimmt.

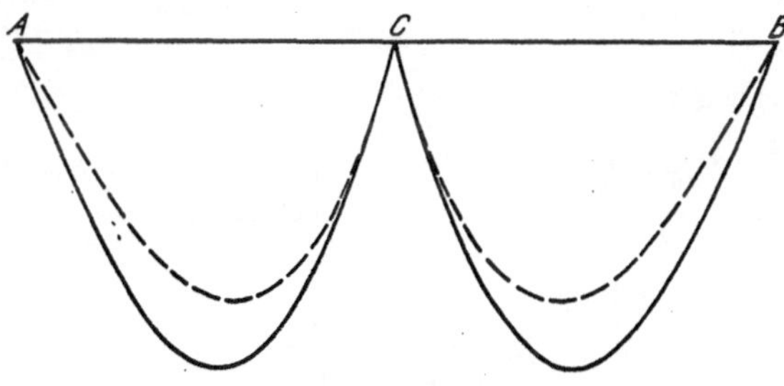

Abb. 106.

Die Momentengleichung lautet somit (Formel 31)

$$(2 - {}^3/_5)\, M_1\, l' + (2 - {}^3/_5)\, M_1\, l' = N\;{}^1)$$

oder

$$2{,}8\, M_1\, l' = N,$$

somit

$$M_1 = \frac{N}{2{,}8\, l'} = -\frac{l\, l'}{2{,}8\, l'}\, \varphi_2 = -\,0{,}357\, \varphi_2\, l\,.$$

Mit Hilfe der Tafel III auf S. 220 finden wir mit $\alpha = 0{,}6$ für den linken Zweig der Einflußlinie:

---

[1] Eigentlich liegen Stäbe mit gekrümmter Stabachse vor; da aber H sehr klein ist, so unterdrücken wir die von den Sehnenkräften abhängigen Glieder.

a/l	0,1	0,2	0,3	0,4	0,5	0,6	0,7	0,8	0,9
φ_2	0,0985	0,1882	0,2617	0,3130	0,3375	0,3322	0,2953	0,2266	0,1273
M_1/l	0,0352	0,0672	0,0934	0,1118	0,1205	0,1186	0,1055	0,0809	0,0455

In Abb. 106 ist die Einflußlinie dargestellt. Zum Vergleiche wurde die Einflußlinie für den Träger unveränderlichen Querschnitts strichliert eingezeichnet.

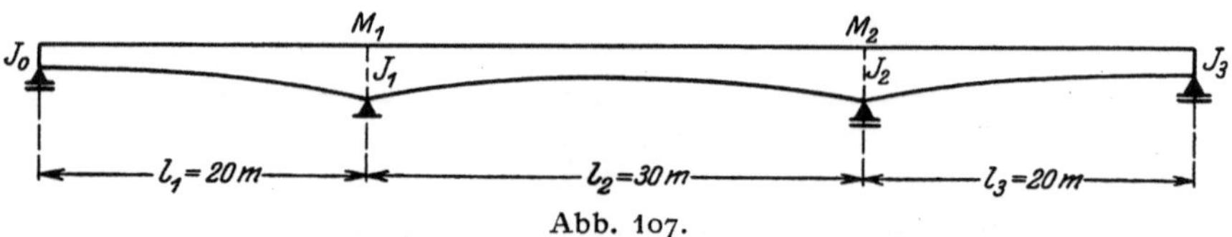

Abb. 107.

2. Beispiel. In Abb. 107 ist der Umriß eines dreifeldrigen Durchlaufbalkens mit den Stützweiten 20, 30, 20 m dargestellt. Die Einflußlinien der Stützenmomente sind zu ermitteln.

In den Seitenöffnungen ist:

$$\text{links:}\quad J_1 = 2 J_0, \qquad\qquad \text{rechts:}\quad J_3 = \frac{1}{2} J_2,$$

wobei

$$J_3 = J_0, \qquad J_2 = J_1.$$

Sonach ist für die Außenfelder laut Gleichung 29)

$$\text{links:}\quad J_m = \frac{2 \cdot 2\, J_0^2}{J_0 + 2 J_0} = \frac{4}{3} J_0, \qquad\qquad \text{rechts:}\quad J_m = \frac{2 \cdot \frac{1}{2} J_2^2}{J_2 + \frac{1}{2} J_2} = \frac{2}{3} J_2;$$

und nach Gleichung 29')

$$\text{links:}\quad \alpha_1 = \frac{\frac{4}{3} J_0 - J_0}{J_0} = \frac{1}{3}, \qquad\qquad \text{rechts:}\quad \alpha_3 = \frac{\frac{2}{3} J_2 - J_2}{J_2} = -\frac{1}{3}.$$

Für die Mittelöffnung gilt mit

$$J_m = 0{,}6\, J_1$$
$$\alpha_2 = \frac{0{,}6\, J_1 - J_1}{J_1} = -0{,}4.$$

Die beiden hier in Betracht kommenden Momentengleichungen nehmen daher unter Berücksichtigung des Umstandes, daß die Außenfelder unsymmetrische Stäbe sind, das Mittelfeld aber einen symmetrischen Stab vorstellt, folgende Form an:

$$(2 - \alpha_1)\, M_1 l_1' + 2\left(1 + \frac{2\,\alpha_2}{5}\right) M_1 l_2' + \left(1 + \frac{\alpha_2}{5}\right) M_2 l_2' = N_1,$$

$$\left(1 + \frac{\alpha_2}{5}\right) M_1 l_2' + 2\left(1 + \frac{2\,\alpha_2}{5}\right) M_2 l_2' + (2 + \alpha_3)\, M_2 l_3' = N_2.$$

Die Einführung der α-Werte liefert:

$$(1{,}667\, l_1' + 1{,}68\, l_2')\, M_1 + 0{,}92\, l_2'\, M_2 = N_1,$$

$$0{,}92\, l_2'\, M_1 + (1{,}68\, l_2' + 1{,}667\, l_3')\, M_2 = N_2.$$

Wir wählen als J_c das Trägheitsmoment des Mittelquerschnittes der Mittelöffnung und berechnen

$$l_1' = \frac{0,6 \cdot 2 J_0}{\frac{4}{3} J_0} \, l_1 = 0,9 \, l_1 = 18 \text{ m}, \qquad l_3' = \frac{0,6 \cdot 2 J_0}{\frac{4}{3} J_0} \, l_1 = 0,9 \, l_1 = 18 \text{ m},$$

$$l_2' = l_2 = 30 \text{ m}.$$

Damit gehen die Dreimomentengleichungen über in:

$$80,4 \, M_1 + 27,6 \, M_2 = N_1,$$
$$27,6 \, M_1 + 80,4 \, M_2 = N_2.$$

Ihre Auflösung führt zu den Gleichungen

$$M_1 = 0,01410 \, N_1 - 0,00484 \, N_2,$$
$$M_2 = 0,01410 \, N_2 - 0,00484 \, N_1,$$

Behufs Ermittlung der Einflußlinien betrachten wir der Reihe nach die Belastung des ersten, zweiten und dritten Feldes mit je einer Einzellast 1.

Man erhält so folgende Lastglieder:

linker Außenzweig der Einflußlinien:

$$N_1 = - \varphi_2 l_1 l_1' = - (A_2 - B_2 \alpha_1) \, 0,9 \, l_1^2, \qquad N_2 = 0;$$

mittlerer Zweig der Einflußlinien:

$$N_1 = - \varphi_1' l_2 l_2' = - (A_1' + B_1' \alpha_3) \, l_2^2, \qquad N_2 = - \varphi_2' l_2 l_2' = - (A_2' + B_2' \alpha_2) \, l_2^2;$$

rechter Außenzweig der Einflußlinien:

$$N_1 = 0, \qquad N_2 = - \varphi_1 l_3 l_3' = - (A_1 + B_1 \alpha_3) \cdot 0,9 \, l_1^2.$$

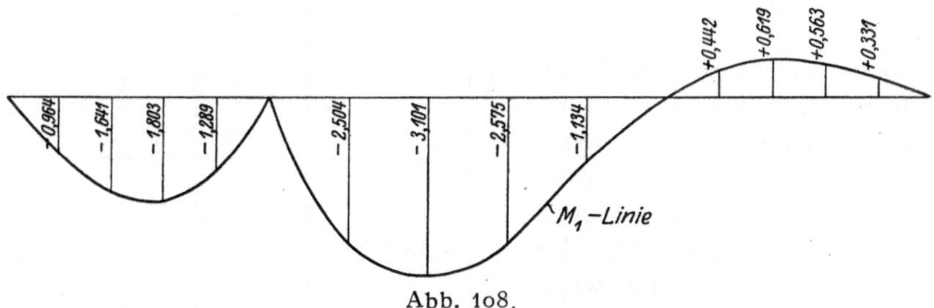

Abb. 108.

Unter Benützung der Tafeln III und IV im Anhang ist die nachfolgende Tabelle der Lastgrößen N_1 und N_2 (s. S. 194) berechnet.

Mit den so ermittelten Werten von N berechnet man, mittels der oben aus den Dreimomentengleichungen abgeleiteten Formeln für M_1 und M_2 die Ordinaten der Einflußlinien der Stützenmomente. In Abb. 108 ist die Einflußlinie M_1 dargestellt.

3. Beispiel. Die Anwendung der Formeln für den symmetrischen Stab soll an der Berechnung des in Abb. 109 dargestellten Brückenrahmens, dessen oberer Riegel gegen die Mitte abnehmendes Trägheitsmoment aufweist, gezeigt

werden. Dieser Riegel, dessen Achse gekrümmt ist, soll zur Vereinfachung der Rechnung als gerade betrachtet werden. Die Abmessungen sind in Abb. 109 eingeschrieben. Die Belastung bestehe in einer wagerechten Einzellast W, die im linken oberen Eckpunkt angreift.

Wir bezeichnen die 4 Ecken des als Balken gelagert gedachten Rahmens, von links unten beginnend, mit 1 bis 4 und geben den 4 Eckmomenten die gleichen Zeiger (Abb. 110). Die reduzierte Länge des

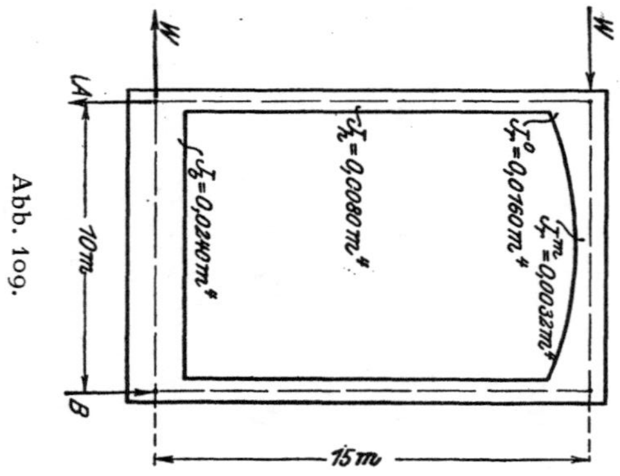

Abb. 109.

Tafel der Lastgrößen N_1 und N_2.

$\dfrac{a}{l}$	Linker Zweig $\alpha_1 = \dfrac{1}{3}$				Mittelzweig $\alpha_2 = -\,0,4$					Rechter Zweig $\alpha_3 = -\dfrac{1}{3}$			
	A_2	$B_2\alpha_1$	$1-2$	$N_1^{(1)}$	A_1'	$B_1'\alpha_2$	$1+2$	$N_1^{(2)}$	$N_2^{(2)}$	A_1	$B_1\alpha_3$	$1+2$	$N_2^{(3)}$
	1	2	3	4	1	2	3	4	5	1	2	3	4
0	0	0	0	0	0	0	0	0	0	0	0	0	0
0,2	0,1920	0,0021	0,1899	$-$ 68,4	0,2880	$-$ 0,0296	0,2584	$-$ 232,6	$-$ 160,3	0,2880	$-$ 0,0341	0,2539	$-$ 91,4
0,4	0,3360	0,0128	0,3232	$-$ 116,4	0,3840	$-$ 0,0280	0,3560	$-$ 320,4	$-$ 292,6	0,3840	$-$ 0,0288	0,3552	$-$ 127,9
0,6	0,3840	0,0288	0,3552	$-$ 127,9	0,3360	$-$ 0,0220	0,3140	$-$ 292,6	$-$ 320,4	0,3360	$-$ 0,0128	0,3232	$-$ 116,4
0,8	0,2880	0,0341	0,2539	$-$ 91,4	0,1920	$-$ 0,0139	0,1781	$-$ 160,3	$-$ 232,6	0,1920	$-$ 0,0021	0,1899	$-$ 68,4
1,0	0	0	0	0	0	0	0	0	0	0	0	0	0

Hierin ist:

$$N_1^{(1)} = -\,0,9 \cdot 20^2\,(1-2), \quad N_1^{(2)} = -\,30^2\,(1+2), \quad N_2^{(3)} = -\,0,9 \cdot 20^2\,(1+2), \quad N_2^{(2)} \text{ ist das Spiegelbild von } N_1^{(2)}.$$

Querträgers sei b', die des Riegels r' und die der Pfosten h'. Die dazugehörenden Drehwinkel wurden mit ϑ_r und $\vartheta_h{}^l$ bzw. $\vartheta_h{}^r$ bezeichnet. ϑ_b, der Drehwinkel des Querträgers, ist voraussetzungsgemäß Null.

Wenn wir bei Punkt 1 beginnen und für den Ansatz Gleichung 37) benutzen, wobei bei den geraden Stäben $\alpha = 0$ zu setzen ist, so lauten die Momentengleichungen:

$$M_1 h' + 2 M_2 \left[h' + \left(1 + \frac{2\alpha}{5} \right) r' \right] + \left(1 + \frac{\alpha}{5} \right) M_3 r' - 6 E J_c (\vartheta_h{}^l - \vartheta_r) = 0,$$

$$\left(1 + \frac{\alpha}{5} \right) M_2 r' + 2 M_3 \left[\left(1 + \frac{2\alpha}{5} \right) r' + h' \right] + M_4 h' - 6 E J_c (\vartheta_r - \vartheta_h{}^r) = 0,$$

$$M_3 h' + 2 M_4 (h' + b') + M_1 b' - 6 E J_c \vartheta_h{}^r = 0,$$

$$M_4 b' + 2 M_1 (b' + h') + M_2 h' + 6 E J_c \vartheta_h{}^l = 0.$$

Bei Vernachlässigung der Längenänderungen haben die Winkelgleichungen die einfache Gestalt:

$$h \vartheta_h{}^l - h \vartheta_h{}^r = 0,$$

$$b \vartheta_r = 0,$$

somit

$$\vartheta_h{}^l = \vartheta_h{}^r = \vartheta_h$$

und

$$\vartheta_r = 0.$$

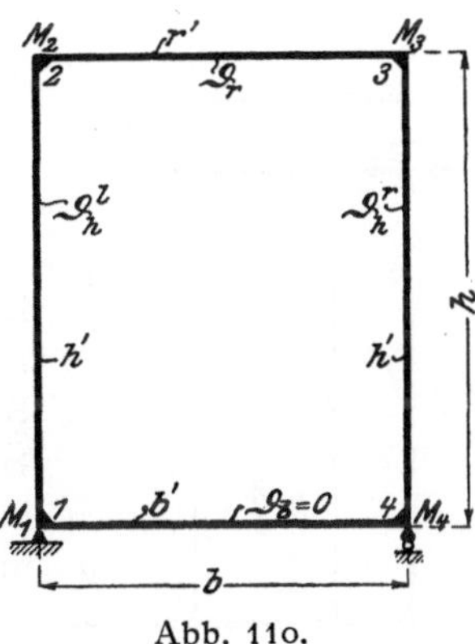

Abb. 110.

Wir führen dieses Ergebnis in die Momentengleichungen ein, setzen zur Abkürzung

$$h' + \left(1 + \frac{2\alpha}{5} \right) r' = \varkappa, \qquad \left(1 + \frac{\alpha}{5} \right) r' = \lambda,$$

$$6 E J_c = \varrho$$

und erhalten

$$M_1 h' + 2 M_2 \varkappa + M_3 \lambda - \varrho \vartheta_h = 0,$$

$$M_2 \lambda + 2 M_3 \varkappa + M_4 h' + \varrho \vartheta_h = 0,$$

$$M_3 h' + 2 M_4 (h' + b') + M_1 b' - \varrho \vartheta_h = 0,$$

$$M_4 b' + 2 M_1 (b' + h') + M_2 h' + \varrho \vartheta_h = 0.$$

Da das System dreifach statisch unbestimmt ist, so reichen diese vier Gleichungen zur Berechnung der drei Überzähligen und des Stabdrehwinkels ϑ_h aus. Nach Addition der zwei ersten und zwei letzten Gleichungen entsteht

$$(M_1 + M_4) h' + (M_2 + M_3)(2\varkappa + \lambda) = 0,$$

$$(M_1 + M_4)(3 b' + 2 h') + (M_2 + M_3) h' = 0.$$

Betrachtet man die Momentensummen als Unbekannte, so liegen zwei Gleichungen mit zwei Unbekannten vor. Da die rechten Seiten Null sind, so ist

$$M_1 = -M_4 \quad \text{und} \quad M_2 = -M_3 \dots\dots\dots \text{a})$$

Die Subtraktion innerhalb der Gleichungspaare liefert

$$(M_1 - M_4)\,h' + (M_2 - M_3)(2\varkappa - \lambda) - 2\varrho\,\vartheta_h = 0,$$
$$(M_1 - M_4)(b' + 2h') + (M_2 - M_3)\,h' + 2\varrho\,\vartheta_h = 0.$$

Nach Beseitigung von ϑ_h durch Addieren dieser Gleichungen folgt

$$(M_1 - M_4)(b' + 3h') + (M_2 - M_3)(2\varkappa - \lambda + h') = 0. \quad\dots \text{b})$$

In a) und b) haben wir die drei winkelfreien Gleichungen gewonnen, aus denen die drei Überzähligen bestimmt werden können.

Nach Ausscheiden von M_3 und M_4 aus b) mittels der Beziehungen a) findet man schließlich:

$$M_1(b' + 3h') + M_2(2\varkappa - \lambda + h') = 0. \quad\dots \text{c})$$

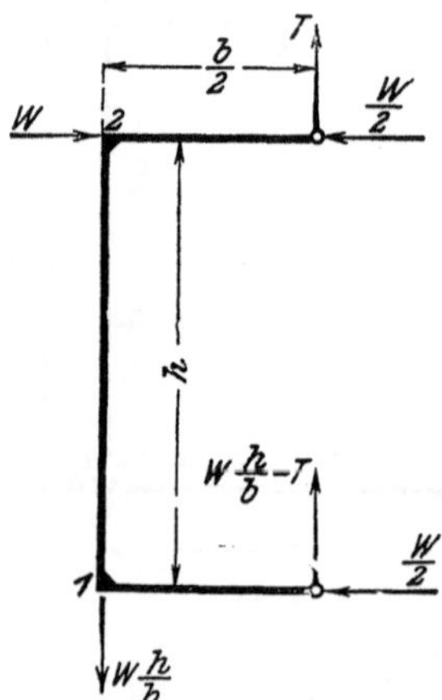

Abb. 111.

Gleichung c) enthält noch zwei Unbekannte, es ist daher noch notwendig, die statischen Beziehungen zwischen M_1 und M_2 in Rechnung zu ziehen. Bei der Auswahl der Überzähligen lassen wir uns von den bisherigen Ergebnissen leiten. Da zwischen 1 und 4 sowie 2 und 3 keine Lasten angreifen, so ist die Momentenlinie im oberen und unteren Riegel eine Gerade. Aus den Bestimmungsgleichungen a) geht hervor, daß die Momentennullpunkte in Riegelmitte liegen. Schneidet man den Rahmen an diesen Stellen durch, so entsteht die in Abb. 111 dargestellte Gleichgewichtsfigur. Nennt man die Querkraft im Momentennullpunkt des oberen Riegels T, dann ist die Querkraft Q im Querträger

$$Q = W\frac{h}{b} - T.$$

Nun ist

$$-M_1 = \left(W\frac{h}{b} - T\right)\frac{b}{2} = \frac{1}{2}(Wh - Tb),$$

$$M_2 = \frac{1}{2}\,Tb.$$

Gleichung c) geht damit über in

$$- (Wh - Tb)(b' + 3h') + Tb(2\varkappa - \lambda + h') = 0$$

und mithin

$$T = W \frac{h}{b} \frac{b' + 3h'}{b' + 4h' + 2\varkappa - \lambda}, \quad \ldots \ldots \ldots \quad \text{d)}$$

womit die Aufgabe gelöst ist, da mit d) auch die Momente M_1 und M_2 bestimmt sind

Zahlenbeispiel.

Nach Abb. 109 ist, falls wir $J_h = J_c$ wählen,

$$h' = h = 15 \,\mathrm{m},$$

$$b' = b \frac{J_c}{J_b} = 10 \cdot \frac{0,008}{0,024} = 3,33 \,\mathrm{m},$$

$$r' = b \frac{J_c}{J_r m} = 10 \cdot \frac{0,008}{0,0032} = 25 \,\mathrm{m},$$

ferner ist nach Gleichung 31')

$$\alpha = \frac{J_m - J_0}{J_0} = \frac{0,0032 - 0,0160}{0,016} = - 0,8,$$

somit ist

$$\varkappa = h' + \left(1 + \frac{2\,\alpha}{5}\right) r' = 15 + (1 - 0,32)\,25 = 32 \,\mathrm{m},$$

$$\lambda = \left(1 + \frac{\alpha}{5}\right) r' = (1 - 0,16) \cdot 25 = 21 \,\mathrm{m}.$$

Mit diesen Werten findet man

$$T = W \frac{15}{10} \frac{3,33 + 45}{3,33 + 60 + 64 - 21} = 0,682 \, W.$$

Bei gleichbleibendem Trägheitsmoment des Riegels lautet die Formel für T wenn man in der Gleichung d) $\alpha = 0$ setzt,

$$T' = W \frac{h}{b} \frac{b' + 3h'}{b' + 6h' + r'}.$$

Führt man z. B. für J_r das arithmetische Mittel der Trägheitsmomente in der Mitte und am Ende ein, so erhält man:

$$J_r = \frac{0,0032 + 0,0160}{2} = 0,0096 \,\mathrm{m}^4$$

und damit

$$r' = 10 \cdot \frac{0,0080}{0,0096} = 8,33 \,\mathrm{m}.$$

Somit

$$T' = \frac{3}{2} W \frac{48,33}{101,66} = 0,713 \, W.$$

Der Unterschied beträgt beiläufig $5\,{}^0/_0$, is also verhältnismäßig klein. Mit abnehmender Pfostenhöhe nimmt dieser Unterschied aber bedeutend zu.

VI. Tragwerke allgemeinster Form.

§ 16. Die Viermomentengleichungen.

Die vorangehenden Untersuchungen erstreckten sich auf gerade oder schwach gekrümmte Stäbe, deren Trägheitsmomente entweder unveränderlich waren oder einfachen Gesetzen folgende, stetige Änderungen aufwiesen. Nun gibt es eine große Gruppe von praktisch wichtigen Tragwerken, bei denen diese Voraussetzungen über Stabform und Querschnittsgestaltung nicht erfüllt sind. Ihre Berechnung nach der Methode des Viermomentensatzes könnte allerdings in der Weise erfolgen, daß man — wie schon einmal auseinandergesetzt wurde — die einzelnen irgendwie geformten und im Querschnitt beliebig wechselnden Stäbe durch Einschalten von zweckmäßig gewählten ausgezeichneten Punkten in Teilstäbe zerlegt, derart, daß innerhalb der Teilstücke die Voraussetzungen, auf welchen die vorangehenden Untersuchungen aufgebaut wurden, genügend genau erfüllt erscheinen. In vielen Fällen aber wird dieser Vorgang zu einer großen Zahl von Viermomentengleichungen führen, aus denen zunächst die den eingeschalteten ausgezeichneten Punkten zukommenden Momente, sowie die hinzugetretenen Stabdrehwinkel ausgesondert werden müssen, um die Zahl der Gleichungen zu verringern.

Es liegt der Gedanke nahe, diese Arbeit der Ausscheidung der Zwischenmomente und Zwischendrehwinkel, die nur Hilfsgrößen darstellen, nicht der Rechnung im Einzelfalle aufzubürden, sondern in allgemeinster Form ein für allemal zu erledigen. Nachdem es sich gezeigt hat, daß die durch den Viermomentensatz dargestellte Verknüpfung der Anschlußmomente, Sehnenkräfte und Stabdrehwinkel die Ermittlung der statisch unbestimmbaren Größen in hohem Maße erleichtert, so werden wir bestrebt sein, die Ausscheidung der Zwischenmomente und Zwischendrehwinkel so zu gestalten, daß das Ergebnis dieser Elimination, die sich auf die Gleichungen zweier elastisch zusammenhängender Stäbe erstrecken wird, einen Zusammenhang zwischen den vier Anschlußmomenten, Sehnenkräften und den beiden Stabdrehwinkeln (Drehwinkel der Stabsehnen) bilde. Mit anderen Worten: Das Eliminationsergebnis soll in allgemeinster Form einen für beliebig geformte Stäbe gültigen Viermomentensatz darstellen. Da die in § 2 unter b) abgeleiteten Winkelgleichungen keinen einschränkenden Bedingungen hinsichtlich der Stabform oder Querschnittsausbildung unterliegen, so bleibt — falls es gelingt, den angestrebten Viermomentensatz abzuleiten — der Berechnungsgang der in diesem Absatze zu erörternden Systeme der gleiche wie bei den in Ab-

schnitt II betrachteten Tragwerken, und alle Vorteile, welche sich aus
dieser Methode im vorangehenden ergeben haben, kommen somit
auch der Berechnung von Tragwerken allgemeinster Form zugute.

Wir untersuchen zwei aufeinanderfolgende Stäbe eines Tragwerks
$k-1$, k und k, $k+1$, die in k steif verbunden sind (Abb. 112).
In den Schnittstellen $k-1$ und $k+1$ werden die Anschlußmomente
M_{k-1}^r und M_{k+1}^l, die Sehnenkräfte H_k und H_{k+1}, sowie die Querkräfte Q_{k-1} und Q_{k+1} übertragen. Dem Zusammenhang des Punktes k

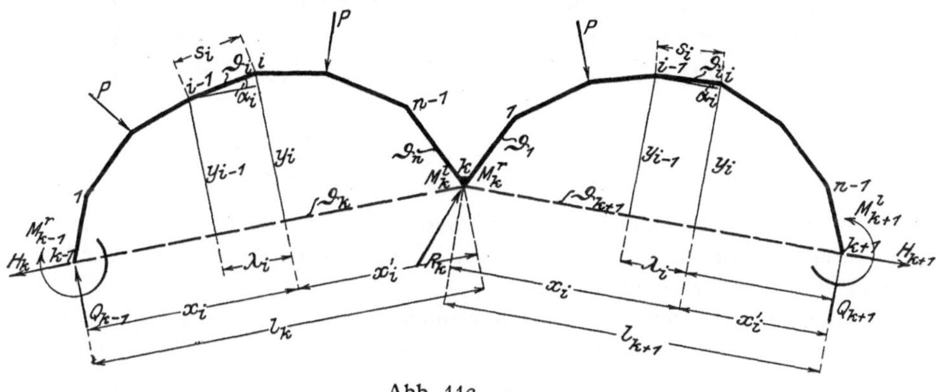

Abb. 112.

mit den übrigen Teilen des Systems tragen wir in der Weise Rechnung, daß wir die Momente unendlich nahe links und rechts von k
mit M_k^l und M_k^r verschieden annehmen und eine äußere Kraft R_k
als Mittelkraft der Längs- und Querkräfte aller übrigen in k angeschlossenen Stäbe hinzufügen.

Die stetig gekrümmten Stäbe denken wir uns durch Stabvielecke
mit genügend großer Seitenzahl ersetzt, so daß jedes Element eines
solchen Stabzuges als geradlinig und mit unveränderlichem Querschnitt behaftet angesehen werden kann. Die Lasten mögen nur in
den Knickpunkten angreifen. Die Momente in den Punkten 1, 2 ... i
... $n-1$ bezeichnen wir mit M_1, M_2 ... M_i ... M_{n-1}; die zu den
Stäben s_1, s_2 ... s_i ... s_n gehörenden Drehwinkel mit ϑ_1, ϑ_2 ... ϑ_i ... ϑ_n.
Wir stellen nun, bei Punkt 1 beginnend, die Viermomentenglei-
chungen auf. Da der Stab l_k $n-1$ Zwischenpunkte aufweist, so
können für diesen Stab $n-1$ Momentengleichungen angesetzt werden.
Ebenso können $n-1$ Dreimomentengleichungen für den Stab l_{k+1}
angeschrieben werden, wobei n in jedem der beiden Fälle eine andere
Zahl bedeuten kann. Schließlich steht noch eine Viermomentengleichung
für den Punkt k zur Verfügung. Die hier erwähnten drei Gruppen
von Gleichungen bezeichnen wir mit a), b) und c). Sie lauten:

Stab l_k

$$M_{k-1}^{r}\,s_1' + 2\,M_1\,(s_1' + s_2') + M_2\,s_2' - \varrho\,(\vartheta_1 - \vartheta_2) = 0$$
$$M_1\,s_2' + 2\,M_2\,(s_2' + s_3') + M_3\,s_3' - \varrho\,(\vartheta_2 - \vartheta_3) = 0$$
$$\cdot \quad \cdot \quad \cdot \quad \cdot \quad \cdot \quad \cdot \quad \cdot \quad \cdot \quad \cdot \quad \cdot \quad \cdot \quad \cdot \quad \cdot \quad \cdot \quad \cdot$$
$$M_{n-2}\,s_{n-1}' + 2\,M_{n-1}\,(s_{n-1}' + s_n') + M_k^{l}\,s_n' - \varrho\,(\vartheta_{n-1} - \vartheta_n) = 0$$

$$\text{a)}$$

Stab l_{k+1}

$$M_{k}^{r}\,s_1' + 2\,M_1\,(s_1' + s_2') + M_2\,s_2' - \varrho\,(\vartheta_1 - \vartheta_2) = 0$$
$$M_1\,s_2' + 2\,M_2\,(s_2' + s_3') + M_3\,s_3' - \varrho\,(\vartheta_2 - \vartheta_3) = 0$$
$$\cdot \quad \cdot \quad \cdot \quad \cdot \quad \cdot \quad \cdot \quad \cdot \quad \cdot \quad \cdot \quad \cdot \quad \cdot \quad \cdot \quad \cdot \quad \cdot \quad \cdot$$
$$M_{n-2}\,s_{n-1}' + 2\,M_{n-1}\,(s_{n-1}' + s_n') + M_{k+1}^{l}\,s_n' - \varrho\,(\vartheta_{n-1} - \vartheta_n) = 0$$

$$\text{b)}$$

Punkt k

$$\overset{k}{M}_{n-1}\,\overset{k}{s}_n' + 2\,\overset{k}{M}_k^{l}\,\overset{k}{s}_n' + 2\,\overset{k+1}{M}_k^{r}\,\overset{k+1}{s}_1' + \overset{k+1}{M}_1\,\overset{k+1}{s}_1' - \varrho\,(\vartheta_n^{\,k} - \vartheta_1^{\,k+1}) = 0 \quad . \quad . \text{ c)}$$

In der letzten Gleichung wurden die Glieder, je nach ihrer Zugehörigkeit zu Stab l_k bzw. l_{k+1}, durch den darüber gesetzten Zeiger k oder $k + 1$ unterschieden.

Gleichung c) stellt bereits den gesuchten Zusammenhang zwischen den Anschlußmomenten der beiden Stäbe dar. Es ist nur noch notwendig, $\overset{k}{M}_{n-1}$ und $\overset{k+1}{M}_1$ ebenso $\vartheta_n^{\,k}$ und $\vartheta_1^{\,k+1}$ aus dieser Gleichung zu entfernen und durch die vier Anschlußmomente der beiden betrachteten Stäbe, deren Sehnenkräfte und Stabdrehwinkel auszudrücken.

Wir benutzen daher die Gruppe a), um $\vartheta_n^{\,k}$, die Gruppe b), um $\vartheta_1^{\,k+1}$ zu bestimmen. $\overset{k}{M}_{n-1}$ und $\overset{k+1}{M}_1$ können ebenso wie alle übrigen Zwischenmomente in statische Beziehung zu den Anschlußmomenten und Sehnenkräften gebracht werden.

Nun reichen die $n - 1$ Gleichungen a) nicht aus, um daraus die n Drehwinkel zu bestimmen, es muß daher noch eine Winkelgleichung zu Hilfe genommen werden. Gleiches gilt auch für die Ermittlung der Drehwinkel aus dem Gleichungssystem b).

Den Winkelgleichungen geben wir die Form:

für Stab l_k

$$\sum_{i=1}^{n} \varDelta\,s_i \sin \alpha_i - \sum_{i=1}^{n} \vartheta_i\,s_i \cos \alpha_i + \vartheta_k\,l_k = 0,$$

für Stab l_{k+1}

$$\sum_{i=1}^{n} \varDelta\,s_i \sin \alpha_i - \sum_{i=1}^{n} \vartheta_i\,s_i \cos \alpha_i + \vartheta_{k+1}\,l_{k+1} = 0.$$

ϑ_k und ϑ_{k+1} sind die Drehwinkel der Sehnen, also die Drehwinkel der Stäbe l_k und l_{k+1}.

Setzt man

$$\Delta s_i = \frac{S_i s_i}{E F_i}$$

und

$$s_i \cos \alpha_i = \lambda_i,$$

wobei S_i die Längskraft im Stabe s_i ist, so nehmen die Gleichungen folgende Gestalt an:

für Stab l_k

$$\sum_{i=1}^{n} \frac{S_i s_i}{E F_i} \sin \alpha_i - \sum_{i=1}^{n} \lambda_i \vartheta_i + l_k \vartheta_k = 0,$$

für Stab l_{k+1}

$$\sum_{i=1}^{n} \frac{S_i s_i}{E F_i} \sin \alpha_i - \sum_{i=1}^{n} \lambda_i \vartheta_i + l_{k+1} \vartheta_{k+1} = 0.$$

Wir multiplizieren nun die Gleichungen a) der Reihe nach mit den Abszissen x_1, $x_2 \ldots x_i \ldots x_{n-1}$ (siehe Abb. 112) und addieren sodann. Dies ergibt:

$$M_{k-1}^r s_1' x_1 + M_1 [2(s_1' + s_2') x_1 + s_2' x_2] + M_2 [s_2' x_1 + 2(s_2' + s_3') x_2 +$$
$$+ s_3' x_3] + \cdots + M_i [s_i' x_{i-1} + 2(s_i' + s_{i+1}') x_i + s_{i+1}' x_{i+1}]$$
$$+ \cdots + M_{n-1} [s_{n-1}' x_{n-2} + 2(s_{n-1}' + s_n') x_{n-1}]$$
$$+ M_k^l s_n' x_{n-1} - \varrho [(\vartheta_1 - \vartheta_2) x_1 + (\vartheta_2 - \vartheta_3) x_2 + \cdots$$
$$+ (\vartheta_{n-1} - \vartheta_n) x_{n-1}] = 0.$$

Nun ist

$$(\vartheta_1 - \vartheta_2) x_1 + (\vartheta_2 - \vartheta_3) x_3 + \cdots + (\vartheta_{n-1} - \vartheta_n) x_{n-1}$$
$$= (x_1 - (x_0)) \vartheta_1 + (x_2 - x_1) \vartheta_2 + \cdots + (x_{n-1} - x_{n-2}) \vartheta_{n-1} + x_{n-1} \vartheta_n$$
$$= \lambda_1 \vartheta_1 + \lambda_2 \vartheta_2 + \cdots + \lambda_{n-1} \vartheta_{n-1} - (l_k - \lambda_n) \vartheta_n$$
$$= \sum_{i=1}^{n} \lambda_i \vartheta_i - l_k \vartheta_n.$$

Aus der Winkelgleichung für den Stab l_k folgt aber

$$\sum_{i=1}^{n} \lambda_i \vartheta_i = l_k \vartheta_k + \sum_{i=1}^{n} \frac{S_i s_i}{E F_i} \sin \alpha_i.$$

Führt man diesen Zusammenhang oben ein und bezeichnet man die Beiwerte der Momente mit $l_k \psi_0$, $l_k \psi_1$, $\ldots$, $l_k \psi_i$, $\ldots l_k \overline{\psi}_{n-1}$, $l_k \overline{\psi}_n$ [1]), so entsteht die Gleichung:

---

[1]) Durch den Strich bei $\overline{\psi}_{n-1}$ und $\overline{\psi}_n$ soll hervorgehoben werden, daß diese beiden Beiwerte im Vergleich zum allgemeinen Gesetz von ψ_i noch unvollständig sind. Es fehlt das den Faktor x_n enthaltende Glied.

$$l_k[M_k{}^r{}_{-1}\psi_0 + M_1\psi_1 + \cdots + M_i\psi_i + \cdots + M_{n-1}\overline{\psi}_{n-1} + M_k{}^l\overline{\psi}_n]$$
$$- \varrho\, l_k\, \vartheta_k + \varrho\, l_k\, \vartheta_n{}^k - \varrho \sum_{i=1}^{n}\left[\frac{S_i s_i}{E F_i}\sin\alpha_i\right]_k = 0,$$

woraus der Betrag von $-\varrho\,\vartheta_n{}^k$ folgt:

$$-\varrho\,\vartheta_n{}^k = M_k{}^r{}_{-1}\psi_0 + M_1\psi_1 + \cdots + M_i\psi_i + \cdots + M_{n-1}\overline{\psi}_{n-1} + M_k{}^l\overline{\psi}_n$$
$$- \varrho\,\vartheta_k - \frac{\varrho}{l_k}\sum_{i=1}^{n}\left[\frac{S_i s_i}{E F_i}\sin\alpha_i\right]_k.$$

Um $\varrho\,\vartheta_1{}^{k+1}$ zu finden, multipliziert man die Gleichungen b) der Reihe nach mit x_1', $x_2' \ldots x_i' \ldots x_{n}'{}_{-1}$, wenn allgemein $x_i' = l_{k+1} - x_i$ bedeutet (Abb. 112) und erhält nach der Addition:

$$M_k{}^r s_1' x_1' + M_1[2(s_1' + s_2')x_1' + s_2' x_2'] + M_2[s_2' x_1' + 2(s_2' + s_3')x_2' +$$
$$+ s_3' x_3'] + \cdots + M_i[s_i' x_i'{}_{-1} + 2(s_i' + s_i'{}_{+1})x_i' + s_i'{}_{+1} x_i'{}_{+1}]$$
$$+ \cdots + M_{n-1}[s_n'{}_{-1} x_n'{}_{-2} + 2(s_n'{}_{-1} + s_n')x_n'{}_{-1}]$$
$$+ M_k{}^l{}_{+1} s_n' x_n'{}_{-1} - \varrho[(\vartheta_1 - \vartheta_2)x_1' + (\vartheta_2 - \vartheta_3)x_2' + \cdots$$
$$+ (\vartheta_{n-1} - \vartheta_n)x_n'{}_{-1}] = 0.$$

Es ist jetzt

$$(\vartheta_1 - \vartheta_2)x_1' + (\vartheta_2 - \vartheta_3)x_2' + \cdots + (\vartheta_{n-1} - \vartheta_n)x_n'{}_{-1}$$
$$= x_1'\vartheta_1 - (x_1' - x_2')\vartheta_2 - \cdots - (x_n'{}_{-1} - (x_n'))\vartheta_n$$
$$= (l_{k+1} - \lambda_1)\vartheta_1 - \lambda_2\vartheta_2 - \cdots - \lambda_n\vartheta_n$$
$$= l_{k+1}\vartheta_1 - \sum_{i=1}^{n}\lambda_i\vartheta_i.$$

Aus der Winkelgleichung für Stab l_{k+1} entnehmen wir

$$\sum_{i=1}^{n}\lambda_i\vartheta_i = l_{k+1}\vartheta_{k+1} + \sum_{i=1}^{n}\frac{S_i s_i}{E F_i}\sin\alpha_i,$$

somit lautet die obenstehende Gleichung, wenn jetzt für die Beiwerte $l_{k+1}\overline{\psi}_0'$, $l_{k+1}\overline{\psi}_1'$ [1]), ..., $l_{k+1}\psi_i'$, ..., $l_{k+1}\psi_n$ geschrieben wird,

$$l_{k+1}[M_k{}^r\overline{\psi}_0' + M_1\overline{\psi}_1' + \cdots + M_i\psi_i' + \cdots + M_{n-1}\psi_n'{}_{-1} + M_k{}^l{}_{+1}\psi_n']$$
$$+ \varrho\, l_{k+1}\vartheta_{k+1} - \varrho\, l_{k+1}\vartheta_1{}^{k+1} + \varrho \sum_{i=1}^{n}\left[\frac{S_i s_i}{E F_i}\sin\alpha_i\right]_{k+1} = 0$$

und mithin

$$\varrho\,\vartheta_1{}^{k+1} = M_k{}^r\overline{\psi}_0' + M_1\overline{\psi}_1' + \cdots + M_i\psi_i' + \cdots + M_{n-1}\psi_n'{}_{-1} + M_k{}^l{}_{+1}\psi_n'$$
$$+ \varrho\,\vartheta_{k+1} + \frac{\varrho}{l_{k+1}}\sum_{i=1}^{n}\left[\frac{S_i s_i}{E F_i}\sin\alpha_i\right]_{k+1}.$$

---

[1]) Die Werte $\overline{\psi}_0'$ und $\overline{\psi}_1'$ sind unvollständig, weshalb sie durch einen Strich ausgezeichnet sind.

Wir führen nun $\varrho\,\vartheta_n{}^k$ und $\varrho\,\vartheta_1{}^{k+1}$ in Gleichung c) ein und gewinnen

$$[M_k{}^r{}_{-1}\,\psi_0 + M_1\,\psi_1 + \cdots + M_{n-1}\,\psi_{n-1} + M_k{}^l\,\psi_n]_k$$
$$+ [M_k{}^r\,\psi_0' + M_1\,\psi_1' + \cdots + M_{n-1}\,\psi_{n-1}' + M_{k+1}{}^l\,\psi_n']_{k+1}$$
$$- \frac{6}{l_k}{}_k\sum_{i=1}^{n} S_i\,s_i\,\frac{J_c}{F_i}\sin\alpha_i + \frac{6}{l_{k+1}}{}^{k+1}\sum_{i=1}^{n} S_i\,s_i\,\frac{J_c}{F_i}\sin\alpha_i$$
$$- 6EJ_c(\vartheta_k - \vartheta_{k+1}) = 0\,.$$

Durch die beiden ersten Glieder der Gleichung c) ist $\overline{\psi}_{n-1}$ und $\overline{\psi}_n$ vervollständigt worden, weshalb ψ_{n-1} und ψ_n geschrieben wurde. Gleiches gilt für $\overline{\psi}_0'$ und $\overline{\psi}_1'$, die durch das 3. und 4. Glied der Gleichung c) ergänzt wurden. Die Klammer- und Summenzeiger k und $k+1$ wurden hinzugefügt, um erkennen zu lassen, auf welchen Stab sich die Klammer- oder Summenausdrücke beziehen.

Wir beseitigen noch die Zwischenmomente, indem wir setzen:
für Stab l_k

$$M_i = M_k{}^r{}_{-1}\,\frac{x_i'}{l_k} + M_k{}^l\,\frac{x_i}{l_k} + H_k y_i + \mathfrak{M}_i{}^k,$$

für Stab l_{k+1}

$$M_i = M_k{}^r\,\frac{x_i'}{l_k} + M_{k+1}{}^l\,\frac{x_i}{l_k} + H_{k+1}\,y_i + \mathfrak{M}_i{}^{k+1}\,.$$

Hierdurch entsteht:

$$M_k{}^r{}_{-1}\left[\psi_0 + \psi_1\,\frac{x_1'}{l_k} + \cdots + \psi_{n-1}\,\frac{x_{n-1}'}{l_k}\right]_k$$
$$+ M_k{}^l\left[\psi_1\,\frac{x_1}{l_k} + \cdots + \psi_{n-1}\,\frac{x_{n-1}}{l_k} + \psi_n\right]_k$$
$$+ M_k{}^r\left[\psi_0' + \psi_1'\,\frac{x_1'}{l_{k+1}} + \cdots + \psi_{n-1}'\,\frac{x_{n-1}'}{l_{k+1}}\right]_{k+1}$$
$$+ M_{k+1}{}^l\left[\psi_1'\,\frac{x_1}{l_{k+1}} + \cdots + \psi_{n-1}'\,\frac{x_{n-1}}{l_{k+1}} + \psi_n'\right]_{k+1}$$
$$+ H_k[\psi_1\,y_1 + \psi_2\,y_2 + \cdots + \psi_{n-1}\,y_{n-1}]_k$$
$$+ H_{k+1}[\psi_1'\,y_1 + \psi_2'\,y_2 + \cdots + \psi_{n-1}'\,y_{n-1}]_{k+1}$$
$$- \frac{6}{l_k}{}_k\sum_{i=1}^{n} S_i\,s_i\,\frac{J_c}{F_i}\sin\alpha_i + \frac{6}{l_{k+1}}{}_{k+}\sum_{i=1}^{n} S_i\,s_i\,\frac{J_c}{F_i}\sin\alpha_i$$
$$- 6EJ_c(\vartheta_k - \vartheta_{k+1}) = -[\mathfrak{M}_1\,\psi_1 + \mathfrak{M}_2\,\psi_2 + \cdots + \mathfrak{M}_{n-1}\,\psi_{n-1}]_k$$
$$- [\mathfrak{M}_1\,\psi_1' + \mathfrak{M}_2\,\psi_2' + \cdots + \mathfrak{M}_{n-1}\,\psi_{n-1}']_{k+1}$$

oder

$$M_{k-1}^{r}\, {}^{k}\!\sum_{i=0}^{n} \psi_i \frac{x_i'}{l_k} + M_k^l \sum_{i=0}^{n} \psi_i \frac{x_i}{l_k} + M_k^r\, {}^{k+1}\!\sum_{i=0}^{n} \psi_i' \frac{x_i'}{l_{k+1}} + M_{k+1}^l\, {}^{k+1}\!\sum_{i=0}^{n} \psi_i' \frac{x_i}{l_{k+1}}$$

$$+ H_k\, {}^{k}\!\sum_{i=0}^{n} \psi_i y_i + H_{k+1}\, {}^{k+1}\!\sum_{i=0}^{n} \psi_i' y_i$$

$$- \frac{6}{l_k}\, {}^{k}\!\sum_{i=1}^{n} S_i s_i \frac{J_c}{F_i} \sin \alpha_i + \frac{6}{l_{k+1}}\, {}^{k+1}\!\sum_{i=1}^{n} S_i s_i \frac{J_c}{F_i} \sin \alpha_i - 6 E J_c (\vartheta_k - \vartheta_{k+1})$$

$$= - {}^{k}\!\sum_{i=0}^{n} \mathfrak{M}_i \psi_i - {}^{k+1}\!\sum_{i=0}^{n} \mathfrak{M}_i \psi_i' \quad \ldots \ldots \ldots \ldots \; 43)$$

Gleichung 43) stellt die Viermomentengleichung für Tragwerke mit Stäben allgemeinster Form dar. Sie zeigt im wesentlichen den gleichen Aufbau wie der in § 4 entwickelte Viermomentensatz, nur treten an Stelle der einfachen Beiwerte der Gleichung 7) Summenausdrücke, in welchen sich die Elastizitätsverhältnisse der gekrümmten Stäbe, ihre Form und Querschnittsgestaltung ausprägen. Nach Ermittlung dieser Beiwerte kann die Rechnung in der gleichen Weise durchgeführt werden wie bei geraden oder schwach gekrümmten Stäben. Allerdings enthält Gleichung 43) noch zwei von den Längskräften S abhängige Glieder, die in Gleichung 7) fehlen; die Beträge dieser Glieder sind aber stets so klein, daß ihre Vernachlässigung ohne belangreichen Einfluß auf das Ergebnis ist.

Es ist somit gelungen, die Vorteile der Methode des Viermomentensatzes auch auf die Berechnung beliebig geformter Systeme auszudehnen. Die Mehrarbeit, die hier zu leisten ist, besteht nur in der Berechnung der Beiwerte der Viermomentengleichungen. Für die leichte Aussonderung der Drehwinkel ϑ ist es von Bedeutung, daß das Glied $6 E J_c (\vartheta_k - \vartheta_{k+1})$ unverändert geblieben ist.

Wir gehen nun dazu über, den Summenausdrücken der Gleichung 43) eine für die tafelmäßige Berechnung geeignete Form zu geben. Es ist ganz allgemein:

$$\psi_i = \frac{1}{l}\left[s_i' x_{i-1} + 2 (s_i' + s_{i+1}') x_i + s_{i+1}' x_{i+1} \right]$$

$$= \frac{1}{l}\left[s_i' (x_{i-1} + 2 x_i) + s_{i+1}' (2 x_i + x_{i+1}) \right],$$

$$\psi_i' = \frac{1}{l}\left[s_i' (l - x_{i-1}) + 2 (s_i' + s_{i+1}') (l - x_i) + s_{i+1}' (l - x_{i+1}) \right]$$

$$= 3 (s_i' + s_{i+1}') - \frac{1}{l}\left[s_i' (x_{i-1} + 2 x_i) + s_{i+1}' (2 x_i + x_{i+1}) \right]$$

$$= 3 (s_i' + s_{i+1}') - \psi_i.$$

Somit gelten für jedes Stabelement die Gleichungen:

$$\psi_i = \frac{1}{l}\left[s_i'(x_{i-1} + 2x_i) + s_{i+1}'(2x_i + x_{i+1})\right] \left.\vphantom{\begin{array}{c}a\\b\end{array}}\right\} \quad \dots \ 44)$$
$$\psi_i' = 3(s_i' + s_{i+1}') - \psi_i.$$

In dieser Form lassen sich die ψ-Werte in Tafelform leicht berechnen und Produkte und Summen daraus bilden.

Man bilde zunächst

$$\sum_{i=0}^{n} \psi_i \frac{x_i}{l}$$

und findet damit

$$\sum_{i=0}^{n} \psi_i \frac{x_i'}{l} = \sum_{i=0}^{n} \psi_i - \sum_{i=0}^{n} \psi_i \frac{x_i}{l}; \quad \dots \dots \ 45)$$

ebenso berechne man zuerst

$$\sum_{i=0}^{n} \psi_i' \frac{x_i}{l}$$

und damit

$$\sum_{i=0}^{n} \psi_i' \frac{x_i'}{l} = \sum_{i=0}^{n} \psi_i' - \sum_{i=0}^{n} \psi_i' \frac{x_i}{l}. \quad \dots \dots \ 46)$$

Zwecks Überprüfung beachte man die Beziehung:

$$\sum_{i=0}^{n} \psi_i \frac{x_i'}{l} = \sum_{i=0}^{n} \psi_i' \frac{x_i}{l}. \quad \dots \dots \ 47)$$

Endlich berechne man mittels der ψ_i- und ψ_i'-Reihe noch die Summenwerte

$$\sum_{i=0}^{n} \psi_i y_i \quad \text{und} \quad \sum_{i=0}^{n} \psi_i' y_i.$$

Wohl in der Mehrzahl der Fälle wird es möglich sein, die Zwischenpunkte $1, 2 \dots, n-1$ so zu wählen, daß die Sehnenabschnitte $\lambda_1, \lambda_2 \dots, \lambda_n$ eines Stabes untereinander gleich werden. Die Berechnung von ψ_i und ψ_i' wird hierdurch wesentlich vereinfacht. Da jetzt

$$x_i = i\lambda$$

ist, so erhält man

$$\psi_i = \frac{1}{n}\left[s_i'(3i - 1) + s_{i+1}'(3i + 1)\right] \quad \dots \dots \ 44')$$

und somit die Summenbeträge in der Form:

$$\sum_{i=0}^{n} \psi_i \frac{x_i}{l} = \frac{1}{n} \sum_{i=0}^{n} \psi_i\, i\,,$$

womit sich auch

$$\sum_{i=0}^{n} \psi_i \frac{x_i'}{l} = \sum_{i=0}^{n} \psi_i - \frac{1}{n} \sum_{i=0}^{n} \psi_i\, i \quad \ldots \ldots \quad 45')$$

ergibt.

Ähnlich findet man die mit ψ_i' zusammengesetzten Summen, wenn $\psi_i' = 3(s_i' + s_{i+1}') - \psi_i$ ist, mit

$$\sum_{i=0}^{n} \psi_i' \frac{x_i}{l} = \frac{1}{n} \sum_{i=0}^{n} \psi_i'\, i$$

und

$$\sum_{i=0}^{n} \psi_i' \frac{x_i'}{l} = \sum_{i=0}^{n} \psi_i' - \frac{1}{n} \sum_{i=0}^{n} \psi_i'\, i\,. \quad \ldots \ldots \quad 46')$$

Ist der Stab nach einer symmetrischen Linie geformt und sind die Querschnitte symmetrisch gelegener Punkte gleich, so ist die ψ'-Linie das Spiegelbild der ψ-Linie und es gelten die einfachen Zusammenhänge:

$$\left. \begin{array}{l} \displaystyle\sum_{i=0}^{n} \psi_i x_i = \sum_{i=0}^{n} \psi_i' x_i'\,, \\[2em] \displaystyle\sum_{i=0}^{n} \psi_i x_i' = \sum_{i=0}^{n} \psi_i' x_i = \sum \psi_i - \sum \psi_i x_i; \end{array} \right\} \quad \ldots \ldots \quad 48)$$

somit genügt die Berechnung einer ψ-Reihe, woraus dann alle Summenwerte gefunden werden können.

Ferner gilt

$$\sum_{i=0}^{n} \psi_i y_i = \sum_{i=0}^{n} \psi_i' y_i \quad \ldots \ldots \ldots \ldots \quad 49)$$

Für einen unsymmetrischen Stab sind somit drei mit x und zwei mit y gebildete Summen zu ermitteln. Für einen symmetrischen Stab sind zwei mit x zusammengesetzte Summen und eine mit y gebildete Summe zu berechnen.

Das Lastglied N.

Das Lastglied hat die Form

$$N = -k \sum_{i=0}^{n} \mathfrak{M}_i \psi_i - k+1 \sum_{i=0}^{n} \mathfrak{M}_i \psi_i' \quad \ldots \ldots \quad 50)$$

Es besteht aus zwei Teilen, die von den Belastungen der Stäbe l_k und l_{k+1} herrühren. Kommen nur unverschiebbare Lasten in

Frage, so ermittelt man rechnerisch oder zeichnerisch die Ordinaten der $\mathfrak{M}_i$-Linie und bestimmt tafelmäßig die Produkte und Summenbeträge nach Gleichung 50). Über die Form der Lastglieder bei der Darstellung von Einflußlinien wird weiter unten noch gesprochen werden.

§ 17. Berechnung der Dehnungen Δl in den Winkelgleichungen; Einflußlinien; Beispiel.

Da die Viermomentengleichungen nicht zur Ermittlung sämtlicher Unbekannten ausreichen, so sind, wie bei Systemen mit geraden Stäben, zwei Winkelgleichungen für jeden Einzelrahmen anzusetzen[1]). Bei der Aufstellung dieser Winkelgleichungen kann man sich die krummen oder gebrochenen Stäbe durch ihre Sehnen ersetzt denken. Es erscheint nur notwendig, die in den Winkelgleichungen auftretenden Dehnungen Δl für den besonderen Fall stark gekrümmter Stäbe darzustellen.

Wir gehen hierbei von der zweiten Winkelgleichung für das Stabeck aus, die eine wurde bereits auf S. 200 verwendet; sie lautet:

$$\sum_{i=1}^{n} \Delta s_i \cos \alpha_i - \Delta l + \sum_{i=1}^{n} \vartheta_i s_i \sin \alpha_i = 0$$

oder

$$\sum_{i=1}^{n} \Delta s_i \cos \alpha_i - \Delta l + \sum_{i=1}^{n} \vartheta_i (y_i - y_{i-1}) = 0 .$$

Führt man für Δs_i den ausführlichen Betrag ein, wobei $s_i \cos \alpha_i = \lambda_i$ gesetzt wird, so erhält men für Δl die Gleichung

$$\Delta l = \sum_{i=1}^{n} \frac{S_i \lambda_i}{E F_i} + \alpha_t t l + \sum_{i=1}^{n} {'} \vartheta_i (y_i - y_{i-1}).$$

Hierin bedeutet S_i die Längskraft des i-ten Stabteiles, F_i seinen Querschnitt. $\alpha_t t l$ ist die Längenänderung der Stabsehne bei gleichmäßiger Erwärmung des Stabes um t^0.

Aus den Gleichungen a), S. 200, läßt sich nun die Summe $\sum \vartheta_i (y_i - y_{i-1})$ berechnen. Man multipliziert zu diesem Zwecke die Gleichungen der Reihe nach mit den Stabordinaten y_1, $y_2 \cdots, y_{n-1}$ und addiert sodann. Dies liefert:

$$M^r s' y_1 + M_1 [2 (s_1' + s_2') y_1 + s_2' y_2] + M_2 [s_2' y_1 + 2 (s_2' + s_3') y_2 + s_3' y_3]$$
$$+ \cdots + M_i [s_i' y_{i-1} + 2 (s_i' + s_{i+1}') y_i + s_{i+1}' y_{i+1}] + \cdots$$
$$+ M_{n-1} [s_{n-1}' y_{n-2} + 2 (s_{n-1}' + s_n') y_{n-1}] + M_i^l s_n' y_{n-1}$$
$$- 6 E J_c [(\vartheta_1 - \vartheta_2) y_1 + (\vartheta_2 - \vartheta_3) y_2 + \cdots + (\vartheta_{n-1} - \vartheta_n) y_{n-1}] = 0 .$$

---

[1]) Diese Winkelgleichungen sind nicht mit den sich auf einen einzelnen Stab beziehenden Winkelgleichungen auf S. 200 zu verwechseln.

Nun ist

$$(\vartheta_1 - \vartheta_2)y_1 + (\vartheta_2 - \vartheta_3)y_2 + \cdots + (\vartheta_{n-1} - \vartheta_n)y_{n-1} =$$

$$(y_1 - y_0)\vartheta_1 + (y_2 - y_1)\vartheta_2 + \cdots + (y_n - y_{n-1})\vartheta_n = \sum_{i=1}^{n} \vartheta_i (y_i - y_{i-1}).$$

Damit ist die fragliche Summe in der Gleichung für $\varDelta l$ gefunden. Sie erscheint durch die Anschlußmomente M^r und M^l und durch die Zwischenmomente ausgedrückt. Sondert man genau wie oben die Zwischenmomente aus, indem man die statischen Beziehungen von S. 203 benutzt, und führt man für die in eckigen Klammern stehenden Beiwerte der vorstehenden Gleichung die Bezeichnung χ_i ein, so erhält man die Beziehung

$$6EJ_c \sum_{i=1}^{n} \vartheta_i (y_i - y_{i-1}) = M^r \sum_{i=0}^{n} \chi_i \frac{x_i'}{l} + M^l \sum_{i=0}^{n} \chi_i \frac{x_i}{l}$$

$$+ H \sum_{i=0}^{n} \chi_i y_i + \sum_{i=0}^{n} \mathfrak{M}_i \chi_i.$$

Es folgt somit für die Dehnung $\varDelta l$ der Ausdruck

$$\varDelta l = \sum_{i=1}^{n} \frac{S_i \lambda_i}{EF_i} + \alpha_t t l$$

$$+ \frac{1}{6EJ_c} \left[M^r \sum_{i=0}^{n} \chi_i \frac{x_i'}{l} + M^l \sum_{i=0}^{n} \chi_i \frac{x_i}{l} + H \sum_{i=0}^{n} \chi_i y_i + \sum_{i=0}^{n} \mathfrak{M}_i \chi_i \right] \quad . \quad 51)$$

Gleichung 51 weist den gleichen Bau auf wie Formel 19). Das von den Stabkräften S_i herrührende Summenglied kann, wenn nicht vernachlässigbar, mit einem Mittelwert von S_i / F_i berechnet werden.

Für die Berechnung der Größen χ_i und der daraus abgeleiteten Summen kommen folgende Formeln in Betracht:

$$\chi_i = s_i'(y_{i-1} + 2y_i) + s_{i+1}'(2y_i + y_{i+1}) \quad \cdots \quad 52)$$

und die Summenbeziehungen

$$\left. \begin{aligned} \sum_{i=0}^{n} \chi_i \frac{x_i}{l} &= \sum_{i=0}^{n} \psi_i y_i, \\ \sum_{i=0}^{n} \chi_i \frac{x_i'}{l} &= \sum_{i=0}^{n} \psi_i' y_i. \end{aligned} \right\} \quad \cdots \cdots \cdots \cdot 53)$$

Die Summenwerte $\Sigma \psi_i y_i$ und $\Sigma \psi_i' y_i$ sind bereits von der Ermittlung der Beiwerte der Viermomentengleichungen her bekannt.

Bei symmetrischen Stäben ist

$$\sum_{i=0}^{n} \chi_i \frac{x_i}{l} = \sum_{i=0}^{n} \chi_i \frac{x'}{l} = \sum_{i=0}^{n} \psi_i y_i. \qquad \ldots \ldots 54)$$

Es sind also mit der χ_i-Reihe nur die Summen

$$\sum_{i=0}^{n} \chi_i y_i \qquad \text{und} \qquad \sum_{i=0}^{n} \mathfrak{M}_i \chi_i$$

neu zu bestimmen.

Die Einflußlinien der Überzähligen.

Die Ermittlung der Einflußlinien erfolgt nach der Auflösung der Bestimmungsgleichungen in der Weise, daß man sich der Reihe nach die einzelnen Felder mit der wandernden Last $P = 1$ belastet denkt und die diesen Belastungen entsprechenden Beträge der Lastglieder in die Lösungen einsetzt. Alle Felder bis auf eines sind hierbei unbelastet, weshalb in den Viermomentengleichungen sämtliche Lastglieder bis auf zwei, in den Gleichungen für $\varDelta l$ sämtliche Lastglieder bis auf eines Null sind. Die Gleichung eines Einflußlinienzweiges erscheint daher als Funktion von bloß 3 Lastgliedern. Bezeichnen wir diese Lastglieder, ähnlich wie dies in § 6 geschehen ist, mit $\widehat{F}_1$, $\widehat{F}_2$ und $\widehat{G}$, so gilt

$$\widehat{F}_1 = - \sum_{i=0}^{n} \mathfrak{M}_i \psi_i',$$

$$\widehat{F}_2 = - \sum_{i=0}^{n} \mathfrak{M}_i \psi_i,$$

$$\widehat{G} = \sum_{i=0}^{n} \mathfrak{M}_i \chi_i.$$

Da $\mathfrak{M}_i$ eine Funktion der Lastabszisse a ist, so erscheinen auch $\widehat{F}_1$, $\widehat{F}_2$ und $\widehat{G}$ als Funktionen der Lastabszisse a. Während aber bei geraden oder schwach gekrümmten Stäben unveränderlichen Querschnitts die Funktionen F_1 und F_2 für alle Einflußlinien die gleiche Gestalt haben (Stammfunktionen), wechseln in unserem Falle die Funktionen $\widehat{F}_1$ und

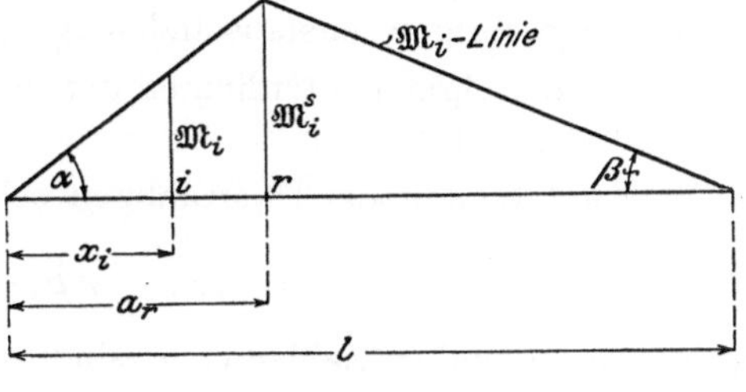

Abb. 113.

$\widehat{F}_2$, je nach der verschiedenen Gestaltung der miteinander verknüpften Stäbe, von Zweig zu Zweig ihre Form. Es sind daher für jeden Stab, vor Ermittlung der Einflußlinien, die Funktionen $\widehat{F}_1$, $\widehat{F}_2$ und $\widehat{G}$, die

durch die Linienführung und Querschnittsgestaltung des Stabes gekennzeichnet sind, zu berechnen.

Für eine im r-ten Punkte im Abstande a_r vom linken Stabende
stehende Einzellast $P = 1$ ist die Momentenlinie ein Dreieck mit der
Spitze über r (Abb. 113).

Die Scheitelordinate der $\mathfrak{M}_i$-Linie beträgt

$$\mathfrak{M}_i{}^s = \left(1 - \frac{a_r}{l}\right) a_r$$

und die Tangenten der Neigungswinkel der beiden Dreieckseiten ihrem
absoluten Werte nach

$$\operatorname{tg} \alpha = 1 - \frac{a_r}{l}, \qquad \operatorname{tg} \beta = \frac{a_r}{l}.$$

Somit finden wir

$$\left.\begin{aligned}
\widehat{F}_1 &= -\sum_{i=0}^{n} \mathfrak{M}_i \psi_i' = -\left[(l - a_r) \sum_{i=0}^{n} \psi_i' \frac{x_i}{l} + a_r \sum_{i=r+1}^{n} \psi_i \frac{x_i'}{l}\right], \\
\widehat{F}_2 &= -\sum_{i=0}^{n} \mathfrak{M}_i \psi_i = -\left[(l - a_r) \sum_{i=0}^{r} \psi_i \frac{x_i}{l} + a_r \sum_{i=r+1}^{n} \psi_i \frac{x_i'}{l}\right], \\
\widehat{G} &= \sum_{i=0}^{n} \mathfrak{M}_i \chi_i = (l - a_r) \sum_{i=0}^{r} \chi_i \frac{x_i}{l} + a_r \sum_{i=r+1}^{n} \chi_i \frac{x_i'}{l}.
\end{aligned}\right\} \quad \ldots \ 55)$$

Die Produkte $\psi_i' \dfrac{x_i}{l}$ usw. sind von der Berechnung der Beiwerte der
Momentengleichungen bzw. Dehnungsgleichungen her bekannt. Man
bildet damit für die aufeinanderfolgenden Werte von $r = 1, 2 \ldots$ die
Teilsummen, entsprechend den Gleichungen 55), dann deren Produkte
mit den zugehörigen Lastabständen a_r bzw. $(l - a_r)$ und gewinnt so
die aufeinanderfolgenden Ordinaten der $\widehat{F}_1$-, $\widehat{F}_2$- und $\widehat{G}$-Linien des ins
Auge gefaßten Stabes.

Die Einflußlinien der Überzähligen selbst stellen sich in der Form

$$X = m\,\widehat{F}_1 + n\,\widehat{F}_2 + p\,\widehat{G}$$

dar, wo m, n und p Zahlenwerte sind, die sich aus der allgemeinen
Lösung der Bestimmungsgleichungen ergeben.

Bei symmetrisch gebauten Stäben vereinfacht sich die Berechnung
insofern als die ψ'-Linie das Spiegelbild der ψ-Linie wird, womit auch
die $\widehat{F}_2$-Linie als Spiegelbild der $\widehat{F}_1$-Linie erscheint. Die $\widehat{G}$-Linie wird
eine symmetrische Linie.

An einem Zahlenbeispiel soll die Anwendung der aufgestellten Gleichungen gezeigt werden.

Zahlenbeispiel.

Die in Abb. 114 zur Darstellung gebrachte gewölbte Brücke mit Mittelpfeiler besitzt zwei gleiche Öffnungen von je 24 m Spannweite und 5 m Pfeilhöhe. Die Kämpferstärke beträgt 1,30 m, die Scheitelstärke 0,90 m. Der 10 m hohe Mittelpfeiler ist oben 2,00 m, unten 3,50 m breit. Die Achsenlinie der Gewölbe ist nach einer Parabel gekrümmt.

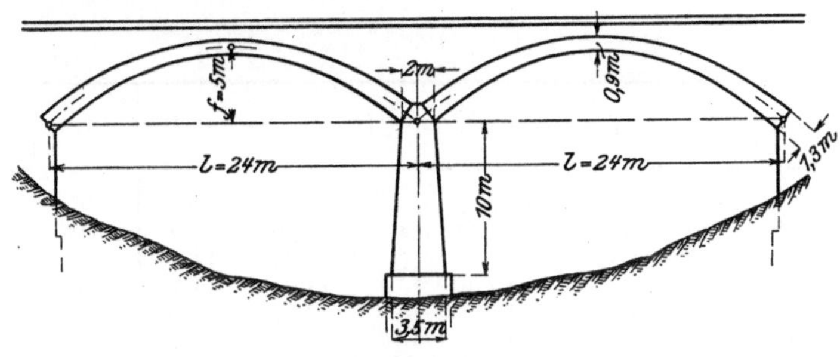

Abb. 114.

Die zunächst zu lösende Aufgabe ist die Berechnung der Beiwerte der Viermomentengleichungen und der Gleichungen für die Dehnungen Δl. Den Bogen teilen wir für die Untersuchung in acht Teile mit je gleicher Horizontalprojektion, den Pfeiler in drei gleich lange Teile. Die der tafelmäßigen Berechnung der Beiwerte zugrunde gelegten Maße sind der Abb. 115 zu ent-

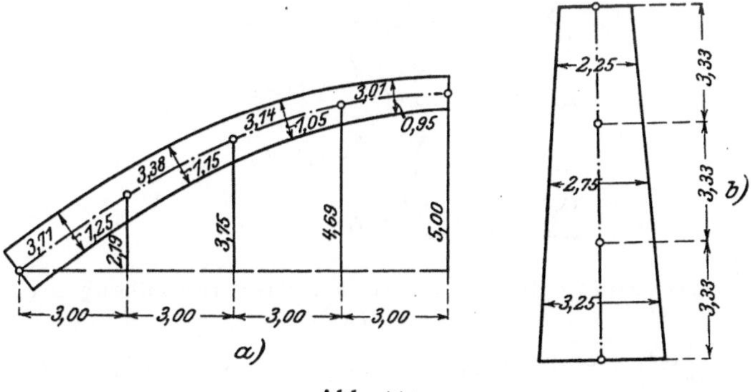

Abb. 115.

nehmen. Als Trägheitsmoment eines Stababschnittes wurde das Trägheitsmoment des jeweiligen Mittelquerschnittes gewählt. Als J_c wurde das mittlere Trägheitsmoment des ersten Bogenabschnittes in die Rechnung eingeführt und hiermit die Verhältnisse $\dfrac{J_c}{J_i}$ in den nachfolgenden Tafeln festgelegt.

Die Berechnung der Beiwerte der Viermomentengleichungen für einen Bogen zeigt Tafel 12, für den Pfeiler Tafel 13. Tafel 14 weist die Ermittlung

14*

der Beiwerte der Dehnungsgleichung für den Bogen auf. Da der Bogen symmetrisch ist, so genügt die Ermittlung von $\Sigma\psi_i$, $\Sigma\psi_i\,i$ und $\Sigma\psi_i y_i$, um alle Beiwerte der Viermomentengleichungen berechnen zu können. Für die Darstellung der Längenänderung Δl erweist sich die Berechnung einer Summe, d. i. $\Sigma\chi_i y_i$, ausreichend. Der gegen oben verjüngte Pfeiler verlangt dagegen die Ausrechnung von drei Summengrößen, $\Sigma\psi_i$, $\Sigma\psi_i\,i$ und $\Sigma\psi_i'\,i$. Da er geradachsig ist, sind die mit y_i und χ_i zusammengesetzten Beiwerte Null.

Tafel 12. Berechnung der Beiwerte der Viermomentengleichungen für den Bogen.

$$\psi_i = \frac{1}{n}\left[s_i'\,(3i-1) + s_{i+1}'\,(3i+1)\right].$$

i	s_i	$\dfrac{J_c}{J_i}$	s_i'	$3i-1$	$3i+1$	ψ_i	$\psi_i\,i$	y_i	$\psi_i y_i$
0	—	—	—	—	1	0,46	0	0	0
1	3,71	1,00	3,71	2	4	3,09	3,09	2,19	6,67
2	3,38	1,28	4,33	5	7	7,35	14,70	3,75	27,55
3	3,14	1,69	5,31	8	10	13,92	41,76	4,69	65,28
4	3,02	2,28	6,89	11	13	20,67	82,68	5,00	103,35
5	3,02	2,28	6,89	14	16	22,68	113,40	4,69	106,37
6	3,14	1,69	5,31	17	19	21,57	129,42	3,75	80,89
7	3,38	1,28	4,33	20	22	21,03	147,21	2,19	46,05
8	3.71	1,00	3.71	23	—	10.67	85,36	0	0
Σ						121,44	617,62		436,16

Somit ist

$$\sum\psi_i\,\frac{x}{l} = \frac{617,62}{8} = 77,20,$$

$$\sum\psi_i\,\frac{x'}{l} = 121,44 - 77,20 = 44,24,$$

$$\sum\psi_i'\,\frac{x}{l} = \sum\psi_i\,\frac{x'}{l} = 44,24,$$

$$\sum\psi_i'\,\frac{x'}{l} = \sum\psi_i\,\frac{x}{l} = 77,20,$$

$$\sum\psi_i y_i = \sum\psi_i'\,y_i = 436,2.$$

Tafel 13. Berechnung der Beiwerte der Viermomentengleichungen für den Pfeiler.

$$\psi_i = \frac{1}{n}\left[s_i'\,(3i-1) + s_{i+1}'\,(3i+1)\right], \qquad \psi_i' = 3\,(s_i' + s_{i+1}') - \psi_i,$$

i	s_i	$\dfrac{J_c}{J_i}$	s_i'	$3i-1$	$3i+1$	ψ_i	$\psi_i\,i$	$3\,(s_i'+s_{i+1}')$	ψ_i'	$\psi_i'\,i$
0	—	—	—	—	1	0,19	0	1,71	1,52	0
1	3,33	0,1714	0,571	2	4	0,80	0,80	2,65	1,85	1,85
2	3,33	0,0939	0,313	5	7	0,97	1,94	1,51	0,54	1,08
3	3,33	0,0569	0,190	8	—	0,51	1.53	0,57	0,06	0,18
Σ						2,47	4,27		3,97	3,11

somit

$$\sum \psi_i \frac{x}{l} = \frac{4{,}27}{3} = 1{,}42 \, ,$$

$$\sum \psi_i' \frac{x}{l} = \sum \psi_i \frac{x'}{l} = \frac{3{,}11}{3} = 1{,}04 \, ,$$

$$\sum \psi_i' \frac{x'}{l} = 3{,}97 - 1{,}04 = 2{,}93 \, .$$

Zwecks Überprüfung bestimmen wir noch $\sum \psi_i' \frac{x}{l}$ nach der Formel

$$\sum \psi_i' \frac{x}{l} = \sum \psi_i - \sum \psi_i \frac{x}{l} = 2{,}47 - 1{,}42 = 1{,}05 \, ,$$

in guter Übereinstimmung mit dem oben gefundenen Wert.

Die Berechnung der Tafel 14 liefert:

$$\sum \chi_i \frac{x_i}{l} = \sum \chi_i \frac{x_i'}{l} = \sum \psi_i y_i = 436{,}16 \, {}^{1}) ,$$

$$\sum \chi_i y_i = 3621{,}03 \, .$$

Tafel 14. Berechnung der Beiwerte für die Längenänderung Δl des Bogens.

$$\chi_i = s_i' (y_{i-1} + 2 y_i) + s_{i'+1} (2 y_i + y_{i+1}) .$$

i	s_i'	y_i	$y_{i-1} + 2y_i$	$2y_i + y_{i+1}$	χ_i	$\chi_i y_i$
0	—	0	—	2,19	8,12	0
1	3,71	2,19	4,38	8,13	51,45	112,68
2	4,33	3,75	9,69	12,19	106,69	400,09
3	5,31	4,69	13,13	14,38	168,80	791,67
4	6,89	5,00	14,69	14,69	202,43	1012,15
5	6,89	4,69	14,38	13,13	168,80	791,67
6	5,31	3,75	12,19	9,69	106,69	400,09
7	4,33	2,19	8,13	4,38	51,45	112,68
8	3,71	0	2,19	—	8,12	0
Σ						3621,03

In Abb. 116 ist das 6fach statisch unbestimmte Tragwerk mit den Ergänzungsstäben dargestellt. Die Bezeichnungen der Momente und Sehnenkräfte sind

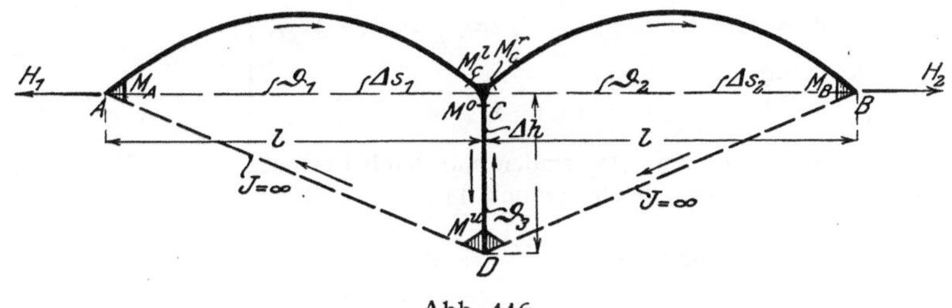

Abb. 116.

<hr>

${}^{1})$ Aus Tafel 12 entnommen.

dieser Abbildung zu entnehmen. Da vier ausgezeichnete Punkte A, B, C und D vorhanden sind, wovon Punkt C zwei Momentengleichungen liefert, so können insgesamt 5 Viermomentengleichungen aufgestellt werden. Wir verfügen ferner über 4 Winkelgleichungen, zusammen also über 9 Gleichungen, die zur Berechnung der 6 Überzähligen und 3 Drehwinkel genügen.

Bei der Aufschreibung der Viermomentengleichungen muß die Umfahrung der einzelnen Grundsysteme im Sinne der Uhrzeigerbewegung erfolgen, weil sämtliche Gleichungen unter der Voraussetzung abgeleitet wurden, daß die Abszissen x von links nach rechts gezählt werden und die Reihenfolge der Momente mit ihren Beiwerten in den Momentengleichungen durch diesen Fortschreitungssinn festgelegt ist.

Wir beginnen bei Punkt A und schreiten über C nach D im ersten Rahmen und von D beginnend über C nach B im zweiten Rahmen fort. Hierbei wird der Stab CD zweimal durchschritten. Außer dem Vorzeichenwechsel der Anschlußmomente des Stabes CD ist wegen der Unsymmetrie dieses Stabes noch zu beachten, daß beim zweiten Durchschreiten für x, x' und für ψ, ψ' zu setzen ist, da beim ersten Male die Abszissen x von oben nach unten, das zweitemal von unten nach oben zu zählen sind.

Die nach Gleichung 43) aufgestellten Viermomentengleichungen lauten daher, wenn die Lastglieder zunächst mit a_1, a_2 ... bezeichnet werden:

$$
\left.
\begin{aligned}
77{,}20\, M_A + 44{,}24\, M_C^l + 436{,}2\, H_1 + \varrho\,\vartheta_1 &= a_1\,, \\
44{,}24\, M_A + 77{.}20\, M_C^l + 2{,}93\, M^o + 1{,}04\, M^u + 436{,}2\, H_1 & \\
- \varrho\,(\vartheta_1 - \vartheta_3) &= a_2\,, \\
1{,}04\, M^{o} + 1{,}42\, M^u - \varrho\,\vartheta_3 &= 0\,, \\
- 1{,}04\, M^u - 2{,}93\, M^o + 77{,}20\, M_C^r + 44{,}24\, M_B + 436{,}2\, H_2 & \\
- \varrho\,(\vartheta_3 - \vartheta_2) &= a_3\,, \\
44{,}24\, M_C^r + 77{,}20\, M_B + 436{,}2\, H_2 - \varrho\,\vartheta_2 &= a_4\,.
\end{aligned}
\right\} \quad \text{. . a)}
$$

Ferner gelten die Winkelgleichungen:

linkes Feld	rechtes Feld
$\Delta s_1 - \vartheta_3\, h = 0\,,$	$\Delta s_2 + \vartheta_3\, h = 0\,,$
$-\Delta h - \vartheta_1\, l = 0\,,$	$\Delta h + \vartheta_2\, l = 0\,.$

Wir vernachlässigen den Einfluß der Normalkräfte, setzen daher Δh, die Zusammendrückung des Pfeilers, Null. Aus den Winkelgleichungen folgt dann:

$$
\left.
\begin{aligned}
\vartheta_1 = \vartheta_2 = 0\,, \qquad \vartheta_3 = \frac{1}{2\,h}\,(\Delta s_1 - \Delta s_2)\,, \\
\text{sowie die Gleichung} \\
\Delta s_1 + \Delta s_2 = 0\,.
\end{aligned}
\right\} \quad \text{. . . . . . . b)}
$$

Für die Beträge Δs_1 und Δs_2 finden wir nach Formel 51) unter Benutzung der Summenwerte aus den Tafeln 12 und 14

$$
\left.
\begin{aligned}
\varrho\,\Delta s_1 &= 436{,}2\,(M_A + M_C^l) + 3621{,}0\, H_1 + a_5\,, \\
\varrho\,\Delta s_2 &= 436{,}2\,(M_C^r + M_B) + 3621{,}0\, H_2 + a_6\,,
\end{aligned}
\right\} \quad \text{. . . . . . c)}
$$

wobei die Belastungsglieder mit a_5 und a_6 bezeichnet wurden.

Da die Gleichungen a) 6 Momente und 2 Sehnenkräfte enthalten, so beseitigen wir die Momente M^o und M^u des Pfeilers durch die statischen Beziehungen:

$$\left.\begin{aligned} M^o &= M_C^l - M_C^r, \\ M^u &= M_C^l - M_C^r - (H_1 - H_2)\,h\,. \end{aligned}\right\} \quad \dots \dots \dots \text{d)}$$

Vor Einführung dieser Zusammenhänge in die Gleichungen a) addieren und subtrahieren wir je die erste und letzte, zweite und vorletzte Gleichung und gewinnen so folgende zwei Systeme:

Durch Addition:

$$77{,}20\,(M_A + M_B) + 44{,}24\,(M_C^l + M_C^r) + 436{,}2\,(H_1 + H_2) = a_1 + a_4,$$

$$44{,}24\,(M_A + M_B) + 77{,}20\,(M_C^l + M_C^r) + 436{,}2\,(H_1 + H_2) = a_2 + a_3,$$

$$\Delta s_1 + \Delta s_2 = 0,$$

wenn wir zu dieser Gruppe noch die letzte der Gleichungen b) hinzufügen.

Durch Subtraktion:

$$77{,}20\,(M_A - M_B) + 44{,}24\,(M_C^l - M_C^r) + 436{,}2\,(H_1 - H_2) = a_1 - a_4,$$

$$\begin{aligned} 44{,}24\,(M_A - M_B) + 77{,}20\,(M_C^l - M_C^r) &+ 5{,}86\,M^o + 2{,}08\,M^u \\ &+ 436{,}2\,(H_1 - H_2) + 2\,\varrho\,\vartheta_3 = a_2 - a_3, \end{aligned}$$

$$1{,}04\,M^o + 1{,}40\,M^u - \varrho\,\vartheta_3 = 0\,.$$

Nach Einführung der Verknüpfungen b), c) und d) entstehen die Gleichungen:

$$\left.\begin{aligned} 77{,}20\,(M_A + M_B) + 44{,}24\,(M_C^l + M_C^r) + 436{,}2\,(H_1 + H_2) &= a_1 + a_4, \\ 44{,}24\,(M_A + M_B) + 77{,}20\,(M_C^l + M_C^r) + 436{,}2\,(H_1 + H_2) &= a_2 + a_3, \\ 436{,}2\,(M_A + M_B) + 436{,}2\,(M_C^l + M_C^r) + 3621{,}0\,(H_1 + H_2) & \\ &= -(a_5 + a_6)\,. \end{aligned}\right\} \quad \text{e)}$$

$$\left.\begin{aligned} 77{,}20\,(M_A - M_B) + 44{,}24\,(M_C^l - M_C) + 436{,}2\,(H_1 - H_2) &= a_1 - a_4, \\ 87{,}86\,(M_A - M_B) + 128{,}76\,(M_C^l - M_C^r) + 777{,}5\,(H_1 - H_2) & \\ &= a_2 - a_3 - \frac{1}{10}(a_5 - a_6), \\ 21{,}81\,(M_A - M_B) + 19{,}36\,(M_C^l - M_C^r) + 195{,}25\,(H_1 - H_2) & \\ &= -\frac{1}{20}(a_5 - a_6)\,. \end{aligned}\right\} \quad \text{f)}$$

Jedes der beiden Gleichungssysteme enthält bloß drei Unbekannte, falls man die in den Klammern stehenden Summen und Differenzen als solche auffaßt.

Die Auflösung von e) liefert:

$$\begin{aligned} M_A + M_B &= 0{,}045756\,(a_1 + a_4) + 0{,}015416\,(a_2 + a_3) \\ &\quad + 0{,}007369\,(a_5 + a_6), \\ M_C^l + M_C^r &= 0{,}015416\,(a_1 + a_4) + 0{,}045756\,(a_2 + a_3) \\ &\quad + 0{,}007369\,(a_5 + a_6), \\ H_1 + H_2 &= -0{,}007369\,(a_1 + a_4) - 0{,}007369\,(a_2 + a_3) \\ &\quad - 0{,}002052\,(a_5 + a_6), \end{aligned}$$

und von f):

$$M_A - M_B = \quad 0{,}035144\,(a_1 - a_4) - 0{,}000685\,(a_2 - a_3)$$
$$+ 0{,}003858\,(a_5 - a_6),$$
$$M_C^l - M_C^r = -\,0{,}000685\,(a_1 - a_4) + 0{,}019376\,(a_2 - a_3)$$
$$+ 0{,}001845\,(a_5 - a_6),$$
$$H_1 - H_2 = -\,0{,}003858\,(a_1 - a_4) - 0{,}001845\,(a_2 - a_3)$$
$$-\,0{,}000870\,(a_5 - a_6).$$

Daraus folgen die Beträge der Überzähligen mit:

$$M_A = \quad 0{,}040450\,a_1 + 0{,}007366\,a_2 + 0{,}008051\,a_3 + 0{,}005306\,a_4$$
$$+ 0{,}005614\,a_5 + 0{,}001756\,a_6,$$
$$M_B = \quad 0{,}005306\,a_1 + 0{,}008051\,a_2 + 0{,}007366\,a_3 + 0{,}040450\,a_4$$
$$+ 0{,}001756\,a_5 + 0{,}005614\,a_6,$$
$$M_C^l = \quad 0{,}007366\,a_1 + 0{,}032566\,a_2 + 0{,}013190\,a_3 + 0{,}008051\,a_4$$
$$+ 0{,}004607\,a_5 + 0{,}002762\,a_6,$$
$$M_C^r = \quad 0{,}008051\,a_1 + 0{,}013190\,a_2 + 0{,}032566\,a_3 + 0{,}007366\,a_4$$
$$+ 0{,}002762\,a_5 + 0{,}004607\,a_6,$$
$$H_1 = -\,0{,}005614\,a_1 - 0{,}004607\,a_2 - 0{,}002762\,a_3 - 0{,}001756\,a_4$$
$$-\,0{,}001461\,a_5 - 0{,}000591\,a_6,$$
$$H_2 = -\,0{,}001756\,a_1 - 0{,}002762\,a_2 - 0{,}004607\,a_3 - 0{,}005614\,a_4$$
$$-\,0{,}000591\,a_5 - 0{,}001461\,a_6.$$

$$\left. \right\} \quad \text{g)}$$

Mit der Feststellung der Gleichungen g) ist die Aufgabe der Ermittlung der
statisch überzähligen Größen im untersuchten Tragwerke gelöst. Es bleibt
nur noch die Bestimmung der a-Größen auf Grund der angenommenen Belastung übrig, womit dann durch die Formeln g) die Zahlenwerte der Unbekannten gegeben sind. Wir wollen diese Formeln benutzen, um die Einflußlinien der Überzähligen darzustellen.

Darstellung der Einflußlinien.

Den beiden Öffnungen entsprechend, besitzen die Einflußlinien zwei Zweige.
Die zugehörenden Beträge der Belastungsgrößen a unserer Lösungen sind:

Linker Zweig der Einflußlinie

$$a_1 = \widehat{F}_1, \qquad a_3 = 0, \qquad a_5 = \widehat{G},$$
$$a_2 = \widehat{F}_2, \qquad a_4 = 0, \qquad a_6 = 0.$$

Rechter Zweig der Einflußlinie

$$a_1 = 0, \qquad a_3 = \widehat{F}_1, \qquad a_5 = 0,$$
$$a_2 = 0, \qquad a_4 = \widehat{F}_2, \qquad a_6 = \widehat{G}.$$

$$\left. \right\} \quad \cdots\cdots \text{ h)}$$

Die $\widehat{F}_1$- und $\widehat{F}_2$-Linien sind einander spiegelbildlich gleich, weshalb die Ermittlung der $\widehat{F}_2$-Linie und der $\widehat{G}$-Linie genügt, um alle Einflußlinien darstellen zu
können. Die zahlenmäßige Berechnung zeigen die Tafeln 15 und 16.

Tafel 15. Ermittlung der $\widehat{F}_2$-Linie.

$$\widehat{F}_2 = -\frac{1}{8}\left[(l-a_r)\sum_{i=0}^{r}\psi_i i + a_r\sum_{i=r+1}^{n}\psi_i(8-i)\right]\ [1]$$

i	$l-a_r$	$\psi_i i$ [2]	$\sum_0^r \psi_i i$	$(l-a_r)\sum_0^r \psi_i i$	a_r	$\psi_i(8-i)$	$\sum_{r+1}^n \psi_i(8-i)$	$a_r\sum_{r+1}^n \psi_i(8-i)$	$-8\widehat{F}_2$	$\widehat{F}_2$
0	24	0	0	0	0	3,68	350,22	0	0	0
1	21	3,09	3,09	64,89	3	21,63	328,59	985,77	1050,66	— 131,33
2	18	14,70	17,79	320,22	6	44,10	284,49	1706,94	2027,16	— 253,39
3	15	41,76	59,55	893,25	9	69,60	214,89	1934,01	2827,26	— 353,41
4	12	82,68	142,23	1706,76	12	82,68	132,21	1586,52	3293,28	— 411,66
5	9	113,40	255,63	2300,67	15	68,04	64,17	962,55	3263,22	— 407,90
6	6	129,42	385,05	2310,30	18	43,14	21,03	378,54	2688,84	— 336,10
7	3	147,21	532,26	1596,78	21	21,03	0	0	1596,78	— 199,60
8	0	85,36	617,62	0	24	0	—	—	0	0

Tafel 16. Ermittlung der $\widehat{G}$-Linie.

$$\widehat{G} = \frac{1}{8}\left[(l-a_r)\sum_{i=0}^{r}\chi_i i + a_r\sum_{i=r+1}^{n}\chi_i(8-i)\right].$$

i	χ_i [3]	$\chi_i i$	$\sum_{i=0}^n \chi_i i$	$l-a_r$	$(l-a_r)\sum_{i=0}^r \chi_i i$	$\chi_i(8-i)$	$\sum_{i=r+1}^n \chi_i(8-i)$	a_r	$a_r\sum_{i=r+1}^n \chi_i(8-i)$	$8\widehat{G}$	$\widehat{G}$
0	8,12	0	0	24	0	64,96	3425,24	0	0	0	0
1	51,45	51,45	51,45	21	1080,45	360,15	3065,09	3	9195,27	10275,72	1284,5
2	106,69	213,38	264,83	18	4766,94	640,14	2424,95	6	14549,70	19316,64	2414,6
3	168,80	506,40	771,23	15	11568,45	844,00	1580,95	9	14228,55	25797,00	3224,6
4	202,43	809,72	1580,95	12	18971,40	809,72	771,23	12	9254,76	28226,16	3528,3
5	168,80	844,00	2424,95	9	21824,55	506,40	264,83	15	3972,45	25797,00	3224,6
6	106,69	640,14	3065,09	6	18390,54	213,38	51,45	18	926,10	19316,64	2414,6
7	51,45	360,15	3425,24	3	10275,72	51,45	0	21	0	10275,72	1284,5
8	8,12	69,96	3495,20	0	0	0	—	24	—	0	0

Die Gleichungen der Einflußlinienzweige der drei Überzähligen M_A, M_C^l und H_1 lauten mithin auf Grund der Formeln g) und h):

linke Zweige

$$\left.\begin{aligned}
M_A &= 0{,}040450\,\widehat{F}_1 + 0{,}007366\,\widehat{F}_2 + 0{,}005614\,\widehat{G}, \\
M_C^l &= 0{,}007366\,\widehat{F}_1 + 0{,}032566\,\widehat{F}_2 + 0{,}004607\,\widehat{G}, \\
H_1 &= -0{,}005614\,\widehat{F}_1 - 0{,}004607\,\widehat{F}_2 - 0{,}001461\,\widehat{G};
\end{aligned}\right\}\ \ \ \ \ \ \text{i)}$$

---

[1] Es ist nämlich in unserem Falle:

$$\psi_i\frac{x}{l} = \frac{1}{8}\psi_i i \qquad \text{und} \qquad \psi_i\frac{x'}{l} = \frac{1}{8}\psi_i(8-i).$$

[2] Aus der Tafel 12 entnommen.

[3] Der Tafel 14 entnommen.

rechte Zweige

$$M_A = 0{,}008051\,\widehat{F}_1 + 0{,}005306\,\widehat{F}_2 + 0{,}001756\,\widehat{G},$$
$$M_C^l = 0{,}013190\,\widehat{F}_1 + 0{,}008051\,\widehat{F}_2 - 0{,}002762\,\widehat{G}, \qquad \Big\} \quad \ldots\ldots \text{i)}$$
$$H_1 = -0{,}002762\,\widehat{F}_1 - 0{,}001756\,\widehat{F}_2 - 0{,}000591\,\widehat{G}.$$

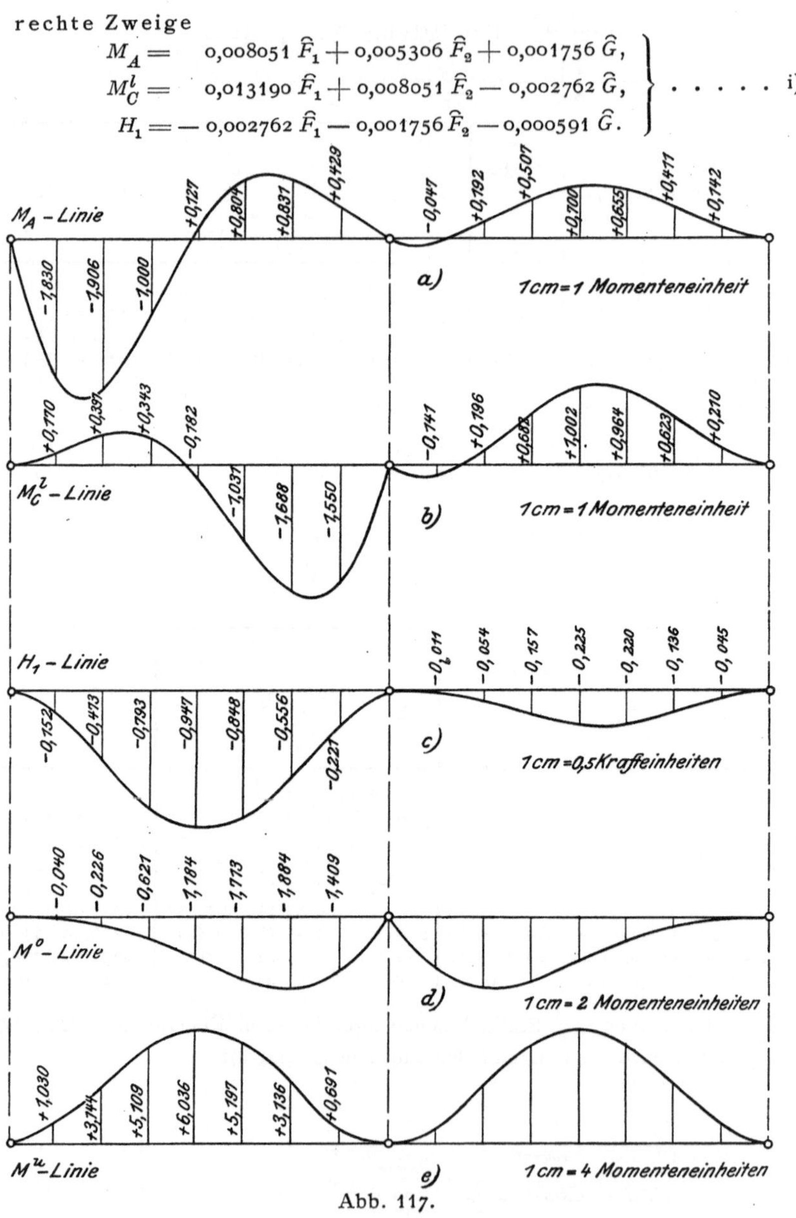

Abb. 117.

    Die Berechnung der Einflußlinienordinaten nach den Formeln i) läßt sich mit dem Rechenschieber sehr schnell durchführen. Das Ergebnis ist in den Abb. 117a bis c veranschaulicht, die die Einflußlinien der drei Kraftgrößen M_A, M_C^l und H_1 aufweisen. Die M_B-, M_C^r- und H_2-Linien sind die Spiegelbilder der drei dargestellten Kurven. Der Vollständigkeit halber wurden mit Hilfe der Formeln d) auf S. 215 die Einflußlinien der Pfeilermomente M^o und M^u berechnet und in den Abb. 117d und e zur Darstellung gebracht.

Anhang.

Zusammenstellung der Tafelwerte.

I. Tafel der Stammfunktionen f_1 und f_2.

$\frac{a}{l}$	f_1	f_2	$\frac{a}{l}$	f_1	f_2	$\frac{a}{l}$	f_1	f_2	$\frac{a}{l}$	f_1	f_2
0,01	0,01970	0,01000	0,26	0,33478	0,24242	0,51	0,37235	0,37735	0,76	0,22618	0,32102
0,02	0,03881	0,01999	0,27	0,34098	0,25032	0,52	0,36941	0,37938	0,77	0,21783	0,31347
0,03	0,05733	0,02997	0,28	0,34675	0,25805	0,53	0,36618	0,38112	0,78	0,20935	0,30545
0,04	0,07526	0,03994	0,29	0,35209	0,26561	0,54	0,36266	0,38254	0,79	0,20074	0,29696
0,05	0,09262	0,04988	0,30	0,35700	0,27300	0,55	0,35888	0,38362	0,80	0,19200	0,28800
0,06	0,10942	0,05978	0,31	0,36149	0,28021	0,56	0,35482	0,38438	0,81	0,18314	0,27856
0,07	0,12564	0,06966	0,32	0,36557	0,28723	0,57	0,35049	0,38481	0,82	0,17417	0,26863
0,08	0,14131	0,07949	0,33	0,36924	0,29406	0,58	0,34591	0,38489	0,83	0,16509	0,25821
0,09	0,15643	0,08927	0,34	0,37250	0,30070	0,59	0,34108	0,38462	0,84	0,15590	0,24730
0,10	0,17100	0,09900	0,35	0,37538	0,30712	0,60	0,33600	0,38400	0,85	0,14662	0,23588
0,11	0,18503	0,10867	0,36	0,37786	0,31334	0,61	0,33068	0,38302	0,86	0,13726	0,22394
0,12	0,19853	0,11827	0,37	0,37995	0,31935	0,62	0,32513	0,38167	0,87	0,12780	0,21150
0,13	0,21150	0,12780	0,38	0,38167	0,32513	0,63	0,31935	0,37995	0,88	0,11827	0,19853
0,14	0,22394	0,13726	0,39	0,38302	0,33068	0,64	0,31334	0,37786	0,89	0,10867	0,18503
0,15	0,23588	0,14662	0,40	0,38400	0,33600	0,65	0,30712	0,37538	0,90	0,09900	0,17100
0,16	0,24730	0,15590	0,41	0,38462	0,34108	0,66	0,30070	0,37250	0,91	0,08927	0,15643
0,17	0,25821	0,16509	0,42	0,38489	0,34591	0,67	0,29406	0,36924	0,92	0,07949	0,14131
0,18	0,26863	0,17417	0,43	0,38481	0,35049	0,68	0,28723	0,36557	0,93	0,06966	0,12564
0,19	0,27856	0,18314	0,44	0,38438	0,35482	0,69	0,28021	0,36149	0,94	0,05978	0,10942
0,20	0,28800	0,19200	0,45	0,38362	0,35888	0,70	0,27300	0,35700	0,95	0,04988	0,09262
0,21	0,29696	0,20074	0,46	0,38254	0,36266	0,71	0,26561	0,35209	0,96	0,03994	0,07526
0,22	0,30545	0,20935	0,47	0,38112	0,36618	0,72	0,25805	0,34675	0,97	0,02997	0,05733
0,23	0,31347	0,21783	0,48	0,37938	0,36941	0,73	0,25032	0,34098	0,98	0,01999	0,03881
0,24	0,32102	0,22618	0,49	0,37735	0,37235	0,74	0,24242	0,33478	0,99	0,01000	0,01970
0,25	0,32812	0,23438	0,50	0,37500	0,37500	0,75	0,23438	0,32812	1,00	0	0

II. Tafel der Funktion g für parabelförmige Stabachsenlinien.

$$y = \frac{4f}{l^2} x (l - x), \qquad g = \frac{1}{3}\left[\left(\frac{a}{l}\right)^4 - 2\left(\frac{a}{l}\right)^3 + \frac{a}{l}\right].$$

$\frac{a}{l}$	0	0,05	0,10	0,15	0,20	0,25	0,30
g	0	0,01659	0,03270	0,04792	0,06187	0,07422	0,08470

$\frac{a}{l}$	0,35	0,40	0,45	0,50	0,55	0,60	0,65
g	0,09309	0,09920	0,10292	0,10417	0,10292	0,09920	0,09309

$\frac{a}{l}$	0,70	0,75	0,80	0,85	0,90	0,95	1,00
g	0,08470	0,07422	0,06187	0,04792	0,03270	0,01659	0

III. Tafel zur Berechnung der Funktionen φ_1 und φ_2 für verschiedene Querschnittsziffern α.

$$\varphi_1 = A_1 + B_1\,\alpha, \qquad \varphi_2 = A_2 - B_2\,\alpha.$$

$\dfrac{a}{l}$	φ_1		φ_2		$\dfrac{a}{l}$	φ_1		φ_2	
	A_1	B_1	A_2	B_2		A_1	B_1	A_2	B_2
0	0	0	0	0					
0,05	0,09262	0,04287	0,04988	0,00012	0,55	0,35888	0,05012	0,38362	0,07487
0,10	0,17100	0,07290	0,09900	0,00090	0,60	0,33600	0,03840	0,38400	0,08640
0,15	0,23588	0,09212	0,14662	0,00287	0,65	0,30712	0,02787	0,37538	0,09612
0,20	0,28800	0,10240	0,19200	0,00640	0,70	0,27300	0,01890	0,35700	0,10290
0,25	0,32812	0,10547	0,23438	0,01172	0,75	0,23438	0,01172	0,32812	0,10547
0,30	0,35700	0,10290	0,27300	0,01890	0,80	0,19200	0,00640	0,28800	0,10240
0,35	0,37538	0,09612	0,30712	0,02787	0,85	0,14662	0,00287	0,23588	0,09212
0,40	0,38400	0,08640	0,33600	0,03840	0,90	0,09900	0,00090	0,17100	0,07290
0,45	0,38362	0,07487	0,35888	0,05012	0,95	0,04988	0,00012	0,09262	0,04287
0,50	0,37500	0,06250	0,37500	0,06250	1,00	0	0	0	0

IV. Tafel zur Berechnung der Funktionen φ_1' und φ_2' für verschiedene Querschnittsziffern α.

$$\varphi_1' = A_1 + B_1\,\alpha, \qquad \varphi_2' = A_2 + B_2\,\alpha.$$

$\dfrac{a}{l}$	φ_1'		φ_2'		$\dfrac{a}{l}$	φ_1'		φ_2'	
	A_1'	B_1'	A_2'	B_2'		A_1'	B_1'	A_2'	B_2'
0	0	0	0	0					
0,05	0,0926	0,0331	0,0499	0,0099	0,55	0,3589	0,0587	0,3836	0,0662
0,10	0,1710	0,0546	0,0990	0,0192	0,60	0,3360	0,0549	0,3840	0,0699
0,15	0,2359	0,0674	0,1466	0,0276	0,65	0,3071	0,0508	0,3754	0,0732
0,20	0,2880	0,0740	0,1920	0,0348	0,70	0,2730	0,0463	0,3570	0,0755
0,25	0,3281	0,0762	0,2344	0,0410	0,75	0,2344	0,0410	0,3281	0,0762
0,30	0,3570	0,0755	0,2730	0,0463	0,80	0,1920	0,0348	0,2880	0,0740
0,35	0,3754	0,0732	0,3071	0,0508	0,85	0,1466	0,0276	0,2359	0,0674
0,40	0,3840	0,0699	0,3360	0,0549	0,90	0,0990	0,0192	0,1710	0,0546
0,45	0,3836	0,0662	0,3589	0,0587	0,95	0,0499	0,0099	0,0926	0,0331
0,50	0,3750	0,0625	0,3750	0,0625	1,00	0	0	0	0

Theorie und Berechnung der eisernen Brücken. Von Dr.-Ing. **Friedrich Bleich.** Mit 486 Textabbildungen. (592 S.) 1924.

Gebunden 37.50 Goldmark

Die Methode der Alpha-Gleichungen zur Berechnung von Rahmenkonstruktionen. Von **Axel Bendixsen,** Ingenieur. Mit 31 Textfiguren. (90 S.) 1914. 4 Goldmark

Statik der Vierendeelträger. Von Dr.-Ing. **Karl Kriso.** Mit 185 Textfiguren und 11 Tabellen. (298 S.) 1922.

13 Goldmark; gebunden 15 Goldmark

Theorie des Trägers auf elastischer Unterlage und ihre Anwendung auf den Tiefbau nebst einer Tafel der Kreis- und Hyperbelfunktionen. Von japanisch. Dr.-Ing. **Keiichi Hayashi,** Professor an der Kaiserlichen Kyushu-Universität Fukuoka-Hakosaki, Japan. Mit 150 Textfiguren. (312 S.) 1921. 11 Goldmark

Zur Berechnung des beiderseits eingemauerten Trägers unter besonderer Berücksichtigung der Längskraft. Von **Fukuhei Takabeya,** japanischer a. o. Professor und Dr.-Ing. an der Kaiserlichen Kyushu-Universität in Japan. Mit 28 Textabbildungen und 2 Formeltafeln. (56 S.) 1924. 3 Goldmark

Kompendium der Statik der Baukonstruktionen. Von Privatdozent Dr.-Ing. **I. Pirlet,** Aachen. In zwei Bänden.

Zuerst erschien:

Zweiter Band: **Die statisch unbestimmten Systeme.**

I. Teil: **Die allgemeinen Grundlagen zur Berechnung statisch unbestimmter Systeme:** Die Untersuchung elastischer Formänderungen. Die Elastizitätsgleichungen und deren Auflösung. Mit 136 Textfiguren. (218 S.) 1921. 6.50 Goldmark; gebunden 8.50 Goldmark

II. Teil: **Berechnung der einfacheren statisch unbestimmten Systeme:** Grade Balken mit Endeinspannungen und mehr als zwei Stützen. — Einfache Rahmengebilde. — Zweigelenkbogen. — Gewölbe. — Armierte Balken. Mit 298 Textfiguren. (322 S.) 1923.

8.50 Goldmark; gebunden 10 Goldmark

In Vorbereitung befinden sich:

III. Teil: **Die hochgradig statisch unbestimmten Systeme:** Durchlaufende Träger auf starren und elastischen Stützen. Fachwerke mit starren Knotenpunktsverbindungen. — Stockwerkrahmen. — Vierendeelträger und verwandte Rahmengebilde.

IV. Teil: **Das statisch unbestimmte Fachwerk:** Aufgaben des Brücken- und Eisenhochbaues.

Erster Band: **Die statisch bestimmten Systeme:** Vollwandige Systeme und Fachwerke.

Elastizität und Festigkeit. Die für die Technik wichtigsten Sätze und deren erfahrungsmäßige Grundlage. Von **C. Bach** und **R. Baumann.** Neunte, vermehrte Auflage. Mit in den Text gedruckten Abbildungen, 2 Buchdrucktafeln und 25 Tafeln in Lichtdruck. (715 S.) 1924.

Gebunden 24 Goldmark

Aufgaben aus der Technischen Mechanik. Von Professor **Ferd. Wittenbauer,** Graz.

Zweiter Band: **Festigkeitslehre.** 611 Aufgaben nebst Lösungen und einer Formelsammlung. Dritte, verbesserte Auflage. Mit 505 Textfiguren. (408 S.) 1918. Unveränderter Neudruck. 1922.

Gebunden 8 Goldmark

Die Methode der Festpunkte zur Berechnung der statisch unbestimmten Konstruktionen mit zahlreichen Beispielen aus der Praxis insbesondere ausgeführten Eisenbetontragwerken. Von Dr.-Ing. **Ernst Suter.** Mit 591 Figuren im Text und auf 15 Tafeln. (745 S.) 1923.

19 Goldmark; gebunden 21 Goldmark

Theorie und Berechnung der statisch unbestimmten Tragwerke. Elementares Lehrbuch. Von **H. Buchholz.** Mit 303 Textabbildungen. (218 S.) 1921.

8 Goldmark

Die Berechnung des symmetrischen Stockwerkrahmens mit geneigten und lotrechten Ständern mit Hilfe von Differenzengleichungen. Von Dr. techn. Ing. **Josef Fritsche,** Prag. Mit 17 Abbildungen. (96 S.) 1923.

4 Goldmark

Mehrteilige Rahmen. Verfahren zur einfachen Berechnung von mehrstieligen, mehrstöckigen und mehrteiligen geschlossenen Rahmen (Rahmenbalkenträgern). Von Ingenieur **Gustav Spiegel.** Mit 107 Textabbildungen. (198 S.) 1920.

7 Goldmark

Berechnung von Rahmenkonstruktionen und statisch unbestimmten Systemen des Eisen- und Eisenbetonbaues. Von Ingenieur **P. Glaser,** Ilmenau i. Th. Mit 112 Textabbildungen. (140 S.) 1919.

4.50 Goldmark

Die Theorie elastischer Gewebe und ihre Anwendung auf die Berechnung biegsamer Platten unter besonderer Berücksichtigung der trägerlosen Pilzdecken. Von Dr.-Ing. **H. Marcus,** Direktor der HUTA, Hoch- und Tiefbau-Aktiengesellschaft, Breslau. Mit 123 Textabbildungen. (376 S.) 1924.

21 Goldmark; gebunden 21.80 Goldmark